"十二五"国家计算机技能型紧缺人才培养培训教材

教育部职业教育与成人教育司
全国职业教育与成人教育教学用书行业规划教材

新编中文版

Photoshop CC
标准教程

编著/张丕军　杨顺花　周萍萍

光盘内容
25个典型范例的语音视频教学文件、相关素材和
范例源文件

海洋出版社
2014年·北京

内 容 简 介

本书是专为想在较短时间内学习并掌握图形图像软件 Photoshop CC 的使用方法和技巧而编写的标准教程。本书语言平实，内容丰富、专业，并采用了由浅入深、图文并茂的叙述方式，从最基本的技能和知识点开始，辅以大量的上机实例作为导引，帮助读者轻松掌握中文版 Photoshop CC 的基本知识与操作技能，并做到活学活用。

本书内容：全书共分为 12 章，着重介绍了图像图像的基础知识；绘画工具的使用方法与应用；图像的缩放、移动与选取；图层与图层混合模式；修复图像；绘图与路径；文字处理；通道与蒙版；任务自动化；色彩与色彩调整；滤镜的使用等知识。最后通过 15 个典型实例的制作过程，详细介绍了 Photoshop CC 图像处理的方法与技巧。

本书特点：1. 基础知识讲解与范例操作紧密结合贯穿全书，边讲解边操练，学习轻松，上手容易；2. 提供重点实例设计思路，激发读者动手欲望，注重学生动手能力和实际应用能力的培养；3. 实例典型、任务明确，由浅入深、循序渐进、系统全面，为职业院校和培训班量身打造。4. 每章后都配有练习题，利于巩固所学知识和创新。5.书中重点实例均收录于光盘中，采用视频讲解的方式，一目了然，学习更轻松！

适用范围：适用于职业院校平面设计专业课教材；社会培训机构平面设计培训教材；用 Photoshop 从事平面设计、美术设计、绘画、平面广告、影视设计等从业人员实用的自学指导书。

图书在版编目(CIP)数据

新编中文版 Photoshop CC 标准教程/ 张丕军，杨顺花，周萍萍编著.-- 北京 ：海洋出版社，2014.7

ISBN 978-7-5027-8881 -0

Ⅰ．①新… Ⅱ．①张…②杨…③周… Ⅲ．①图象处理软件—教材 Ⅳ.①TP391.41

中国版本图书馆 CIP 数据核字(2014)第 107933 号

总 策 划：刘斌

责任编辑：刘斌

责任校对：肖新民

责任印制：刘志恒

排　　版：海洋计算机图书输出中心　晓阳

出版发行：海洋出版社

地　　址：北京市海淀区大慧寺路 8 号（707 房间）

100081

经　　销：新华书店

技术支持：010-62100055

发 行 部：（010）62174379（传真）（010）62132549

（010）62100075（邮购）（010）62173651

网　　址：http://www.oceanpress.com.cn/

承　　印：北京华正印刷有限公司

版　　次：2014 年 7 月第 1 版

2014 年 7 月第 1 次印刷

开　　本：787mm×1092mm　1/16

印　　张：21

字　　数：504 千字

印　　数：1~4000 册

定　　价：38.00 元 （1CD）

本书如有印、装质量问题可与发行部调换

前　　言

Photoshop 是由 Adobe 公司开发的图形图像软件，它是一款功能强大、使用范围广泛的图像处理和编辑软件，也是世界标准的图像编辑解决方案。由于 Photoshop 具有友好的工作界面、强大的功能、灵活的可扩充性，因此成为专业美工人员、电子出版商、摄影师、平面广告设计师、广告策划者、平面设计者、装饰设计者、网页及动画制作者等必备的工具，也被广大计算机爱好者所钟爱。

本书是针对 Photoshop CC 的初学者、广大平面广告设计爱好者而撰写的标准教程。书中采用"基础知识+典型范例操作"的方式，全面系统地讲解了 Photoshop CC 中各种工具和命令的使用方法与技巧。全书共分 12 章，具体内容介绍如下：

第 1 章为 Photoshop CC 快速入门，主要介绍了 Photoshop CC 的工作环境、图形图像的基础知识与图像文件的基本操作。

第 2 章为绘图工具，主要介绍了各种绘画工具的特点与使用方法，包括画笔与铅笔工具、颜色替换工具、混合器画笔工具、历史记录画笔工具、历史记录艺术画笔工具、渐变工具、油漆桶工具和抹除工具等。

第 3 章为图像的缩放、移动与选取，主要介绍了缩放、选取、移动图像的方法和相关工具及命令的使用，包括缩放工具、抓手工具、缩放命令、选框工具、套索工具、魔棒工具、快速选择工具、移动工具和图像变形工具等。

第 4 章为图层的应用，主要介绍了图层的概念、图层面板、图层的混合模式、排列图层、对齐图层、分布图层和合并图层等。

第 5 章为修复图像，主要介绍了各种图像修复工具的特点与使用方法，包括仿制图章工具、图案图章工具、污点修复画笔工具、修补工具、修复画笔工具、红眼工具、内容感知移动工具、聚焦工具、色调工具、海绵工具、涂抹工具等。

第 6 章为绘图与路径，主要介绍了路径的概念和路径类工具的使用方法，形状工具与创建形状图形以及绘制像素图形等。

第 7 章为文字处理，主要介绍了创建文字、编辑文字及文字图层、创建变形文字以及创建路径文字等。

第 8 章为通道与蒙版，主要介绍通道与蒙版的概念，使用通道运算混合图层和通道，以及应用通道制作溶化字和应用图层蒙版制作风景画的方法。

第 9 章为任务自动化，主要介绍了动作和自动化任务等。

第 10 章为色彩与色调调整，主要介绍了颜色与色调校正，使用色阶、曲线和曝光度调整图像，校正图像的色相/饱和度和颜色平衡，调整图像的阴影/高光，匹配、替换和混合图像，对图像进行特殊颜色处理，以及快速调整图像等。

第 11 章为滤镜特效应用，主要通过 6 个典型范例介绍了 Photoshop CC 中常用滤镜的使用方法与技巧。

第 12 章为综合应用，主要通过 15 个综合实例全面介绍了 Photoshop CC 在平面设计和图像处理各领域中的应用。

　　本书内容全面、语言流畅、结构清晰、实例精彩、突出软件功能与实际操作紧密结合的特点。采用由浅入深的方式介绍 Photoshop CC 的功能、使用方法及其应用，并通过典型实例对一些重点、难点进行详尽解说。为了方便读者学习，本书配套光盘中提供了练习素材文件、视频文件、范例最终源文件与效果图。

　　本书不仅适合广大平面广告设计、工业设计、企业形象设计、产品包装设计、服装设计、网页设计与制作、室内外建筑效果图设计以及电脑美术爱好者阅读与学习，同时也可作为职业院校相关专业及社会相关培训班教材。

　　本书由张丕军、杨顺花、周萍萍编写，在编写过程中还得到了杨喜程、莫振安、王靖城、杨顺乙、杨昌武、龙幸梅、张声纪、唐小红、唐帮亮、武友连、王翠英、韦桂生等的大力支持，在此表示衷心的感谢！

编　者

目　　录

第1章　Photoshop CC 快速入门 ……… 1

1.1　Photoshop CC 的启动与工作环境 ……… 1

　　1.1.1　Photoshop CC 的启动 ……… 1

　　1.1.2　Photoshop CC 工作环境 ……… 1

　　1.1.3　菜单栏 ……… 2

　　1.1.4　选项栏 ……… 3

　　1.1.5　工具箱 ……… 3

　　1.1.6　控制面板 ……… 4

1.2　快速调整曝光不足的图片 ……… 5

1.3　图像文件的基本操作 ……… 7

　　1.3.1　创建图像文件 ……… 7

　　1.3.2　图像文件的打开 ……… 9

　　1.3.3　保存图像文件 ……… 11

　　1.3.4　关闭文件 ……… 12

1.4　基本概念与常用文件格式 ……… 12

　　1.4.1　基本概念 ……… 12

　　1.4.2　常用文件格式 ……… 14

1.5　系统的优化 ……… 15

　　1.5.1　常规 ……… 15

　　1.5.2　界面 ……… 16

　　1.5.3　同步设置 ……… 16

　　1.5.4　文件处理 ……… 17

　　1.5.5　性能 ……… 17

　　1.5.6　光标 ……… 18

　　1.5.7　透明度与色域 ……… 19

　　1.5.8　单位与标尺 ……… 19

　　1.5.9　参考线、网格、切片 ……… 19

　　1.5.10　文字 ……… 20

1.6　Photoshop CC 的退出 ……… 20

1.7　本章小结 ……… 21

1.8　习题 ……… 21

第2章　绘画工具 ……… 22

2.1　设置颜色 ……… 22

2.2　画笔与铅笔工具 ……… 23

　　2.2.1　画笔与铅笔工具的选项 ……… 23

　　2.2.2　画笔预设选取器 ……… 24

　　2.2.3　【画笔】面板 ……… 25

　　2.2.4　自定义画笔 ……… 31

　　2.2.5　绘制贺年卡 ……… 32

2.3　颜色替换工具 ……… 35

2.4　混合器画笔工具 ……… 36

2.5　历史记录画笔工具和历史记录艺术
　　　画笔工具 ……… 37

　　2.5.1　历史记录画笔工具与历史记
　　　　　　录艺术画笔工具的属性 ……… 37

　　2.5.2　使用历史记录画笔工具绘制
　　　　　　水彩画 ……… 38

2.6　渐变工具 ……… 39

　　2.6.1　渐变工具的属性 ……… 39

　　2.6.2　应用预设渐变 ……… 40

　　2.6.3　自定渐变 ……… 41

　　2.6.4　用渐变工具绘制几何体 ……… 42

2.7　油漆桶工具 ……… 48

　　2.7.1　油漆桶工具的属性 ……… 48

　　2.7.2　自定义图案 ……… 49

2.8　抹除工具 ……… 50

　　2.8.1　橡皮擦工具 ……… 50

　　2.8.2　背景橡皮擦工具 ……… 51

　　2.8.3　魔术橡皮擦工具 ……… 52

2.9　本章小结 ……… 53

2.10　习题 ……… 53

第3章　图像的缩放、移动与选取 ……… 54

3.1　缩放图像 ……… 54

　　3.1.1　缩放工具 ……… 54

　　3.1.2　抓手工具 ……… 55

　　3.1.3　缩放命令 ……… 56

3.2　图像的选取 ……… 56

　　3.2.1　选框工具 ……… 56

　　3.2.2　套索工具 ……… 60

　　3.2.3　魔棒工具 ……… 62

　　3.2.4　快速选择工具 ……… 63

3.3　移动与复制选择的像素 ……… 64

3.3.1 移动工具 ‥‥‥‥‥‥‥‥ 64
3.3.2 移动选区内容 ‥‥‥‥‥ 65
3.3.3 复制选区 ‥‥‥‥‥‥‥ 65
3.4 图像变形 ‥‥‥‥‥‥‥‥‥‥ 70
3.5 制作标志图形 ‥‥‥‥‥‥‥‥ 73
3.6 本章小结 ‥‥‥‥‥‥‥‥‥‥ 76
3.7 习题 ‥‥‥‥‥‥‥‥‥‥‥‥ 76

第 4 章 图层的应用 ‥‥‥‥‥‥‥ 77
4.1 关于图层 ‥‥‥‥‥‥‥‥‥‥ 77
4.2 【图层】面板 ‥‥‥‥‥‥‥‥ 78
4.2.1 创建图层 ‥‥‥‥‥‥‥ 79
4.2.2 给图层添加图层样式 ‥‥ 82
4.2.3 显示与隐藏图层 ‥‥‥‥ 83
4.2.4 复制图层 ‥‥‥‥‥‥‥ 84
4.2.5 删除图层 ‥‥‥‥‥‥‥ 84
4.2.6 创建剪贴蒙版 ‥‥‥‥‥ 85
4.2.7 图层缩览图 ‥‥‥‥‥‥ 86
4.3 图层的混合模式 ‥‥‥‥‥‥‥ 86
4.4 排列图层 ‥‥‥‥‥‥‥‥‥‥ 90
4.4.1 利用菜单命令改变图层顺序 ‥‥ 91
4.4.2 在【图层】面板中调整图层
顺序 ‥‥‥‥‥‥‥‥‥‥ 91
4.5 对齐与分布图层 ‥‥‥‥‥‥‥ 92
4.5.1 对齐图层 ‥‥‥‥‥‥‥ 92
4.5.2 分布图层 ‥‥‥‥‥‥‥ 92
4.6 课堂实训——对齐与分布图层 ‥ 93
4.7 合并图层 ‥‥‥‥‥‥‥‥‥‥ 94
4.7.1 合并所有可见图层为一个新
图层 ‥‥‥‥‥‥‥‥‥‥ 94
4.7.2 合并图层 ‥‥‥‥‥‥‥ 94
4.7.3 合并可见图层 ‥‥‥‥‥ 94
4.7.4 拼合图像 ‥‥‥‥‥‥‥ 95
4.8 课堂实训——应用图层知识制作童话
世界 ‥‥‥‥‥‥‥‥‥‥‥‥ 95
4.9 本章小结 ‥‥‥‥‥‥‥‥‥‥ 98
4.10 习题 ‥‥‥‥‥‥‥‥‥‥‥ 98

第 5 章 修复图像 ‥‥‥‥‥‥‥‥ 99
5.1 图章工具 ‥‥‥‥‥‥‥‥‥‥ 99
5.1.1 仿制图章工具 ‥‥‥‥‥ 99

5.1.2 图案图章工具 ‥‥‥‥ 100
5.2 修复工具 ‥‥‥‥‥‥‥‥‥ 100
5.2.1 污点修复画笔工具 ‥‥ 100
5.2.2 修补工具 ‥‥‥‥‥‥ 101
5.2.3 修复画笔工具 ‥‥‥‥ 102
5.2.4 红眼工具 ‥‥‥‥‥‥ 103
5.2.5 内容感知移动工具 ‥‥ 103
5.3 聚焦工具 ‥‥‥‥‥‥‥‥‥ 104
5.4 色调工具 ‥‥‥‥‥‥‥‥‥ 105
5.5 海绵工具 ‥‥‥‥‥‥‥‥‥ 106
5.6 涂抹工具 ‥‥‥‥‥‥‥‥‥ 107
5.7 课堂实训 ‥‥‥‥‥‥‥‥‥ 107
5.7.1 为生日蛋糕插上蜡烛 ‥ 107
5.7.2 修饰照相 ‥‥‥‥‥‥ 108
5.9 本章小结 ‥‥‥‥‥‥‥‥‥ 113
5.10 习题 ‥‥‥‥‥‥‥‥‥‥ 113

第 6 章 绘图与路径 ‥‥‥‥‥‥ 114
6.1 路径类工具与路径 ‥‥‥‥‥ 114
6.1.1 路径的概述 ‥‥‥‥‥ 114
6.1.2 路径的创建、存储与应用 ‥ 115
6.1.3 路径的复制与删除 ‥‥ 118
6.1.4 路径的调整 ‥‥‥‥‥ 119
6.2 课堂实训——绘制卡通画 ‥‥ 120
6.3 形状工具与创建形状图形 ‥‥ 132
6.3.1 创建形状图形的工具及其
选项 ‥‥‥‥‥‥‥‥‥ 132
6.3.2 创建形状图形 ‥‥‥‥ 133
6.4 绘制像素图形 ‥‥‥‥‥‥‥ 134
6.5 本章小结 ‥‥‥‥‥‥‥‥‥ 135
6.6 习题 ‥‥‥‥‥‥‥‥‥‥‥ 135

第 7 章 文字处理 ‥‥‥‥‥‥‥ 137
7.1 创建文字 ‥‥‥‥‥‥‥‥‥ 137
7.1.1 文字工具的分类 ‥‥‥ 137
7.1.2 文字工具的属性 ‥‥‥ 138
7.1.3 字符面板 ‥‥‥‥‥‥ 138
7.1.4 段落面板 ‥‥‥‥‥‥ 139
7.1.5 创建点文本 ‥‥‥‥‥ 140
7.1.6 创建段落文本 ‥‥‥‥ 141
7.1.7 创建与编辑文本选区 ‥ 142

7.2 编辑文字及文字图层·············143
　7.2.1 编辑文本·····················143
　7.2.2 给文字添加图层样式········144
　7.2.3 栅格化文字图层···········144
　7.2.4 点文本与段落文本转换····145
　7.2.5 将文字转换为形状········145
7.3 创建变形文字·····················146
7.4 路径文字··························147
　7.4.1 沿路径创建文字···········147
　7.4.2 使用文字创建工作路径····148
7.5 课堂实训——食品盖标签设计···153
7.6 本章小结··························159
7.7 习题······························159

第8章　通道与蒙版··················161
8.1 通道······························161
　8.1.1 关于通道··················161
　8.1.2 通道面板··················161
　8.1.3 创建通道··················162
　8.1.4 编辑通道··················163
　8.1.5 通道与选区之间的转换····164
8.2 使用通道运算混合图层和通道···165
　8.2.1 应用图像··················166
　8.2.2 计算······················167
8.3 课堂实训——应用通道制作溶化字···169
8.4 蒙版······························172
　8.4.1 使用快速蒙版模式········173
　8.4.2 添加图层蒙版············173
8.5 课堂实训——使用图层蒙版制作
　　　风景画·····················173
8.6 本章小结··························177
8.7 习题······························177

第9章　任务自动化··················178
9.1 动作······························178
　9.1.1 【动作】面板·············178
　9.1.2 【动作】面板的弹出菜单···179
　9.1.3 应用预设动作············180
　9.1.4 创建动作与动作组········180
9.2 课堂实训——应用动作命令制作
　　　手表时刻点·················182
9.3 自动化任务·······················185

9.3.1 批处理······················185
9.3.2 创建快捷批处理···········188
9.3.3 PDF 演示文稿·············190
9.3.4 裁剪并修齐照片···········191
9.3.5 联系表 II··················192
9.3.6 Photomerge···············193
9.3.7 合并到 HDR···············194
9.3.8 条件模式更改············195
9.3.9 限制图像··················195
9.4 本章小结··························195
9.5 习题······························195

第10章　色彩与色调调整············197
10.1 颜色和色调校正·················197
　10.1.1 颜色调整命令···········197
　10.1.2 色调调整方法···········197
10.2 使用色阶、曲线和曝光度调整
　　　图像··························198
　10.2.1 色阶·····················198
　10.2.2 曲线·····················200
　10.2.3 利用【曲线】命令纠正
　　　　 常见的色调问题········201
　10.2.4 曝光度··················202
10.3 校正图像的色相/饱和度和颜色
　　　平衡··························203
　10.3.1 色相/饱和度············203
　10.3.2 色彩平衡···············204
　10.3.3 照片滤镜···············205
10.4 调整图像的阴影/高光···········205
10.5 匹配、替换和混合颜色··········207
　10.5.1 匹配颜色···············207
　10.5.2 替换颜色···············208
　10.5.3 通道混合器············209
　10.5.4 可选颜色···············210
10.6 快速调整图像···················211
　10.6.1 亮度/对比度···········211
　10.6.2 自动色阶···············211
　10.6.3 自动对比度············211
　10.6.4 自动颜色···············212
　10.6.5 变化·····················212
　10.6.6 色调均化···············213

10.7 对图像进行特殊颜色处理 ·············· 213
　　10.7.1 去色 ························· 213
　　10.7.2 反相 ························· 213
　　10.7.3 阈值 ························· 214
　　10.7.4 色调分离 ····················· 214
　　10.7.5 渐变映射 ····················· 214
　　10.7.6 黑白 ························· 215
10.8 课堂实训——调整照片的颜色 ········· 216
10.9 本章小结 ························ 219
10.10 习题 ·························· 219

第 11 章　滤镜特效应用 ··············· 220

11.1 奇幻世界 ························ 220
11.2 腾云驾雾 ························ 224
11.3 开始风化的千年石狮 ··············· 226
11.4 奔驰特效 ························ 231
11.5 彩色浮雕效果 ···················· 233
11.6 为图像制作虚幻背景 ··············· 235
11.7 本章小结 ························ 240
11.8 本章习题 ························ 240

第 12 章　综合应用 ·················· 241

12.1 空中燃烧效果——数字财富 ·········· 241
12.2 立体光泽字——水晶之恋 ··········· 245
12.3 穿透效果字 ······················ 249
12.4 立体玻璃花纹效果——环保文字 ······ 254
12.5 组合文字效果 ···················· 258
12.6 游戏界面——加勒比海盗 ··········· 265
12.7 房屋建筑后期效果图处理 ··········· 272
12.8 按钮 ·························· 276
12.9 水岸银都——网站设计 ············· 279
12.10 绘制手提袋平面图 ··············· 287
12.11 手提袋立体包装效果图 ············ 295
12.12 酒类的包装设计 ················· 300
12.13 婚纱摄影设计 ··················· 309
12.14 杂志封面设计 ··················· 313
12.15 网站设计——度假村 ············· 318
12.16 本章小结 ····················· 324
12.17 习题 ························· 324

第 1 章　Photoshop CC 快速入门

教学要点

　　熟悉 Photoshop CC 程序的启动及其工作环境，了解 Photoshop CC 程序的常用基本概念与文件格式，掌握图像文件的基本操作、系统优化设置等。

学习重点与难点

➢ Photoshop CC 工作环境
➢ 图像文件的基本操作
➢ 基本概念与常用文件格式
➢ Photoshop CC 中的系统优化

1.1　Photoshop CC 的启动与工作环境

1.1.1　Photoshop CC 的启动

　　开启计算机，进入 Windows 界面，在 Windows 界面中的左下角单击按钮，弹出开始菜单，便会自动出现【Adobe Photoshop CC】程序图标，如图 1-1 所示，单击【Adobe Photoshop CC】，即可启动 Photoshop CC 程序，首先出现的是 Photoshop CC 的引导画面，如图 1-2 所示，等待检测完后即可进入 Photoshop CC 程序。

图 1-1　启动 Photoshop CC　　　　　　　　图 1-2　Photoshop CC 启动界面

1.1.2　Photoshop CC 工作环境

　　启动好程序后，显示 Photoshop CC 程序的窗口，如图 1-3 所示，Photoshop CC 程序的窗口环境是编辑、处理图形、图像的操作平台，它由标题栏、菜单栏、选项栏、工具箱、控制调板、图像窗口（工作区）、最小化按钮、最大化按钮、关闭按钮等组成。

图 1-3　Photoshop CC 程序窗口

1.1.3　菜单栏

菜单栏是 Photoshop CC 的重要组成部分，Photoshop CC 将绝大多数功能命令分类后，分别放在 10 个菜单中。菜单栏由【文件】、【编辑】、【图像】、【图层】、【类型】、【选择】、【滤镜】、【视图】、【窗口】、【帮助】10 个菜单与窗口控制按钮所组成，只要单击其中某一个菜单，即会弹出一个下拉菜单，如图 1-4 所示，如果命令为浅灰色，则表示该命令在目前状态下不能执行。命令右边的字母组合键为该命令的键盘快捷键，按下该快捷键即可执行该命令，使用键盘快捷键有助于提高操作效率。有的命令后面带省略号，则表示有对话框出现。

图 1-4　【文件】菜单

TIPS：在菜单栏文字上方双击，可以使 Photoshop CC 窗口在最大化与还原状态之间切换。当 Photoshop CC 窗口处于还原状态时，在菜单栏文字上方按住左键拖动，可以将 Photoshop 窗口移动到屏幕的任意位置。窗口控制按钮有 ▬ （最小化）按钮、 ▣ （还原）按钮、 ▢ （最大化）按钮和 ✕ （关闭）按钮。

菜单栏中包括 Photoshop 的绝大部分命令操作，绝大部分的功能都可以在菜单中执行。一般情况下，一个菜单中的命令是固定不变的，但是有些菜单可以根据当前环境的变化而添加或减少一些命令。

● 【文件】：主要包括一些有关图像文件的操作，如文件的新建、打开、保存、关闭、导入、导出、打印等。

- 【编辑】：主要进行图像文件的纠正、编辑与修改以及设置预设选项等，其中包括撤消、还原、复制、剪切、粘贴、填充、描边、变换、定义图案、定义画笔等操作。
- 【图像】：主要对图像文件进行色彩、色调调整与模式更改以及更改图像大小与画布大小等。
- 【图层】：主要对图层进行操作，如图层的创建、复制、调整、删除以及为图层添加一些样式等。
- 【类型】：主要对文字进行字符格式化、段落格式化以及对文字进行变形与改变取向等。
- 【选择】：主要对选区进行操作，如选择图像、取消选择、修改选区、存储与载入选区等操作。
- 【滤镜】：主要为图像添加一些特殊效果，如云彩、扭曲、水粉画效果等。
- 【视图】：主要对程序窗口进行控制与图像的显示以及显示/隐藏标尺、网格、参考线等。
- 【窗口】：主要对控制面板与工具箱、选项栏等进行控制。
- 【帮助】：主要提供程序的帮助信息。

1.1.4　选项栏

选项栏具有非常关键的作用，默认状态下它位于菜单栏的下方，如图 1-5 所示。当用户在工具箱中选择某个工具时，选项栏中就会显示它相应的属性和控制参数（以后统称为选项），并且外观也随着工具的改变而变化，有了选项栏就能很方便地利用和设置工具的选项。

图 1-5　选项栏

如果要显示或隐藏选项栏，在菜单中执行【窗口】→【选项】命令即可。

如果要移动选项栏，将指针指向选项栏左侧的标题栏上，然后按住左键拖动，即可将选项栏拖动到所需的位置。

如果要使一个工具或所有工具恢复默认设置，可以右击选项栏上的工具图标弹出一个下拉菜单，如图 1-6 所示，然后从中选择复位工具或者复位所有工具。

图 1-6　工具的快捷菜单

1.1.5　工具箱

第一次启动应用程序时，工具箱出现在屏幕的左侧。当用户用鼠标指向它时所选工具呈一个按钮状态，单击该工具，当其变为更深色按钮时表示选中了此工具，即可用它进行工作。

如果在工具右下方有小三角形图标，则表示其中还有其他工具，只要用户按下它不放或右击该工具即可弹出一个工具组，在其中列有几个工具，如图 1-7 所示，用户可以从中选择所需的工具。如果在工具上稍停留片刻，则会出现工具提示，提示括号中的字母表示该工具的快捷键（如在键盘上按下 A 键，即可选择路径选择工具）。 单列工具箱与所有工具的显示如图 1-8 所示。

在按住 Shift 键的同时再按工具的快捷键，则可以在这组工具中进行选择，也可以在按 Alt 键的同时用鼠标单击工具来切换该组中的工具。

图 1-7　工具箱

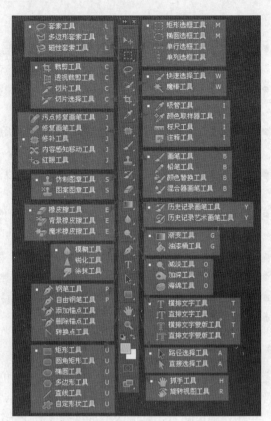

图 1-8　工具箱和工具箱中的所有工具

工具箱中一些工具的选项显示在上下文相关的选项栏内。这些工具使用户可以使用文字、选择、绘画、绘图、取样、编辑、移动、注释和查看图像等。工具箱内的其他工具还可以更改前景色和背景色，使用不同的模式。

1.1.6　控制面板

Photoshop CC 提供了 24 个控制面板，分别以缩略图按钮的形式层叠在程序窗口的右边，如图 1-9 所示。将缩略图按钮拖动后可以看到面板的名称，如图 1-10 所示，在控制面板上单击，即可打开该面板，如图 1-11 所示，再次单击则可以将其隐藏。

通常面板浮动在图像的上面，而不会被图像所覆盖，而且常放在屏幕的右边，也可以将它拖放到屏幕的任何位置上，只要将鼠标指向面板最上面的标题栏并按住左键不放，将它拖到屏幕所需的位置后松开鼠标左键即可。

图 1-9　控制面板的缩略图

图 1-10　改变缩略图的大小

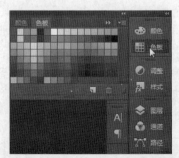

图 1-11　显示【样式】控制面板

按 Shift + Tab 键可以显示或隐藏所有面板。如果要打开不在程序窗口中显示的控制面板，在【窗口】下拉菜单中直接选择所需的命令即可。

在 Photoshop 中控制面板以 2 组、3 组、4 组或 5 组显示，也可以将它们任意组合或分离，如图 1-12 所示为 Photoshop 控制面板的基本组成元素。下面就对控制面板进行操作。

分离或群组控制面板

有时需要对控制面板进行重新组合，有时则需要将它们独立分开。将常用的控制面板群组在一起可以节省屏幕的空间，从而留出更大的绘图、编辑空间，也可以更方便快捷地调出所需要的控制面板。群组后的控制面板只需单击控制面板标签，即可在控制面板之间切换，并且这些控制面板将被一起打开、关闭或最小化。

将指针指向要分离控制面板的标签上，在其上按住左键并向控制面板外拖移，如图 1-13 所示，松开鼠标左键后即可将这个控制面板从群组中分离开来，如图 1-14 所示。

图 1-12 【样式】面板　　　图 1-13 拆分控制面板时的状态　　　图 1-14 拆分后的结果

将指针指向控制面板的标签上，在其上按住左键向需要群组的控制面板拖移，当控制面板上出现蓝色的粗方框，如图 1-15 所示，松开鼠标左键即可将它们群组在一起，如图 1-16 所示。

图 1-15 组合控制面板时的状态　　　　　图 1-16 组合后的结果

如果不想用某控制面板，可以将其关闭，只需要单击控制面板窗口右上角的█（关闭）按钮即可。

1.2　快速调整曝光不足的图片

上机实战　快速调整曝光不足的图片

1　在程序窗口的菜单栏中执行【文件】→【打开】命令，如图 1-17 所示，或按 Ctrl + O 键，或在 Photoshop 的灰色区双击，弹出【打开】对话框，在其中选择配套光盘中素材库中"1"文件夹中的"002.jpg"文件，如图 1-18 所示，选择好后单击【打开】按钮，即可将选择的文件打开到程序窗口中，如图 1-19 所示。

图 1-17　执行【打开】命令　　　　　　　　图 1-18　【打开】对话框

　　2　移动指针到菜单栏中的【图像】菜单上单击，弹出下拉菜单，在其中选择【调整】→【曲线】命令如图 1-20 所示，弹出【曲线】对话框，在其中网格的直线上按住左键向左上方拖动，调亮图像，如图 1-21 所示，设置好后单击【确定】按钮，得到如图 1-22 所示的效果。

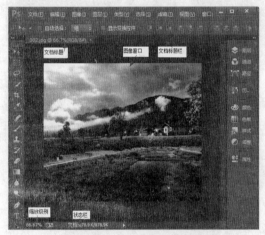

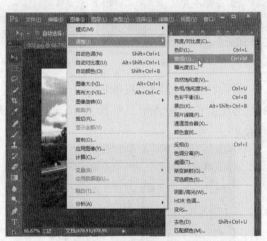

图 1-19　打开的图像文件　　　　　　　　图 1-20　执行【曲线】命令

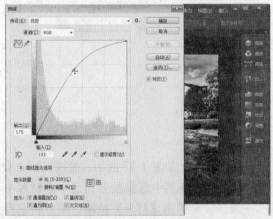

图 1-21　弹出【曲线】对话框　　　　　　　图 1-22　调整后的图像

1.3 图像文件的基本操作

1.3.1 创建图像文件

在菜单中执行【文件】→【新建】命令，或按快捷键 Ctrl + N，弹出如图 1-23 所示的对话框，在此对话框中可以设置新建文件的名称、大小、分辨率、颜色模式、背景内容和颜色配置文件等。

- 名称：在【名称】文本框中可以输入新建的文件名称，中英文均可。如果不输入自定的名称，程序将使用默认文件名；如果建立多个文件，则文件按未标题-1、未标题-2、未标题-3……依次给文件命名。
- 预设：可以在如图 1-24 所示的【预设】下拉列表中选择所需的画布大小，如美国标准纸张、国际标准纸张、照片等。

图 1-23 【新建】对话框

图 1-24 【预设】下拉列表

  - ➤ 宽度/高度：用户也可以自定图像大小（也就是画布大小），即在【宽度】和【高度】文本框中输入图像的宽度和高度（用户还可以根据需要在其后的下拉列表中选择所需的单位，如英寸、厘米、派卡和点等）。
  - ➤ 分辨率：在此可以设置文件的分辨率，分辨率单位通常使用"像素/英寸"和"像素/厘米"。
  - ➤ 颜色模式：在其下拉列表中，可以选择图像的颜色模式，通常提供的图像颜色模式有位图、灰度、RGB 颜色、CMYK 颜色及 Lab 颜色五种。
  - ➤ 背景内容：也称为背景，也就是画布颜色，通常选择白色，也可以设置为透明色与背景色。
- 高级：单击【高级】前的按钮，可以显示或隐藏高级选项栏，显示的高级选项如图 1-25 所示。

图 1-25 【高级】选项

  - ➤ 颜色配置文件：在其下拉列表中可以选择所需的颜色配置文件。
  - ➤ 像素长宽比：在其下拉列表中可以选择所需的像素纵横比。

确认所输入的内容无误后，单击【确定】按钮或按键盘上的 Tab 键选中【确定】按钮，然后按 Enter 键，就可以建立一个空白的新图像文件，如图 1-26 所示，可以在其中绘制所需的图像。

图像窗口是图像文件的显示区域，也是编辑或处理图像的区域。在图像的标题栏中显示文件的名称、格式、显示比例、色彩模式和图层状态。如果该文件是新建的文件并未自己命名与保存过，则文件名称以"未标题加上连续的数字"来当作文件的名称。

在图像窗口中可以实现所有的编辑功能，也可以对图像窗口进行多种操作，如改变窗口大小和位置、对窗口进行缩放、最大化与最小化窗口等。

还可以在图像窗口左下角的文本框中输入所需的显示比例。在其后单击按钮，弹出如图 1-27 所示的菜单，用户可以在其中选择所需的选项。

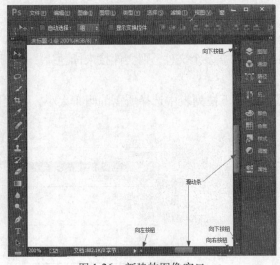

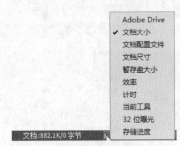

图 1-26　新建的图像窗口　　　　　　　　　　图 1-27　状态栏

将指针指向文档标题上并按住左键拖动，即可将图像窗口拖出文档标题栏，放到所需的位置。将指针指向图像窗口的四个角或四边上成双向箭头状时按住左键拖动可缩放图像窗口。

如果要关闭图像窗口，可以在文档标题的右侧单击【关闭】按钮，将图像窗口关闭。

如果要将图像文档拖出文档标题栏，可以先将指针指向文档标题栏上并按住左键向外拖移，拖出一点距离后松开左键，如图 1-28 所示，就可以将图像窗口拖出文档标题栏了，如图 1-29 所示。

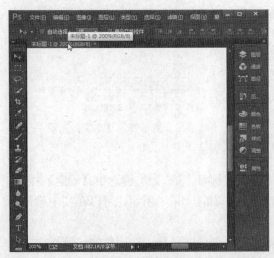

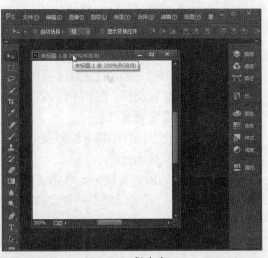

图 1-28　程序窗口　　　　　　　　　　　　图 1-29　程序窗口

1.3.2　图像文件的打开

　　如果需要对已经编辑过或编辑好的文件（它们不在程序窗口）继续或重新编辑，或者需要打开一些以前的绘图资料，以及需要打开一些图片进行处理时，可以使用【打开】命令打开文件。

上机实战　利用【打开】命令打开图像文件

　　1　按 Ctrl + O 键，弹出如图 1-30 所示的【打开】对话框。

【打开】对话框中小图标说明：

- 　（搜索栏）：在其中可以输入要查找的文件或文件夹，例如在搜索栏中设置 004，回车后就会在下面显示在哪里搜索所需的内容，如图 1-31 所示；在此选择计算机，就会显示许多与 004 有关的文件，如图 1-32 所示。

图 1-30　【打开】对话框

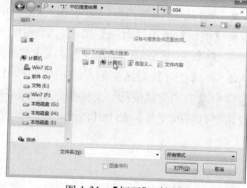

图 1-31　【打开】对话框

- ：搜索过文件后，图标就会呈 可用状态，单击它就可转到已访问的上一个文件夹或上一个对象。在 图标呈 可用状态时，单击它就可转到已访问的下一个文件夹或下一个对象。

- ：在其中显示当前文件路径，单击 "按钮，会弹出一个菜单，在其中可以选择所需的文件所在的位置，如图 1-33 所示，单击 按钮，可以刷新当前窗口中的显示。

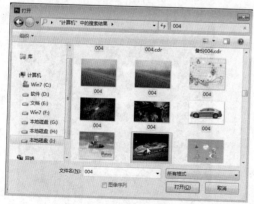

图 1-32　【打开】对话框

图 1-33　下拉菜单

- 新建文件夹：单击该按钮可以新增一个文件夹 ，用户可以直接输入所需的名称对该新建文件夹进行命名，也可采用默认名称。

- ：单击该列表图标出现一下拉菜单，如图 1-34 所示，可以选择其中的任何一项，如果选择【中等图标】，则在下面的文件窗口中会以中等图标形式显示，如图 1-35 所示。

图 1-34　下拉菜单

图 1-35　中等图标显示效果

- ：单击该按钮可以显示相关的帮助信息。
- 【组织】单击【组织】按钮，会弹出一个菜单，如图 1-36 所示，可以在其中执行相关命令，对当前窗口中的文件或文件夹进行相关的操作，如剪切、复制、粘贴等。

2　在【打开】对话框的左边栏中选择【本地磁盘（H）】，如图 1-37 所示，然后在文件窗口中双击"盘发技巧"文件夹，就可以打开该文件夹，如图 1-38 所示。在打开的文件夹中双击要打开的文件，如 001，就可以将此文件打开到程序窗口中，如图 1-39 所示。

图 1-36　【组织】下拉菜单

图 1-37　【打开】对话框

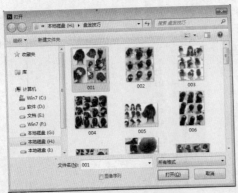

图 1-38　【打开】对话框

图 1-39　打开的图像文件

如果要同时打开多个文件，则需要在【打开】对话框中按住 Shift 键或 Ctrl 键不放，用鼠标选择需要打开的文件，再单击【打开】按钮；如果不需要打开任何文件，则单击【取消】

按钮即可。

上机实战 利用【打开为】命令以某种格式打开文件

1 在菜单中执行【文件】→【打开为】命令或用快捷键 Alt + Ctrl + O，弹出如图 1-40 所示的对话框。

2 在【文件类型】下拉列表中选择所需的文件格式，如 BMP（*.BMP;*.RLE;*.DIB），再在文件窗口中选择好所需的文件后单击【打开】按钮（或双击），即可将该文件打开到程序窗口中，如图 1-41 所示。

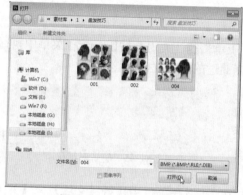

图 1-40 【打开】对话框

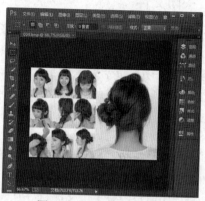

图 1-41 打开的图像文件

与【打开】命令不同的是，所要打开的文件类型要与【打开为】下拉列表中的文件类型一致，否则就不能打开此文件。

1.3.3 保存图像文件

使用【存储为】命令可以将图像另存为一个副本，原图像不被破坏，而且自动关闭，如图 1-42 所示。

在菜单中执行【文件】→【存储为】命令或按 Ctrl + Alt + S 键，弹出如图 1-43 所示的对话框，在【保存类型】列表中选择 Photoshop（*.PSD;*.PDD），然后单击【保存】按钮，会弹出一个警告对话框，如图 1-44 所示，单击【确定】按钮，即可将编辑过的内容保存起来。它的作用是对保存过的文件另外保存为其他文件或其他格式。

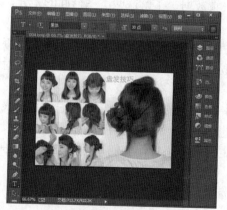

图 1-42 编辑后的文件

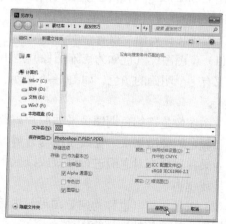

图 1-43 【存储为】对话框

如果在存储时该文件名与前面保存过的
文件重名，则会弹出一个警告对话框，如果
确实要进行替换，单击【是】按钮，如果不
替换原文件，则单击【否】按钮，然后再对
其进行另外命名或选择另一个保存位置。

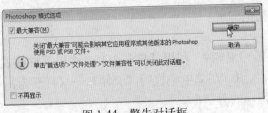

图 1-44　警告对话框

【存储】命令经常用于存储对当前文件所
做的更改，每一次存储都将会替换前面的内容。在 Photoshop 中，以当前格式存储文件。

1.3.4　关闭文件

在编辑和绘制好一幅作品后需要存储并关闭该图像窗口。

如果该文件已经存储好了，在图像窗口标题栏上单击 ⊠（关闭）按钮，或在菜单中执行
【文件】→【关闭】命令或按 Ctrl + W 键，即可将存储过的图像文件直接关闭。

如果该文件还没有存储过或存储后又更改过，
那么它会弹出一个如图 1-45 所示的警告对话框，询
问是否要在关闭之前对该文档进行存储，如果需存
储要单击【是】按钮，如果不存储则单击【否】按
钮，如果不关闭该文档可以单击【取消】按钮。

图 1-45　警告对话框

如果程序窗口中有多个文件，并且需要全部关闭，可以在菜单中执行【文件】→【关闭
全部】命令。如果还有文件没有保存，那么它会弹出一个对话框，询问是否要在关闭之前对
该文档进行存储，可以根据需要单击相关按钮进行存储或不保存而直接关闭。

1.4　基本概念与常用文件格式

在操作过程中经常会提到一些专用术语，为了能够更好地学习 Photoshop CC，本节将对
一些基本概念和常用文件格式进行简单的介绍。

1.4.1　基本概念

1. 位图图像和矢量图形

在 Photoshop 中可以使用位图图像和矢量图形这两种类型的图形。

Photoshop 文件既可以包含位图，也可以包含矢量数据。了解这两类图形间的差异，对
创建、编辑和导入图片很有帮助。

（1）位图图像（也称为点阵图像）是由许多点组成的，其中每一个点称为像素，而每个
像素都有一个明确的颜色，如图 1-46 所示。在处理位图图像时，编辑的是像素，而不是对象
或形状。

位图图像是连续色调图像（如照片或数字绘画）最常用的电子媒介，因为它们可以表现
阴影和颜色的细微层次。位图图像与分辨率有关，也就是说，它们包含固定数量的像素。因
此，如果在屏幕上对它们进行缩放或以低于创建时的分辨率来打印它们，将丢失其中的细节
并会呈现锯齿状。

（2）矢量图形（也称为向量图形）由被称为矢量的数学对象定义的线条和曲线组成。矢
量根据图像的几何特性描绘图像。

原图像　　　　　　　　　　　　将原图像放大400%后的效果

图 1-46　位图图像放大前后的效果对比

矢量图形与分辨率无关，可以将它们缩放到任意尺寸，也可以按任意分辨率打印而不会丢失细节或降低清晰度。因此，矢量图形在标志设计、插图设计及工程绘图上占有很大的优势，如图 1-47 所示。

图形100%显示时的效果　　　　　　　　图形400%显示时的效果

图 1-47　矢量图形放大前后的效果对比

由于计算机显示器呈现图像的方式是在网格上显示图像，因此，矢量数据和位图数据在屏幕上都会显示为像素。

2. 像素和分辨率

如果要制作高质量的图像，就要了解图像大小和分辨率。

图像以多大尺寸在屏幕上显示取决于多种因素，包括图像的像素大小、显示器大小和显示器分辨率设置。

像素大小为位图图像的高度和宽度的像素数量。图像在屏幕上的显示尺寸由图像的像素尺寸和显示器的大小与设置决定。例如，典型的 17 英寸显示器水平显示 1280×1024 个像素。尺寸为 1280×1024 像素的图像将充满屏幕。在像素设置为 1280×1024 的更大的显示器上，同样大小的图像仍将充满屏幕，但每个像素会更大。

当用户制作用于联机显示的图像时（如在不同显示器上查看的 Web 页），像素大小就尤其重要。由于可能在 17 英寸的显示器上查看图像，因此，可以将图像大小限制为 1280×1024 像素，以便为 Web 浏览器窗口控制留出空间。

分辨率是指在单位长度内所含有的点（像素）的多少，其单位为像素/英寸或是像素/厘米。例如，分辨率为 200dpi 的图像表示该图像每英寸含有 200 个点或像素。了解分辨率对于处理数字图像是非常重要的。

分辨率的高低直接影响图像的输出质量和清晰度。分辨率越高，图像输出的质量与清晰度越好，图像文件占用的存储空间和内存需求越大。但是对于低分辨率扫描或创建的图像，提高图像的分辨率只能提高单位面积内像素的数量，并不能提高图像的输出品质。

1.4.2 常用文件格式

在 Photoshop CC 中，能够支持 20 多种格式的图像文件，可以打开不同格式的图像进行编辑并存储，也可以根据需要将图像另存为其他的格式。

下面介绍几种常用的文件格式：

- PSD;PDD：是 Adobe Photoshop 的文件格式，Photoshop 格式（PSD）是新建图像的默认文件格式，而且是唯一支持所有可用图像模式、参考线、Alpha 通道、专色通道和图层的格式。PSD 格式在保存时会将文件压缩，以减少占用磁盘空间，但 PSD 格式所包含的图像数据信息较多（如图层、通道、剪贴路径、参考线等），因此比其他格式的文件要大得多。由于 PSD 格式的文件保留所有原图像数据信息，因而修改起来较为方便，这也就是它的最大优点。在编辑的过程中最好使用 PSD 格式存储文件，但是大多数排版软件不支持 PSD 格式的文件，所以在图像处理完以后，就必须将其转换为其他占用空间小而且存储质量好的文件格式。
- BMP：图形文件的一种记录格式。BMP 是 DOS 和 Windows 兼容计算机上的标准 Windows 图像格式。BMP 格式支持 RGB 索引颜色、灰度和位图颜色模式，但不支持 Alpha 通道。可以为图像指定 Microsoft Windows 或 OS/2 格式以及位深度。对于使用 Windows 格式的 4 位和 8 位图像，还可以指定 RLE 压缩，这种压缩不会损失数据，是一种非常稳定的格式。BMP 格式不支持 CMYK 模式的图像。
- GIF：图形交换格式（GIF）是在 World Wide Web 及其他联机服务上常用的一种文件格式，用于显示超文本标记语言（HTML）文档中的索引颜色图形和图像。GIF 是一种用 LZW 压缩的格式，目的在于最小化文件大小和电子传输时间。GIF 格式保留索引颜色图像中的透明度，但不支持 Alpha 通道。
- JPEG：联合图片专家组（JPEG）格式是在 World Wide Web 及其他联机服务上常用的一种格式，用于显示超文本标记语言（HTML）文档中的照片和其他连续色调图像。JPEG 格式支持 CMYK、RGB 和灰度颜色模式，但不支持 Alpha 通道。与 GIF 格式不同，JPEG 保留 RGB 图像中的所有颜色信息，但通过有选择地扔掉数据来压缩文件大小。JPEG 图像在打开时自动解压缩。压缩级别越高，得到的图像品质越低；压缩级别越低，得到的图像品质越高。在大多数情况下，【最佳】品质选项产生的结果与原图像几乎无分别。
- TIFF：TIFF 是英文 Tag Image File Format（标记图像文件格式）缩写，用于在应用程序和计算机平台之间交换文件。TIFF 是一种灵活的位图图像格式，受几乎所有的绘画、图像编辑和页面排版应用程序的支持。而且，几乎所有的桌面扫描仪都可以产生 TIFF 图像。TIFF 格式支持具有 Alpha 通道的 CMYK、RGB、Lab、索引颜色和灰度图像以及无 Alpha 通道的位图模式图像。Photoshop 可以在 TIFF 文件中存储图层；但是，如果在其他应用程序中打开此文件，则只有拼合图像是可见的。Photoshop 也可以用 TIFF 格式存储注释、透明度和多分辨率金字塔数据。在 Photoshop 中保存为 TIF 格式会让用户选择是 PC 机还是苹果机格式，并可选择是否使用压缩处理，它采用的是 LZW Compression 压缩方式，这是一种几乎无损的压缩形式。
- Photoshop EPS：压缩 PostScript（EPS）语言文件格式可以同时包含矢量图形和位图

图形，并且几乎所有的图形、图表和页面排版程序都支持该格式。EPS 格式用于在应用程序之间传递 PostScript 语言图片。当打开包含矢量图形的 EPS 文件时，Photoshop 栅格化图像，将矢量图形转换为像素。EPS 格式支持 Lab、CMYK、RGB、索引颜色、双色调、灰度和位图颜色模式，但不支持 Alpha 通道。EPS 确实支持剪贴路径。桌面分色（DCS）格式是标准 EPS 格式的一个版本，可以存储 CMYK 图像的分色。使用 DCS 2.0 格式可以导出包含专色通道的图像。若要打印 EPS 文件，必须使用 PostScript 打印机。

- PSB：大型文档格式支持宽度或高度最大为 300000 像素的文档。PSB 格式支持所有 Photoshop 功能（如图层、效果和滤镜）。

- TGA：TGA（Targa）格式专门用于使用 Truevision 视频卡的系统，并且通常受 MS-DOS 色彩应用程序的支持。Targa 格式支持 16 位 RGB 图像（5 位 x3 种颜色通道，加上一个未使用的位）、24 位 RGB 图像（8 位 x3 种颜色通道）和 32 位 RGB 图像（8 位 x3 种颜色通道，加上一个 8 位 Alpha 通道）。Targa 格式也支持无 Alpha 通道的索引颜色和灰度图像。当以这种格式存储 RGB 图像时，可以选取像素深度，并选择使用 RLE 编码来压缩图像。

- PCX：PCX 格式通常用于 IBM PC 兼容计算机。PCX 格式支持 RGB、索引颜色、灰度和位图颜色模式，但不支持 Alpha 通道。PCX 支持 RLE 压缩方法。图像的位深度可以是 1、4、8 或 24。

- PNG：可移植网络图形格式（Portable Network Graphic Format，PNG）名称来源于非官方的 "PNG's Not GIF"，是一种位图文件（bitmap file）存储格式，读成 "ping"。其目的是试图替代 GIF 和 TIFF 文件格式，同时增加一些 GIF 文件格式所不具备的特性。PNG 用来存储灰度图像时，灰度图像的深度可多到 16 位，存储彩色图像时，彩色图像的深度可多到 48 位，并且还可存储多到 16 位的 α 通道数据。PNG 使用从 LZ77 派生的无损数据压缩算法，一般应用于 JAVA 程序、网页及 S60 程序中，因为它压缩比高，生成文件容量小。

1.5 系统的优化

将 Photoshop CC 程序合理地进行优化设置，可以提高图像处理的运算速度。

许多程序设置都存储在 Adobe Photoshop CC 预设文件中，其中包括常规、界面、文件处理、性能、光标、透明度与色域、单位与标尺、参考线、网格和切片、文字以及增效工具项等。其中大多数选项都是在【首选项】对话框中设置的。每次退出应用程序时都会存储首选项设置。

Photoshop CC 如果出现异常现象，可能是因为首选项已被损坏。如果用户怀疑首选项已损坏，可以将首选项恢复为它们的默认设置，单击【复位所有警告对话框】按钮即可。

1.5.1 常规

在菜单中执行【编辑】→【首选项】→【常规】命令，或按 Ctrl + K 键，弹出【首选项】对话框，如图 1-48 所示，可以在其中对一些常规进行设置，一般采用默认值。

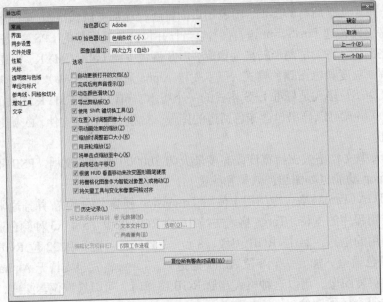

图 1-48 【首选项】对话框

1.5.2 界面

在【首选项】对话框中单击【下一个】按钮，进入界面优化设置，如图 1-49 所示，在其中可以对界面的颜色、是否自动显示隐藏面板、是否自动折叠图标面板以及用户界面的语言等进行设置。

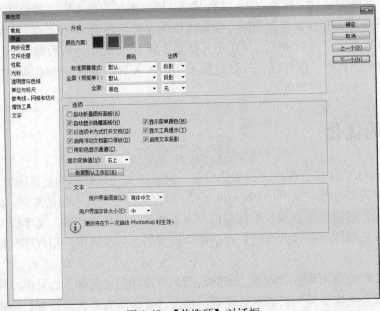

图 1-49 【首选项】对话框

1.5.3 同步设置

在【首选项】对话框中单击【下一个】按钮，进入同步设置界面，如图 1-50 所示，在其中可以对一些选项进行同步设置。

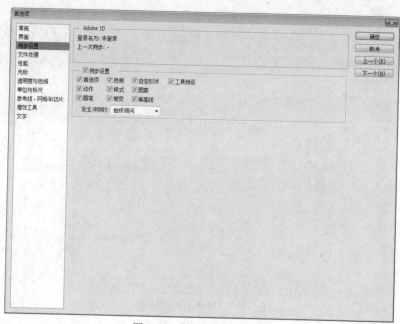

图 1-50 【首选项】对话框

1.5.4 文件处理

在【首选项】对话框中单击【下一个】按钮，进入文件处理优化设置，如显示多少个近期文件、是否总是询问最大兼容 PSD 和 PSB 文件等，如图 1-51 所示。

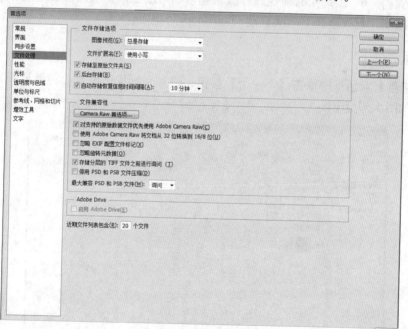

图 1-51 【首选项】对话框

1.5.5 性能

在【首选项】对话框中单击【下一个】按钮，进入性能优化设置，包括记录操作的步骤、高速缓存的级别、内存使用大小等，如图 1-52 所示。

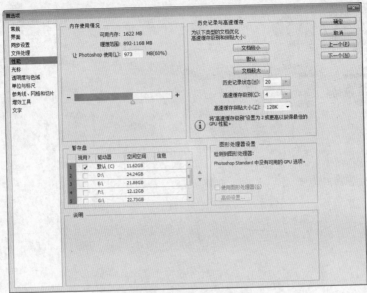

图 1-52 【首选项】对话框

- 【历史记录状态】：该选项的默认值为"20"，表示可以使系统记录图像处理时的 20 步操作，也就是在撤消时撤消 20 步操作。可以根据需要设置这个参数，建议使用默认值。
- 【高速缓存级别】：可以根据计算机的内存配置与硬件配置来决定该参数的设置，一般设置为"6"。选择的高速缓存级别越多则速度越快，选择的高速缓存级别越少则品质越高。更改会在下一次启动 Photoshop 时生效。

1.5.6 光标

在【首选项】对话框中单击【下一个】按钮，进入光标优化设置，包括设置光标的形状与颜色等，如图 1-53 所示。

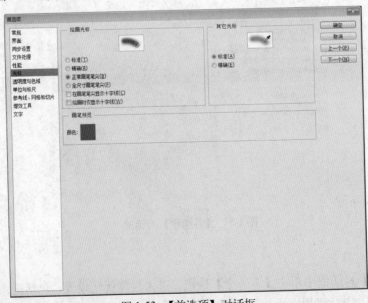

图 1-53 【首选项】对话框

1.5.7　透明度与色域

在【首选项】对话框中单击【下一个】按钮，进入透明度与色域优化设置，包括对网格的大小与颜色以及色域警告颜色进行设置，如图 1-54 所示。

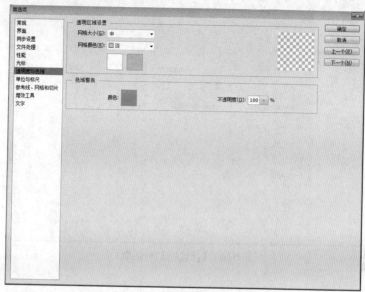

图 1-54　【首选项】对话框

1.5.8　单位与标尺

在【首选项】对话框中单击【下一个】按钮，进入单位与标尺优化设置，可以在其中根据需要设置所需的单位、新文档打印的分辨率等，如图 1-55 所示。

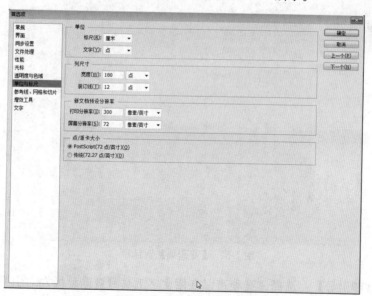

图 1-55　【首选项】对话框

1.5.9　参考线、网格、切片

在【首选项】对话框中单击【下一个】按钮，进入参考线、网格和切片优化设置，在其

中可以对参考线的颜色与样式、网格的颜色与样式、切片的颜色与样式等进行设置，如图 1-56
所示。

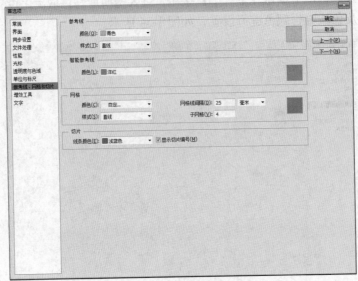

图 1-56 【首选项】对话框

1.5.10 文字

在【首选项】对话框中单击【下一个】按钮，进入文字优化设置，如图 1-57 所示，一般
情况下采用默认值，设置好后单击【确定】按钮即可。

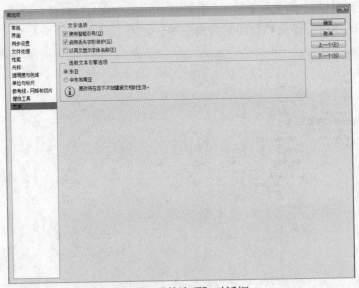

图 1-57 【首选项】对话框

- 【使用智能引号】：选择该选项可以在用文字工具时自动替换左右引号。

1.6 Photoshop CC 的退出

在不需要使用该程序或休息时，可以将 Photoshop CC 程序退出。在菜单中执行【文件】→

【退出】命令、单击程序窗口菜单栏上的 ▮ × （关闭）按钮、按 Alt + F4 键或按 Ctrl + Q 键，都可退出程序，并且程序中的所有文件将随着一起退出程序。如果有文件没有存储，就会弹出一个警告对话框，提示是否要存储该文件，可以根据需要单击【是】、【否】与【取消】按钮。

1.7　本章小结

　　本章对 Photoshop CC 的启动、退出与窗口环境进行了简要介绍，其中重点并详细地介绍了文件的新建、打开、存储与关闭以及控制面板和图像窗口等功能的操作与相关选项说明。此外，还对基本概念与常用文件格式以及系统优化进行了介绍。通过本章的学习，希望用户能够对 Photoshop CC 程序有一定的认识。

1.8　习题

　　一、填空题

　　1. 位图图像（也称为_____）是由_____组成的，其中每一个点称为像素，而每个像素都有一个明确的颜色。在处理位图图像时，用户所编辑的是_____，而不是_____或_____。

　　2. 矢量图形（也称为_____），它是由_____定义的线条和曲线组成的。矢量根据图像的_____描绘图像。

　　3. 矢量图形与_____无关，可以将它们缩放到_____，也可以按_____打印，而不会丢失细节或降低清晰度。因此，矢量图形在标志设计、插图设计及工程绘图上占有很大的优势。

　　二、简答题

　　1. 简述像素大小与分辨率的含义。

　　2. 简述位图图像与矢量图形的含义。

第 2 章　绘画工具

教学要点

　　学习颜色与画笔笔尖的设置方法，学会使用画笔工具、铅笔工具、历史记录画笔工具、历史记录艺术画笔工具、渐变工具、油漆桶工具、颜色替换工具、混合器画笔工具、橡皮擦工具、背景橡皮擦工具、魔术橡皮擦工具。能够自定义画笔与图案。

学习重点与难点

- ➢ 设置颜色
- ➢ 画笔工具与铅笔工具
- ➢ 使用【画笔】面板
- ➢ 自定义画笔与图案
- ➢ 历史记录画笔工具与历史记录艺术画笔
- ➢ 渐变工具与油漆桶工具
- ➢ 抹除工具
- ➢ 颜色替换工具
- ➢ 混合器画笔工具

2.1　设置颜色

　　要绘制一幅好的作品，色彩运用非常重要。设置颜色就成为了绘画的首要任务。

　　利用工具箱中的色彩控制图标可以设置前景色与背景色。单击"设置前景色"或"设置背景色"图标会弹出如图 2-1 所示的【拾色器】对话框，在其中可以设置所需的颜色。也可以用吸管工具在图像上或【色板】面板中直接吸取所需的颜色，如图 2-2、图 2-3 所示，或在【颜色】面板中设置或吸取所需的颜色，

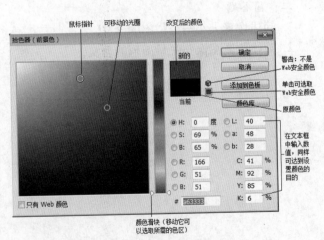

图 2-1　【拾色器】对话框

如图 2-4 所示。单击 ⇆（切换前景色与背景色）图标或按 X 键，可以转换前景色与背景色。单击 ◾（默认前景色与背景色）图标或按 D 键，可以将前景色与背景色设置为默认值（简称复位色板）。

图 2-2　吸取颜色

图 2-3　【色板】面板

图 2-4　【颜色】面板

2.2　画笔与铅笔工具

　　画笔的使用方法是绘画和编辑的重要内容。选择的画笔决定了描边效果的许多特性。在 Photoshop 中提供了各种预设画笔，可以满足广泛的用途，也可以使用【画笔】面板创建自定画笔。

　　使用画笔工具绘制出彩色的柔边，勾选【喷枪工具】选项即可模拟传统的喷枪手法，将渐变色调（如彩色喷雾）应用于图像。用它绘制出的描边比用画笔工具绘制出的描边更发散。喷枪工具的压力设置可控制应用的油墨喷洒的速度，在使用该设量时按下鼠标左键不动可以加深颜色。

　　铅笔工具工作原理和我们生活中的铅笔绘画一样，它绘制出来的曲线是硬的、有棱角的。

2.2.1　画笔与铅笔工具的选项

　　画笔工具与铅笔工具的选项栏如图 2-5、图 2-6 所示。通过对选项栏进行比较，可以看出它们有很多相同的选项，在此一并进行介绍。

图 2-5　画笔工具的选项栏

图 2-6　铅笔工具的选项栏

- （画笔）：可以在其弹出式面板中选择所需的画笔笔尖与设置笔触大小、硬度等参数。
- 模式：在该下拉列表中可以选择以哪种混合模式对图像中的像素产生影响。
- 不透明度：指定画笔、铅笔、仿制图章、图案图章、历史记录画笔、历史记录艺术画笔、渐变和油漆桶工具应用的最大油彩覆盖量。
- 流量：指定画笔工具应用油彩的速度，数值越小，绘制的颜色越浅。
- （透明度压力）与（大小压力）按钮：在使用绘图板时选择这两个选项可以使用透明度与大小压力。
- （喷枪工具）：选择它就可以应用喷枪的选项。

● 自动抹除：是铅笔工具的特别选项。如果勾选【自动抹除】选项并在前景色上开始拖移，将使用背景色绘画，如果在背景色上开始拖移，则用前景色绘画。如果不勾选【自动抹除】选项，则只用前景色绘画。

2.2.2 画笔预设选取器

在画笔工具的画笔选项后单击 按钮，将弹出如图 2-7 所示的面板，其中的【大小】可以用来设置画笔笔尖的大小，【硬度】可以用来改变画笔笔尖的软硬度，也就是使画笔笔尖的边缘软化或硬化。设置好一个画笔笔尖后，可以单击 按钮，在弹出的【画笔名称】对话框中命名如图 2-8 所示，单击【确定】按钮，可以将设置的画笔储存起来。还可以设置所需的前景色和背景色，然后在画面中进行绘制。

在画笔预设选取器中单击 按钮，将弹出如图 2-9 所示的下拉式菜单，可以在其中选择所需的命令和画笔组。

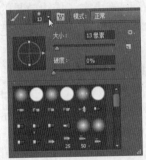

图 2-7 画笔预设选取器

图 2-8 【画笔名称】对话框

图 2-9 画笔预设选取器的下拉菜单

● 新建画笔预设：为设置好的画笔取名并存储，它的功能与单击 按钮一样。
● 重命名画笔：可以为画笔重新命名。
● 删除画笔：删除选中的画笔。
● 纯文本/小缩览图/大缩览图/小列表/大列表/描边缩览图：它们分别是面板中画笔样式的显示方式。默认情况下使用描边缩览图，因为它既能显示画笔的形状，又能显示在实际绘画时画笔的效果。
● 预设管理器：可以使用"预设管理器"更改当前的预设项目集和创建新库。
● 复位画笔：可以将设置过的画笔还原到默认状态。
● 载入画笔：可以从【载入】对话框中调入储存的画笔，其文件类型为"*.ABR"。
● 存储画笔：可以将设置好的画笔存储起来。
● 替换画笔：可以用调入的画笔替换当前【画笔】面板中的画笔。
● 混合画笔/基本画笔/书法画笔/DP 画笔/带阴影的画笔/干介质画笔/人造材质画笔/M 画笔/自然画笔 2/自然画笔/大小可调的圆形画笔/特殊效果画笔/方头画笔/粗画笔/湿介

质画笔：它们分别为画笔组的名称。选择它们后可以分别将它们添加或替换到【画笔】面板中。

 在使用画笔工具或铅笔工具绘画时，按键盘中的 [或] 键，可以改变画笔笔尖大小；按 Shift + [或 Shift +] 键，可以改变画笔笔尖的硬度。

2.2.3 【画笔】面板

在画笔工具、铅笔工具、仿制图章工具、图案图章工具、历史记录画笔工具、历史记录艺术画笔工具、橡皮擦工具、涂抹工具、减淡工具、加深工具、模糊工具、锐化工具或海绵工具的选项栏中单击 按钮，也可以在菜单中执行【窗口】→【画笔】命令或按 F5 键，都会显示【画笔】面板，使用【画笔】面板可以调整画笔笔尖的形状、分布、纹理等属性。下面以选择画笔工具为例进行讲解，在画笔工具的选项栏中单击 按钮，弹出如图 2-10 所示的【画笔】面板。

1. 画笔预设

在【画笔】面板的左边选择【画笔预设】标签或单击下方的【画笔预设】按钮，将会显示【画笔预设】面板并在其中已经预设了许多画笔，如图 2-11 所示。每种预设对应一系列的画笔参数。单击右下角的 按钮，可以创建新的画笔预设；单击 按钮，可以将不需要的画笔预设删除。

2. 画笔笔尖形状

画笔描边由许多单独的画笔笔迹组成。所选的画笔笔尖决定了画笔笔迹的形状、直径和其他特性。可以通过编辑其选项来自定画笔笔尖，并通过采集图像中的像素样本来创建新的画笔笔尖形状。

在【画笔】面板的左边单击【画笔笔尖形状】项目，面板右边就会显示它的相关内容，如图 2-12 所示。在此可以设置画笔笔尖的大小、硬度、间距、角度和圆度等属性。

图 2-10 【画笔】面板

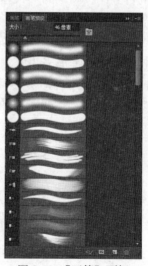

图 2-11 【画笔】面板

图 2-12 【画笔】面板

在面板的右上方选择一种笔尖形状，然后对它进行参数设置，选择不同画笔笔尖，其中的相关参数也不同。如选择硬边圆画笔时，它的相关选项如图 2-13 所示；选择硬笔刷画笔时，它的相关选项如图 2-14 所示。

图 2-13 【画笔】面板

图 2-14 【画笔】面板

【画笔】面板中的参数说明如下：

- 大小：拖动该滑杆上的滑块或在其后的文本框中输入所需的数值，可以设置画笔的大小。
- 翻转 X：改变画笔笔尖在 x 轴上的方向。
- 翻转 Y：改变画笔笔尖在 y 轴上的方向。
- 形状：可以在其下拉列表中选择所需的画笔形状。
- 硬毛刷：在其文本框中可以输入 1%～100%之间的百分比，也可以拖动滑块设置参数，设置整体的毛刷浓度。
- 长度：在其文本框中可以输入 25%～500%之间的百分比，也可拖动滑块设置参数，更改毛刷长度。
- 粗细：在其文本框中可以输入 1%～200%之间的百分比，也可拖动滑块设置参数，控制各个硬毛刷的宽度。
- 硬度：在其文本框中可以输入 1%～100%之间的百分比，也可拖动滑块设置参数，控制毛刷灵活度。使用较低的百分比，画笔的形状容易变形。
- 间距：拖动滑块或输入所需的数值，控制描边中两个画笔笔迹之间的距离。取消选择间距选项时，则由光标的速度来确定间距，如图 2-15 所示。
- 角度：可以在此输入绘画时所需的画笔笔尖角度。
- 圆度：在其文本框中可以输入 0%～100%之间的数值，控制圆形笔尖长短轴的比例。用画笔工具在画面中绘制后的效果对比，如图 2-16 所示。

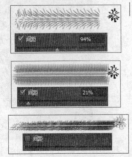

图 2-15 设置不同间距的效果对比图

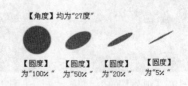

图 2-16 设置不同圆度的效果对比图

3. 形状动态

形状动态决定描边中画笔笔迹的变化。在【画笔】面板的左边单击【形状动态】项目，

它的右边就会显示相关的选项，在其中可以进行属性设置，如图
2-17 所示。

- 大小抖动/控制：指定描边中画笔笔迹大小的改变方式。拖
  动滑块或在文本框中输入数值可以指定抖动的最大百分
  比。如果要设置控制画笔笔迹的大小变化，可以从【控制】
  下拉列表中选取所需的选项，其中包括关、渐隐、钢笔压
  力、钢笔斜度和光笔轮 5 个选项。
- 最小直径：可以通过拖动滑块或在文本框中输入数值来设
  置画笔笔尖直径的百分比值。
- 倾斜缩放比例：当在控制栏中选定为"钢笔斜度"时，在
  旋转前应用于画笔高度的比例因子。
- 角度抖动/控制：指定描边中画笔笔迹角度的改变方式。在

图 2-17 【画笔】面板

  【角度抖动】的文本框中输入数字或拖动滑块，可以设置
  角度抖动的最大百分比。如果要控制画笔笔迹的角度变化，可以在【控制】下拉列表
  中选取选项，其中包括关、渐隐、钢笔压力、钢笔斜度、光笔轮、旋转、初始方向和
  方向 8 个选项。
- 圆度抖动/控制：指定画笔笔迹的圆度在描边中的改变方式。在【圆度抖动】的文本
  框中输入数字或拖动滑块，可以设置抖动的最大百分比，从而指示画笔短轴和长轴之
  间的比例。如果要控制画笔笔迹的圆度变化，可以在【控制】下拉列表中选取选项。
- 最小圆度：在启用【圆度抖动】或【圆度控制】时，才可以设置画笔笔迹的最小圆度。

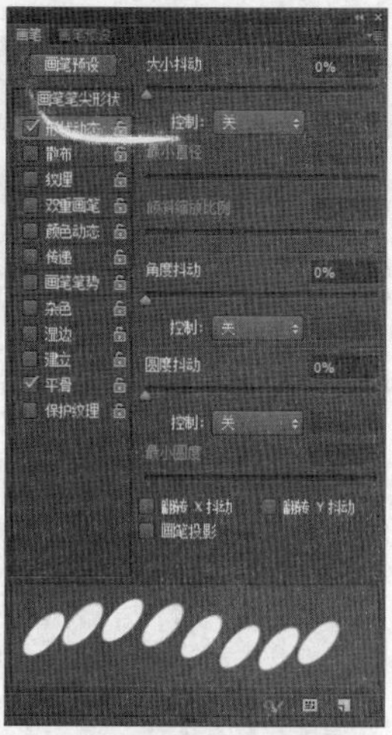

4. 散布

在【画笔】面板中单击【散布】项目，在其右边就会显示它的相
关选项，如图 2-18 所示，在其中可以确定描边中笔迹的数目和位置。

- 散布/控制：指定画笔笔迹在描边中的分布方式。当勾选【两
  轴】时，画笔笔迹按径向分布。当取消【两轴】选择时，画
  笔笔迹垂直于描边路径分布。在【散布】文本框中输入数字
  或拖动滑块，可以指定散布的最大百分比。在【控制】下拉
  列表中选取选项，可以指定如何控制画笔笔迹的散布变化。
- 数量：在文本框中输入数字或拖动滑块，可以指定在每个
  间距间隔应用的画笔笔迹数量。
- 数量抖动/控制：它们用于指定画笔笔迹的数量如何针对各
  种间距间隔而变化。在【数量抖动】文本框中输入数字或
  拖动滑块可指定在每个间距间隔应用的画笔笔迹的最大百
  分比。在【控制】下拉列表中可以选取选项指定如何控制
  画笔笔迹的数量变化。

图 2-18 【画笔】面板

5. 纹理

在【画笔】面板的画笔预设中所需的画笔笔尖，如图 2-19 所示，再在左边单击【纹理】
项目，其右边就会显示它的相关选项，如图 2-20 所示。纹理画笔利用图案使描边效果就像是
在带纹理的画布上绘制一样。

- 纹理的选择：单击【纹理】后的下拉按钮，弹出如图 2-21 所示的【纹理】面板，可以在其中选择所需的纹理。如果勾选【反相】选项，则可以得到反相的纹理效果。

图 2-19 【画笔】面板

图 2-20 【画笔】面板

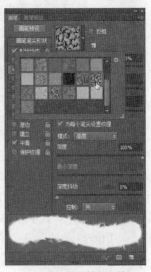

图 2-21 【画笔】面板

- 缩放：通过拖动【缩放】滑块或在其文本框中输入 1%～1000% 之间的数值，可以设定图案纹理的缩放比例，如图 2-22 所示为在【画笔】面板中设置不同缩放比例的效果对比图。

- 为每个笔尖设置纹理：在绘画时指定是否分别渲染每个笔尖。如果不勾选此选项，则无法使用【深度】变化选项。

- 模式：在【模式】下拉列表中可以选择用于组合画笔和图案的混合模式。

- 深度：在【深度】文本框中可以通过输入数字或拖动滑块来设置油彩渗入纹理中的深度。如果是 0%，纹理中的所有点都接收相同数量的油彩，从而隐藏图案。如果是100%，纹理中的暗点不接收任何油彩。

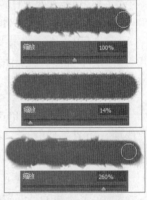

图 2-22 设置不同缩放比例的效果对比图

- 最小深度：在勾选【为每个笔尖设置纹理】时最小深度成为可用状态，可以指定当深度控制设置为 "渐隐"、"钢笔压力"、"钢笔斜度"、"光笔轮" 或 "旋转" 油彩时可渗入的最小深度。

- 深度抖动/控制：在勾选【为每个笔尖设置纹理】选项时设置深度的改变方式。可以在【深度抖动】文本框中输入数字或拖动滑块指定抖动的最大百分比。如果要指定如何控制画笔笔迹的深度变化，可以在【控制】下拉列表中选取选项。

6. 双重画笔

在【画笔】面板的左边单击【双重画笔】项目，在面板右边将显示它的相关选项，再选择所需的画笔笔尖，如图 2-23 所示。双重画笔使用两个笔尖创建画笔笔迹，从而创造出两种画笔的混合效果。在【画笔】面板的【画笔笔尖形状】部分可以设置主要笔尖的选项。在【画笔】面板的【双重画笔】部分可以设置次要笔尖的选项，如图 2-24 所示。

图 2-23　【画笔】面板

图 2-24　【画笔】面板

- 模式：在其下拉列表中可以选择两种画笔的混合模式。
- 大小：在其文本框中可以输入数值或拖动滑块来控制双笔尖的直径。
- 间距：控制描边中双笔尖画笔笔迹之间的距离。
- 散布：指定描边中双笔尖画笔笔迹的分布方式。当选中两轴时，双笔尖画笔笔迹按径向分布。当取消选择【两轴】选项时，双笔尖画笔笔迹垂直于描边路径分布。
- 数量：指定在每个间距间隔应用的双笔尖画笔笔迹的数量。

7. 颜色动态

颜色动态决定描边路线中油彩颜色的变化方式。在【画笔】面板的左边单击【颜色动态】项目，在面板右边将显示它的相关选项，如图 2-25 所示，可以根据需要设置参数，然后在画面中进行绘制，即可为绘制的笔触添加一些色彩，如图 2-26 所示（前景色为#1130ce，背景色为白色）。

图 2-25　【画笔】面板

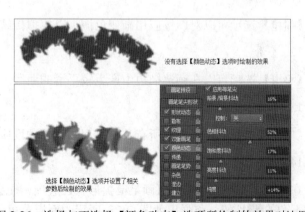

图 2-26　选择与不选择【颜色动态】选项所绘制的效果对比图

- 前景/背景抖动和控制：指定前景色和背景色之间的油彩变化方式。在【前景/背景抖动】文本框中输入数字或拖动滑块，可以指定油彩颜色改变的百分比。如果要指定如何控制画笔笔迹的颜色变化，可以在【控制】下拉菜单中选取所需的选项。

- 色相抖动：设定描边中油彩色相可以改变的百分比。较低的值在改变色相的同时保持接近前景色的色相，较高的值增大色相间的差异。
- 饱和度抖动：设定描边中油彩饱和度可以改变的百分比。较低的值在改变饱和度的同时保持接近前景色的饱和度，较高的值增大饱和度级别之间的差异。
- 亮度抖动：指定描边中油彩亮度可以改变的百分比。较低的值在改变亮度的同时保持接近前景色的亮度，较高的值增大亮度级别之间的差异。

- 纯度：增大或减小颜色的饱和度。如果该值为-100，则颜色将完全去掉；如果该值为100，则颜色将完全饱和。

8. 传递

在【画笔】面板的左边单击【传递】选项，在面板右边就会显示相关选项，如图 2-27 所示。

- 不透明度抖动/控制：不透明度抖动控制画笔描边中的不透明度的变化程度。在【控制】下拉列表中可以选择所需的变化方式。
- 流量抖动/控制：流量抖动设定画笔描边中颜料流动的变化程度。在【控制】下拉列表中可以选择流动变化的方式。

图 2-27 【画笔】面板

9. 杂色

【杂色】选项可以向个别的画笔笔尖添加额外的随机性。当应用于柔画笔笔尖（包含灰度值的画笔笔尖）时，此选项最有效。

10. 湿边

【湿边】选项可以沿画笔描边的边缘增大油彩量，从而创建水彩效果。

11. 喷枪

【喷枪】选项可以对图像应用渐变色调，以模拟传统的喷枪手法。

12. 平滑

【平滑】选项可以在画笔描边中产生较平滑的曲线。

13. 保护纹理

【保护纹理】选项可以对所有具有纹理的画笔预设应用相同的图案和比例。

14. 【画笔】面板的弹出式菜单

在【画笔】面板中单击【画笔笔尖形状】选项，便会显示相关的画笔笔尖设置选项，单击右上角的 按钮，将弹出如图 2-28 所示的面板菜单。如果在【画笔】面板中单击【画笔预设】按钮或标签，便会显示【画笔预设】面板，单击 按钮，将弹出如图 2-29 所示的菜单，利用菜单中的各命令可以对画笔以及【画笔】面板进行控制。

图 2-28 【画笔】面板的弹出式菜单

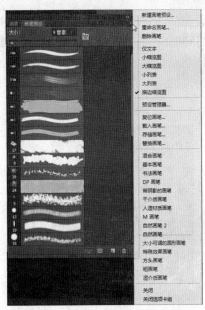

图 2-29 【画笔】面板的弹出式菜单

- 清除画笔控制：消除画笔所有选项设置。
- 复位所有锁定设置：可以恢复所有锁定设置。
- 将纹理拷贝到其他工具：复制纹理并将其应用于其他工具。

2.2.4 自定义画笔

在 Photoshop 中，可以定义整个图像或部分选区图像为画笔。如果要使画笔形状更明显，可以使它显示在纯白色的背景上；如果要想定义带柔边的画笔，则应选择包含灰度值的像素组成的画笔形状（彩色画笔的形状显示为灰度值）

上机实战 利用自定义画笔命令定义画笔

1 按 Ctrl + O 键从配套光盘的素材库中打开一个图像文件，如图 2-30 所示。

2 在菜单中执行【编辑】→【定义画笔预设】命令，弹出如图 2-31 所示的对话框，可以在【名称】文本框中输入所需的画笔名称，也可以采用默认值，单击【确定】按钮，即可将选区的内容定义为画笔。

图 2-30 打开的图像文件

图 2-31 【画笔名称】对话框

3 按 Ctrl + N 键新建一个空白的图像文件，大小视需要决定，接着在工具箱中设定前景色为#1130ce，选择 画笔工具，并在【画笔】弹出式面板中找到刚定义的画笔，如图 2-32 所示，然单击它，使它成为当前画笔笔尖，在空白的图像中依次单击两次，得到如图 2-33 所示的效果。

图 2-32 【画笔】弹出式面板　　　　　图 2-33 用自定画笔绘制的效果

2.2.5 绘制贺年卡

在绘制贺年卡时，主要应用新建、创建新图层、画笔工具、【画笔】面板、打开、移动工具、图层样式等工具或命令。效果如图 2-34 所示。

图 2-34 实例效果图

上机实战　绘制贺年卡

1 设定背景色为"#ec0d0d"，按 Ctrl + N 键新建一个大小为 800×600 像素，【分辨率】为 150 像素/英寸，【颜色模式】为 RGB 颜色，【背景内容】为背景色的文件。

2 显示【图层】面板，在其中单击 （创建新图层）按钮，新建图层 1，如图 2-35 所示。

3 在工具箱中设定前景色为"#fff602"并选择 画笔工具，并在画笔预设选取器中单击 按钮，在弹出的菜单中执行【混合画笔】命令，如图 2-36 所示，弹出一个警告对话框，如图 2-37 所示，在其中单击【追加】按钮，将混合画笔添加到当前的【画笔】面板中，再在其中选择所需的画笔，如图 2-38 所示。

图 2-35 【图层】面板

图 2-36 执行【混合画笔】命令

图 2-37 警告对话框

4 在画笔工具的选项栏中设置【不透明度】为 100%，其他为默认值，移动指针到画面中绘制出所需的图案，然后在画面中绘制出一匹马的形状，如图 2-39 所示。

5 在【图层】面板中激活背景层，单击【创建新图层】按钮，新建图层 2，如图 2-40 所示，将特殊效果画笔追加到【画笔】面板中并选择所需的画笔，如图 2-41 所示，再设置【大小】为 21 像素，然后在马身上绘制出所需的花纹，如图 2-42 所示。

图 2-38 画笔预设选取器

图 2-39 用画笔工具绘制马形状

图 2-40 【图层】面板

6 在【画笔】面板中选择所需的画笔，其他不变，如图 2-43 所示；在【图层】面板中新建一个图层，如图 2-44 所示，然后在画面中绘制出所需的内容，如图 2-45 所示；在【图层】面板中设置【不透明度】为 70%，降低图层 3 中内容的不透明度，如图 2-46 所示。

图 2-41 画笔预设选取器

图 2-42 绘制花纹

图 2-43 画笔预设选取器

7 设置前景色为"# f4f701"，在【图层】面板中先激活背景层，再新建图层 4，在画笔工具的选项栏中选择所需的画笔笔尖，如图 2-47 所示，然后在画面中绘制出所需的效果，如图 2-48 所示。

图 2-44 【图层】面板

图 2-45 绘制马鬃与尾毛

图 2-46 降低不透明度

8 在【图层】面板中设置图层 4 的【不透明度】为 34%，如图 2-49 所示，以降低不透明度，从而得到如图 2-50 所示的效果。

图 2-47 画笔预设管理器

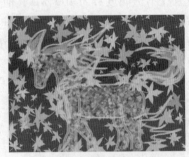
图 2-48 绘制树叶

图 2-49 降低不透明度

9 按 Ctrl+O 键从配套光盘的素材库中打开一张有艺术字的图片，如图 2-51 所示，将打开的文档拖出文档标题栏，再使用移动工具将艺术字拖动到画面中，然后排放到所需的位置，如图 2-52 所示。

图 2-50 降低透明度后的效果

图 2-51 打开的艺术字

图 2-52 复制后的效果

10 在【图层】面板中双击图层 5，弹出【图层样式】对话框，在其中选择【投影】选项，如图 2-53 所示，选择好后单击【确定】按钮，即可为文字添加投影，画面效果如图 2-54 所示。

11 在【图层】面板中先激活图层 1，再新建图层 6，并使新建的图层位于图层 1 的上层。接着选择画笔工具，在选项栏中选择所需的画笔，设置【大小】为 63 像素，如图 2-55 所示，然后在画面中添加文字"2014"，如图 2-56 所示。

12 在菜单中执行【图层】→【图层样式】→【投影】命令，弹出【图层样式】对话框，在其中勾选【内发光】选项，其他不变，如图 2-57 所示，单击【确定】按钮，即可得到如图 2-58 所示的效果。

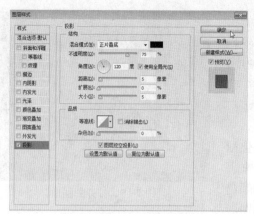

图 2-53 【图层样式】对话框

图 2-54 添加投影后的效果

图 2-55 画笔预设选取器

图 2-56 写上文字后的效果图

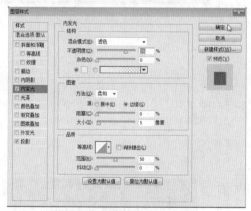

图 2-57 【图层样式】对话框

图 2-58 添加斜面和浮雕后的效果

2.3 颜色替换工具

使用 颜色替换工具可以改变图像中的颜色，还可以使用校正颜色在目标颜色上绘画。颜色替换工具不适用于"位图"、"索引"或"多通道"颜色模式的图像。

上机实战 使用颜色替换工具改变图像颜色使用

1 按 Ctrl＋O 键从配套光盘的素材库中打开一个图像文件，如图 2-59 所示。

2 按 Ctrl + J 键复制一层，在工具箱中设置前景色为"#ec0d0d"，选择 颜色替换工具，在选项栏的画笔预设选取器中设置【大小】为 143 像素，【硬度】为 0%，其他不变，如图 2-60 所示，然后在画面中荷花上进行涂抹，即可改变其颜色，如图 2-61 所示。

【颜色替换工具】选项栏中的选项说明如下：

图 2-59　打开的图像

- 消除锯齿：在 Photoshop 中生成的图像为位图图像，而位图图像使用颜色网格（像素）来表现图像。每个像素都有自己特定的位置和颜色值。在进行椭圆、圆形选取或其他不规则图形的选取和绘画时就会产生锯齿边缘。所以 Photoshop 提供了【消除锯齿】选项在锯齿之间填入中间色调，并从视觉上消除锯齿现象。

图 2-60　设置画笔大小与硬度

图 2-61　改变颜色后的效果

2.4　混合器画笔工具

使用混合器画笔工具可以混合画布上的颜色并模拟硬毛刷，以产生媲美传统绘画介质的结果。

上机实战　使用混合器画笔工具绘制图像

1 按 Ctrl + O 键从配套光盘的素材库中打开如图 2-62 所示的人物画图片，再按 Ctrl + J 键复制一个副本，下面将在副本上进行绘制。

2 在工具箱中设置前景色为"#f4f701"，选择 混合器画笔工具，在选项栏的画笔预设选取器中选择平扇形多毛硬毛刷，并设置【大小】为 21 像素，如图 2-63 所示，其他为默认值，然后在画面中需要绘制的地方进行绘制，得到所需的效果为止，绘制好后的效果如图 2-64 所示。

- 对所有图层取样：勾选该选项，可以应用所有可见图层中的像素；如果不勾选该选项，则只

图 2-62　打开的人物画图片

能应用当前可见图层中的像素。

图 2-63 选择画笔并设置大小

图 2-64 绘制后的效果

2.5 历史记录画笔工具和历史记录艺术画笔工具

历史记录画笔工具可以将图像的一个状态或快照的源数据绘制到当前图像窗口中。该工具可以创建图像的源数据或样本，然后用它来绘画。在 Photoshop 中，也可以用历史记录艺术画笔绘画，以创建特殊效果。

历史记录艺术画笔工具可以使用指定历史记录状态或快照中的源数据，以风格化描边进行绘画。通过尝试使用不同的绘画样式、大小和容差选项，可以用不同的色彩和艺术风格模拟绘画的纹理。

与历史记录画笔一样，历史记录艺术画笔也是用指定的历史记录状态或快照作为源数据。但是，历史记录画笔通过重新创建指定的源数据来绘画，而历史记录艺术画笔在使用这些数据的同时，还使用用户为创建不同的色彩和艺术风格而设置的选项。

2.5.1 历史记录画笔工具与历史记录艺术画笔工具的属性

在工具箱中选择 历史记录画笔工具，就会在选项栏中显示它的相关选项，如图 2-65 所示。

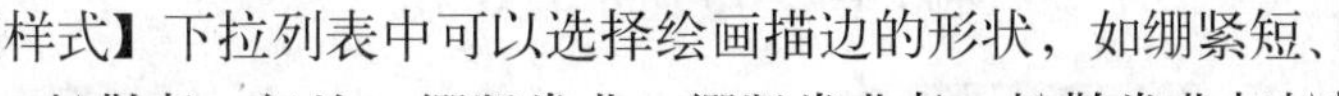

图 2-65 选项栏

在工具箱中选择 历史记录艺术画笔，选项栏中就会显示它的相关选项，如图 2-66 所示。

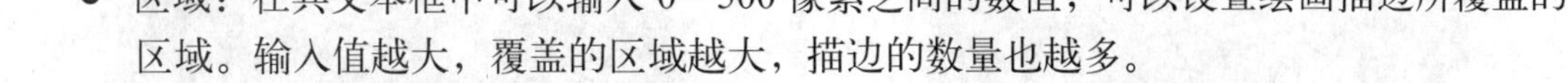

图 2-66 选项栏

- 样式:在【样式】下拉列表中可以选择绘画描边的形状，如绷紧短、绷紧中、绷紧长、松散中等、松散长、轻涂、绷紧卷曲、绷紧卷曲长、松散卷曲与松散卷曲长，其效果对比如图 2-67 所示。
- 区域：在其文本框中可以输入 0~500 像素之间的数值，可以设置绘画描边所覆盖的区域。输入值越大，覆盖的区域越大，描边的数量也越多。
- 容差：在其文本框中可以通过输入数值或拖移滑块，限定可以应用绘画描边的区域。低容差可以用于在图像中的任何地方绘制无数条描边。高容差将绘画描边限定在与源状态或快照中的颜色明显不同的区域。

图 2-67　选择不同样式的效果对比图

2.5.2　使用历史记录画笔工具绘制水彩画

上机实战　使用历史记录画笔工具绘制水彩画

1　按 Ctrl + O 键从配套光盘的素材库中打开一张如图 2-68 所示的图片，再显示【历史记录】面板，以默认快照为源数据，如图 2-69 所示。

2　按 Ctrl + J 键复制一个副本，如图 2-70 所示，在工具箱中选择 历史记录艺术画笔工具，并在选项栏中设定【样式】为轻涂，再在画笔预设选取器中设置画笔【大小】为 6 像素，如图 2-71 所示，其他为默认值，然后在画面中来回拖动一次，得到如图 2-72 所示的效果。

图 2-68　打开的图片

图 2-69　【历史记录】面板

图 2-70　【图层】面板

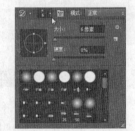

图 2-71　画笔预设选取器

3　再在选项栏中设定【样式】为绷紧短，然后在画面中需要改变笔触的地方进行拖动（本例是沿着黑线进行拖动），得到如图 2-73 所示的效果。

图 2-72　用历史记录艺术画笔工具绘画

图 2-73　用历史记录艺术画笔工具绘画

4　在工具箱中选择 ✍ 历史记录画笔工具，在选项栏中设定【模式】为正片叠底，【不透明度】为 45%，如图 2-74 所示，其他为默认值，然后在画面中需要凸出的区域进行拖动，涂抹后的效果如图 2-75 所示。

图 2-74　选项栏

图 2-75　用历史记录画笔工具绘画

2.6　渐变工具

渐变工具可以创建多种颜色间的逐渐混合。用户可以从预设渐变填充中选取或创建自己的渐变。渐变工具不能用于位图、索引颜色的图像。

2.6.1　渐变工具的属性

在工具箱中选择 ▭ 渐变工具，就会在选项栏中显示它的相关选项，如图 2-76 所示。

图 2-76　选项栏

其中各选项说明如下：

- ▭（可编辑渐变）按钮：单击该按钮可弹出如图 2-77 所示的【渐变编辑器】对话框，可以在【预设】框中直接单击所需的渐变，也可以在【渐变类型】栏中编辑自定的渐变，也可以将编辑好的渐变存储到【预设】框中，只需单击【新建】按钮即可。单击【存储】按钮，可弹出【存储】对话框并可以在其中给渐变命名，将设置好的渐变存储。单击【载入】按钮，可以将已存储的渐变组调入到【预设】框中，以便直接调用。

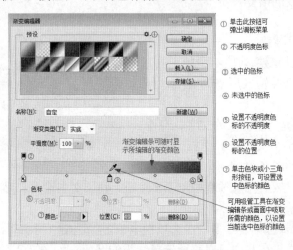

图 2-77　【渐变编辑器】对话框

- ■（线性渐变）：从起点（按下左键处）到终点（松开鼠标左键处）做线性渐变。
- ■（径向渐变）：从起点到终点做圆形图案渐变。
- ■（角度渐变）：从起点到终点做逆时针环绕渐变。
- ■（对称渐变）：从起点处向两侧逐渐展开。
- ■（菱形渐变）：从起点处向外以菱形图案逐渐改变，终点定义菱形的一角。

如图 2-78 所示是分别使用线性渐变、径向渐变、角度渐变、对称渐变与菱形渐变绘制的渐变效果对比图。

- ■按钮：单击▇▇▇▇▇（可编辑渐变）按钮后的■下拉按钮，弹出如图 2-79 所示的渐变拾色器，在其中可以直接选择所需的渐变。

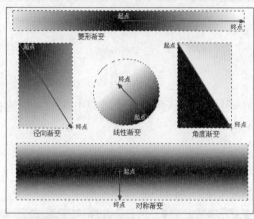

图 2-78　应用不同渐变的效果对比图

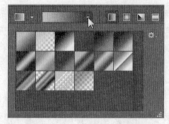

图 2-79　渐变拾色器

- ➢ 反向：勾选它可以反转渐变填充中颜色的顺序。
- ➢ 仿色：勾选它可以用较小的带宽创建较平滑的混合。
- ➢ 透明区域：勾选它可以对渐变填充使用透明蒙版。

2.6.2　应用预设渐变

在 Photoshop 中提供了许多预设的渐变，可以直接采用这些预设的渐变，也可以将自己编辑的渐变保存为预设的渐变。

上机实战　应用预设渐变

1　在工具箱中选择■横排文字蒙版工具，移动指针到画面中单击并输入所需的文字，如图 2-80 所示。

2　按 Ctrl + A 键全选输入的文字，在选项栏中单击■按钮，显示【字符】面板，在其中设置所需的参数，如图 2-81 所示，得到如图

图 2-80　用横排文字蒙版工具输入文字

2-82 所示的文字效果，然后在选项栏中单击✔按钮，确认文字输入，得到如图 2-83 所示的文字选区。

3　在工具箱中选择■渐变工具，在选项栏中单击▇▇▇▇▇（可编辑渐变）按钮后的■下拉按钮，弹出渐变拾色器，在其中可以直接选择所需的渐变，如图 2-84 所示，然后按 Shift 键

从选区的上边向下边拖动，如图 2-85 所示，为选区进行渐变填充，进行渐变填充后的效果如图 2-86 所示。

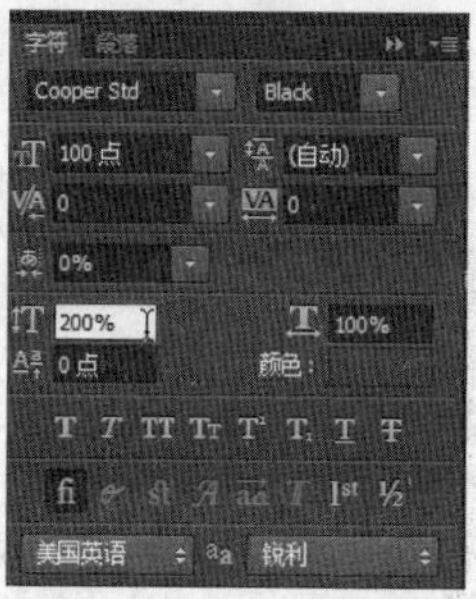

图 2-81 【字符】面板

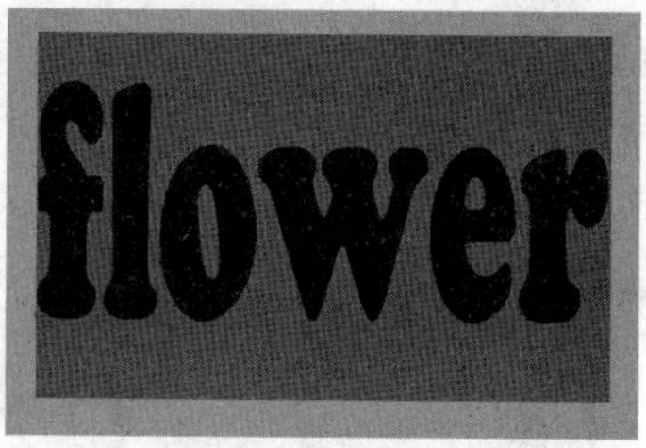

图 2-82 设置字符格式后的效果

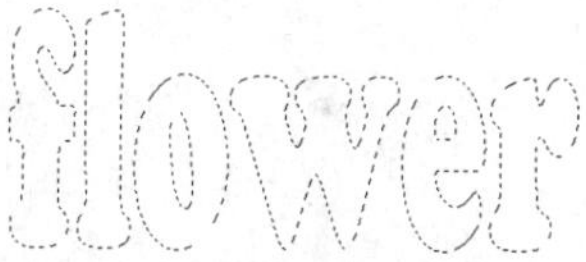

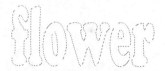

图 2-83 创建的文字选区

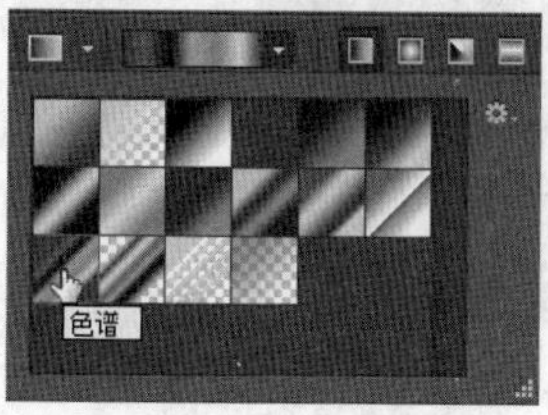

图 2-84 渐变拾色器

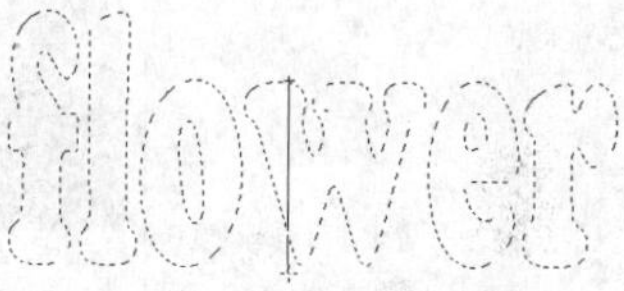

图 2-85 拖动时的状态

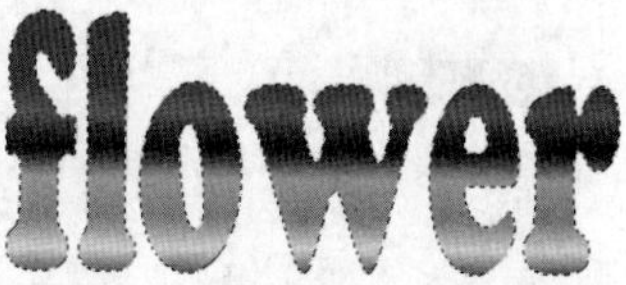

图 2-86 填充渐变后的效果

2.6.3 自定渐变

在绘画过程中有时需要许多复杂的渐变，如果预设列表中没有这些所需的渐变，这时就需要编辑渐变了。

要创建新的渐变色，首先需要打开【渐变编辑器】对话框，在其中的渐变条下方单击添加、移动或删除色标，然后根据需要对添加的色标进行颜色设置。

上机实战 自定渐变

1 添加色标。在工具箱中选择渐变工具，在选项栏中单击（可编辑渐变）按钮，弹出【渐变编辑器】对话框，在其中的预设栏中选择黑色、白色渐变，如图 2-87 所示。接着移动指针到渐变条下方适当位置单击，由于当前前景色为黄色，所以添加的色标颜色为黄色，如图 2-88 所示。

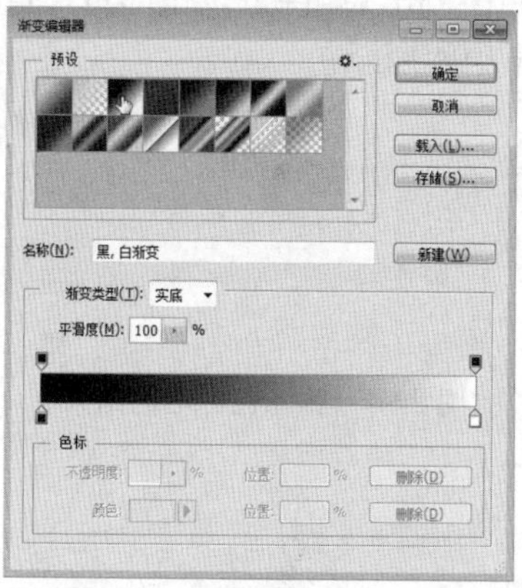

图 2-87 【渐变编辑器】对话框

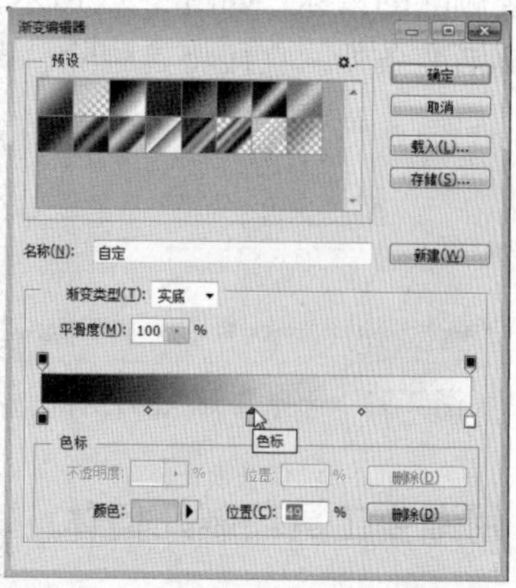

图 2-88 【渐变编辑器】对话框

2　移动色标。如果所添加的色标位置不是所需的位置，可以将其移动到该位置。在要移动的色标上按下左键向所需的方向拖移或在位置文本框中输入数字，即可将该色标移至该位置了，如图 2-89 所示。

3　设置色标的颜色和不透明度。先选中要更改颜色的色标，再在【颜色】选项后单击色块按钮或双击该色标，弹出【拾色器（色标颜色）】对话框，可以在其中选择色标颜色，如图 2-90 所示，选择好单击【确定】按钮，即可将选择色标的颜色改为所选择的颜色。

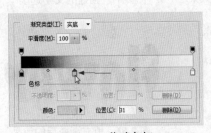

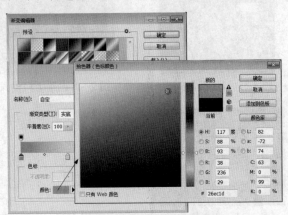

图 2-89　移动色标　　　　　　　　　　　　图 2-90　设置色标的颜色

在绘画时有时需要透明渐变，因此需要设置色标的不透明度。先在渐变条上方选择要更改不透明度的色标，如图 2-91 所示，再在下方色标栏中设置不透明度与位置，如图 2-92 所示。可以直接拖动不透明度色标来改变其位置。

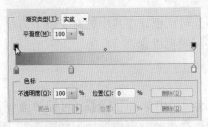

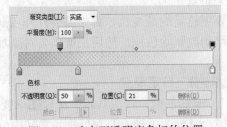

图 2-91　设置色标的不透明度　　　　　　　图 2-92　改变不透明度色标的位置

4　删除色标。在编辑渐变时，通常会有一些色标需要删除。在【渐变编辑器】对话框中选择要删除的色标，如图 2-93 所示，再在【色标】栏中单击【删除】按钮即可。也可以将色标拖离渐变条外，直接将其删除，删除后的结果如图 2-94 所示。

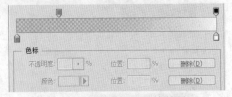

图 2-93　选择要删除的色标　　　　　　　　图 2-94　删除色标后的结果

2.6.4　用渐变工具绘制几何体

本例主要介绍使用渐变工具绘制几何体的方法，在绘制过程中还使用了多边形套索工具、创建新图层、矩形选框工具、椭圆选框工具、反选、透视、羽化、混合模式等工具与命令。

图 2-95 实例效果图

上机实战 **用渐变工具绘制几何体**

1 按 Ctrl + N 键新建一个大小为 600×400 像素,【分辨率】为 96 像素/英寸,【颜色模式】为 RGB 颜色,【背景内容】为白色的文件。

2 在工具箱中选择 多边形套索工具,在【图层】面板中单击 (创建新图层)按钮,新建图层 1,如图 2-96 所示。接着在画面的底部绘制一个四边形选框,如图 2-97 所示。

3 在 工 具 箱 中 选 择 渐 变 工 具 , 在 选 项 栏 中 设 置 参 数 为 ,再单击【可编辑渐变】按钮,弹出【渐变编辑器】对话框,在其中选择"橙,黄,橙渐变",如图 2-98 所示。

图 2-96 【图层】面板

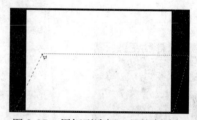

图 2-97 用矩形选框工具绘制选框

4 将渐变编辑条下方左边的色标拖出对话框外,以将其删除,如图 2-99 所示。然后拖动中间色标到左端,如图 2-100 所示。设置好后,单击【确定】按钮,在画面中选区内拖动鼠标以进行渐变填充,填充后的效果如图 2-101 所示。

图 2-98 【渐变编辑器】对话框

图 2-99 【渐变编辑器】对话框

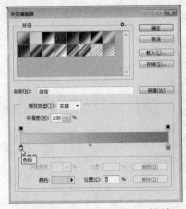

图 2-100 【渐变编辑器】对话框

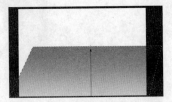

图 2-101 渐变填充后的效果

5 按 Ctrl + D 键取消选择，在【图层】面板中激活背景层，再单击 ■ （创建新图层）按钮，新建一个图层，如图 2-102 所示。选择渐变工具，在选项栏中单击渐变编辑条，弹出【渐变编辑器】对话框，在其中选择铜色渐变，然后在渐变条下方添加几个色标并移动到相应的位置，同时根据需要用吸管工具吸取颜色，编辑好后的渐变颜色如图 2-103 所示。在画面中从左边向右边拖动，为画面进行渐变填充，填充了渐变颜色后的画面效果如图 2-104 所示。

图 2-102 【图层】面板

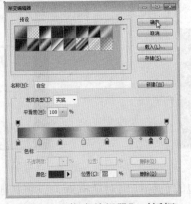

图 2-103 【渐变编辑器】对话框

图 2-104 渐变填充后的效果

6 在【图层】面板中先激活图层 1，再单击 ■ （创建新图层）按钮，新建图层 3，如图 2-105 所示，选择 ■ 矩形选框工具，采用默认值，移动指针到画面中按下左键拖出一个矩形虚框，得到所需的大小后松开左键，即可在画面中绘制出一个矩形选框，如图 2-106 所示。

7 在键盘上按 G 键选择渐变工具，在选项栏中单击【可编辑渐变】按钮，弹出【渐变编辑器】对话框，在渐变的下方依次单击 3 次添加 3 个色标，分别设置它们的色标，先设置色标 2 的颜色为白色，再设置色标 4 的颜色为 "#373738"，然后分别选择色标 1、3、5，使用吸管在渐变条中吸取所需的颜色，如图 2-107 所示，单击【新建】按钮，将其保存起来，单击【确定】按钮，然后在画面中选区内拖动鼠标以进行渐变填充，填充后的效果如图 2-108 所示。

8 按 Ctrl+D 键取消选择，按 Shift+M 键选择 ■ 椭圆选框工具，在渐变矩形的底部绘制一个椭圆选框，如图 2-109 所示。按 Shift + M 键选择 ■ 矩形选框工具，在选项栏中单击 ■ 按钮，再在画面中框选出渐变矩形的上部，如图 2-110、图 2-111 所示。

图 2-105 【图层】面板

图 2-106 绘制选区

图 2-107 【渐变编辑器】对话框

图 2-108 渐变填充后的效果

图 2-109 绘制选区

图 2-110 添加选区

9 按 Shift+Ctrl+I 键反选选区，再按 Delete 键将选区内容删除，结果如图 2-112 所示。

10 按 Ctrl＋D 键取消选择，按 Shift＋M 键选择 椭圆选框工具，接着在渐变矩形的顶部绘制一个椭圆选框，如图 2-113 所示。

图 2-111 添加选区后的结果

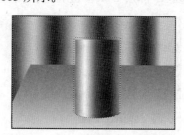

图 2-112 反选删除后的结果

图 2-113 绘制选区

11 按 G 键选择渐变工具，在选项栏中单击【可编辑渐变】按钮，弹出【渐变编辑器】对话框，在渐变条的下方将色标 1、3 与 4 删除，再将色标 2 移到左端，如图 2-114 所示，单击【确定】按钮，然后在画面中选区内拖动鼠标以进行渐变填充，填充后的效果如图 2-115 所示。

12 按 Shift＋M 键选择 矩形选框工具，在选项栏中单击 按钮，再在画面中框选出渐变矩形的一部分，如图 2-116 所示，然后按 Ctrl＋J 键由选区建立一个新图层，如图 2-117 所示。

13 在菜单中执行【编辑】→【变换】→【透视】命令，将图层 2 的内容移动到适当位置，如图 2-118 所示，再拖动右上角的控制点向上边中间控制点处，以将上边的左右两边的控制点向中点对齐，如图 2-119 所示，然后在变换框中双击确认透视调整。

图 2-114 【渐变编辑器】对话框

图 2-115 渐变填充后的效果

图 2-116 绘制选区

图 2-117 通过拷贝新建一个图层

图 2-118 移动渐变矩形

图 2-119 进行透视调整

14 按 Shift + M 键选择 ⊙ 椭圆选框工具，接着在渐变锥形的底部绘制一个椭圆选框，如图 2-120 所示。按 Shift+M 键选择 ▥ 矩形选框工具，在选项栏中单击 ▣ 按钮，在画面中框选出渐变锥形的上部，如图 2-121 所示。

15 按 Shift+Ctrl+I 键反选选区，再按 Delete 键将选区内容删除，结果如图 2-122 所示。

图 2-120 绘制选区

图 2-121 添加选区

图 2-122 反选删除后的结果

16 按 Ctrl + D 键取消选择，按 Shift + M 键先选择椭圆选框工具，再按 Shift 键在画面的右边适当位置绘制一个圆选框，如图 2-123 所示。

17 在【图层】面板中新建图层 5，如图 2-124 所示，再按 G 键选择渐变工具，在选项栏中选择 ▣（径向渐变）按钮并单击【可编辑渐变】按钮，弹出【渐变编辑器】对话框，在【预设】栏中选择前面保存的渐变，接着在渐变条的下方将色标 1 删除，将色标 2、3、4 移至适当位置，如图 2-125 所示，单击【确定】按钮，在画面中选区内拖动鼠标以进行渐变填充，填充后的效果如图 2-126 所示。

18 在【图层】面板中先激活图层 1，单击 ▣（创建新图层）按钮，新建图层 6，如图 2-127 所示，按 Ctrl + D 键取消选择，按 Shift + L 键先选择 ▥ 多边形套索工具，再在画面的适当位置绘制一个四边形选框，如图 2-128 所示。

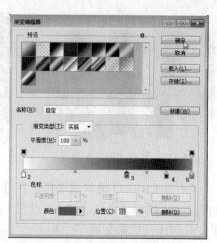

图 2-123 绘制选区

图 2-124 【图层】面板

图 2-125 【渐变编辑器】对话框

图 2-126 渐变填充后的效果

图 2-127 创建新图层

图 2-128 绘制选区

19 按 Shift + F6 键弹出【羽化选区】对话框，在其中设定【羽化半径】为 10 像素，如图 2-129 所示，单击【确定】按钮，即可将选区进行羽化，然后按 G 键选择渐变工具，再在画面中进行拖动，为选区进行渐变填充，填充后的效果如图 2-130 所示。

20 使用多边形套索工具在画面的适当位置绘制一个类似椭圆的选框，如图 2-131 所示。

图 2-129 【羽化选区】对话框

图 2-130 渐变填充后的效果

图 2-131 绘制选区

21 按 Shift + F6 键弹出【羽化选区】对话框，在其中设定【羽化半径】为 10 像素，单击【确定】按钮，即可将选区进行羽化，然后使用渐变工具在画面中进行拖动，为选区进行渐变填充，填充后的效果如图 2-132 所示。

22 在【图层】面板中先激活图层 3，再新建一个图层 7，如图 2-133 所示。使用多边形套索工具在画面的适当位置绘制一个四边形选框，如图 2-134 所示。

23 按 Shift + F6 键弹出【羽化选区】对话框，在其中设定【羽化半径】为 10 像素，单击【确定】按钮，即可将选区进行羽化，然后使用渐变工具在画面中进行拖动，为选区进行渐变填充，填充后的效果如图 2-135 所示。

图 2-132　渐变填充后的效果

图 2-133　【图层】面板

图 2-134　绘制四边形选框

24 按 Ctrl＋D 键取消选择，在【图层】面板中设置图层 7 的【混合模式】为正片叠底，如图 2-136 所示。激活图层 6，设置它的【混合模式】为正片叠底，得到如图 2-137 所示的效果。几何体就绘制完成了。

图 2-135　渐变填充后的效果

图 2-136　【图层】面板

图 2-137　改变混合模式后的效果

2.7　油漆桶工具

使用油漆桶工具可以为图像填充颜色值与选择的像素相似的相邻像素，但是它不能用于位图模式的图像。

2.7.1　油漆桶工具的属性

在工具箱中选择油漆桶工具，选项栏中就会显示它的相关选项，如图 2-138 所示，其中各选项的说明如下。

图 2-138　选项栏

- 填充：在【填充】下拉列表中可以选择"前景"或"图案"
  来填充图像或选区。如果选中"图案"选项，则图案后的
  按钮成为活动可用状态，单击下拉按钮，可以
  在弹出的面板中（如图 2-139 所示）选择所需的图案来填
  充。如果选择"前景"，则用前景色来对图像或选区进行
  填充。

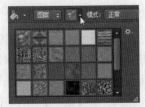

图 2-139　图案弹出式面板

- 所有图层：勾选该选项可以基于所有可见图层中的合并颜色数据填充像素。

如图 2-140 所示为使用油漆桶工具依次对图像进行不同前景色与图案填充后的效果对比。

图 2-140 填充不同颜色与图案后的效果

2.7.2 自定义图案

利用【定义图案】命令可以将图像中选中的一部分或全图像创建为新图案。

上机实战 自定义图案

1 从配套光盘的素材库中打开一个要定义为图案的图像文件,如图 2-141 所示。

2 在工具箱中选择矩形选框工具,接着在画面中框选出要定义为图案的部分,如图 2-142 所示。

图 2-141 打开的图像文件

图 2-142 绘制选区

3 在菜单栏中执行【编辑】→【定义图案】命令,弹出如图 2-143 所示的【图案名称】对话框,可以在其中输入图案名称,也可以使用默认名称,单击【确定】按钮,即可将选区内的内容定义为图案并存入图案面板中。

图 2-143 【图案名称】对话框

4 按 Ctrl+N 键新建一个大小为 500×250 像素,【分辨率】为 96 像素/英寸的空白图像,

在工具箱中选择油漆桶工具，并在选项栏的图案弹出式面板中选择定义的图案，如图 2-144 所示，移动指针到画面中单击，使用定义的图案填充画面，填充后的效果如图 2-145 所示。

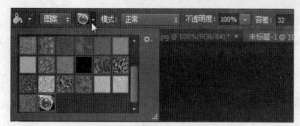

图 2-144　图案弹出式面板

图 2-145　填充图案后的效果

2.8　抹除工具

在 Photoshop 中提供了 3 种抹除工具，分别是橡皮擦工具、背景橡皮擦工具和魔术橡皮擦工具，如图 2-146 所示。橡皮擦工具和魔术橡皮擦工具可以将图像区域抹成透明或背景色。背景橡皮擦工具可以将图层抹成透明。

图 2-146　工具组

2.8.1　橡皮擦工具

使用橡皮擦工具在背景层或在透明被锁定的图层中工作时，相当于使用背景色进行绘画。如果是在图层上进行操作，擦除过的地方为透明或半透明。还可以使用橡皮擦工具使受影响的区域返回到"历史记录"面板中选中的状态。其中的选项栏的选项说明如下。

在工具箱中选择橡皮擦工具，选项栏中就会显示它的相关选项，如图 2-147 所示。

图 2-147　选项栏

- 模式：在【模式】下拉列表（如图 2-148 所示）中可以选 择橡皮擦工具的擦除方式。在【模式】下拉列表中选择 画笔时，在图像上拖移会以较柔的边缘进行绘制；选择 铅笔时，在图像上拖移会以较硬的边缘进行绘画；选择 块时，在图像上拖移会以较硬而成菱角的边缘进行绘画。

图 2-148　【模式】下拉列表

- 抹到历史记录：要抹除到图像的已存储状态或快照，可以在【历史记录】面板中单击 所需的状态或快照的前面的列，然后在选项栏中勾选【抹到历史记录】选项。

上机实战　使用橡皮擦工具抹除图像：

1　从配套光盘的素材库中打开一个图像，如图 2-149 所示，然后在菜单中执行【滤镜】→ 【渲染】→【镜头光晕】命令，弹出【镜头光晕】对话框，在其中选择【电影镜头】选项， 在预览框中单击确定光晕点，如图 2-150 所示，单击【确定】按钮，得到如图 2-151 所示的 效果。

2　在菜单中执行【滤镜】→【像素化】→【铜版雕刻】命令，弹出如图 2-152 所示的对 话框，单击【确定】按钮，得到如图 2-153 所示的效果。

图 2-149 打开的图像

图 2-150 【镜头光晕】对话框

图 2-151 添加镜头光晕的效果

3 显示【历史记录】面板，查看历史记录源，这里以打开时最初的状态为记录源，如图 2-154 所示。在工具箱中选择 橡皮擦工具，在选项栏的【模式】下拉列表中选择画笔，设定【不透明度】为 46%，【流量】为 100%，再勾选【抹到历史记录】选项，接着在画笔预设选取器中选择柔边圆，设置【大小】为 141 像素，如图 2-155 所示，然后移动指针到画面中全面涂抹一次，涂抹一次后的效果如图 2-156 所示。

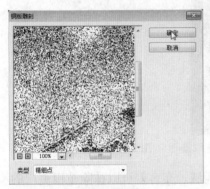
图 2-152 【铜版雕刻】对话框

图 2-153 添加铜版雕刻后的效果

图 2-154 【历史记录】面板

4 在要清楚显示历史记录状态效果的地方多次涂抹，涂抹后的效果如图 2-157 所示。

图 2-155 画笔预设选取器

图 2-156 用橡皮擦工具抹到历史记录时的效果

图 2-157 用橡皮擦工具抹到历史记录时的效果

2.8.2 背景橡皮擦工具

使用背景橡皮擦工具可以将图像中需要擦除的像素抹为透明。如果勾选【保护前景色】

选项，则在擦除背景时保持前景中对象的边缘。

　　在工具箱中选择■背景橡皮擦工具，选项栏就会显示它的相关选项，如图 2-158 所示，在画面中需要擦除的地方单击，即可将不需要的内容擦除，如图 2-159 所示。

图 2-158　选项栏

背景橡皮擦工具选项栏中各选项说明如下。

- 画笔：单击■（下拉）按钮，弹出如图 2-160 所示的画笔预设选取器，在其中可以设置画笔的大小、硬度、间距、角度、圆度和容差。
- ■（取样：连续）：选择它时可以随着拖移连续采取色样。
- ■（取样：一次）：选择它时只抹除包含第一次点按的颜色的区域。
- ■（取样：背景色板）：选择它时只抹除包含当前背景色的区域。
- 限制：在【限制】下拉列表（如图 2-161 所示）中可以选择抹除的限制模式。

图 2-159　擦除后的效果

图 2-160　画笔预设选取器

图 2-161　【限制】下拉列表

- 容差：低容差仅限于抹除与样本颜色非常相似的区域。高容差可以抹除范围更广的颜色。
- 保护前景色：勾选它可以防止抹除与工具箱中的前景色匹配的区域。

2.8.3　魔术橡皮擦工具

　　使用魔术橡皮擦工具在图层中需要擦除（或更改）的颜色范围内单击，它会自动擦除（或更改）所有相似的像素。在没有锁定的图层或背景层中单击，它会将所单击处或与单击处相似的像素抹为透明，如果是在背景层上工作，则会将背景层改为普通图层（如图层 0）；如果在锁定了透明的图层中工作，像素会更改为背景色。用户可以通过勾选与不勾选【连续】复选框，决定在当前图层上是只抹除邻近的像素，还是要抹除所有相似的像素。

　　在工具箱中选择■魔术橡皮擦工具，在选项栏中取消【连续】选项的勾选，其他选项如图 2-162 所示，在画面中需要删除的地方单击，即可将与单击处相同或相似的像素删除，删除后的效果如图 2-163 所示。

　　【魔术橡皮擦工具】中的选项说明如下。

- 连续：勾选该选项时只抹除与单击像素邻近的像素，取消选择则抹除图像中的所有相似像素。

图 2-162　选项栏　　　　　　　　　　图 2-163　擦除后的效果

2.9　本章小结

　　本章主要学习了绘画工具的使用方法与应用，并结合实例对画笔工具、铅笔工具、历史记录画笔工具、历史记录艺术画笔、渐变工具、颜色替换工具、混合器画笔工具、抹除工具等进行了重点讲述。通过本章的学习，希望能够掌握各种绘画工具的使用方法与技巧，以便在日后的工作或设计中能够灵活熟练地应用。

2.10　习题

　　一、简答题

　　1. 画笔工具的属性有哪些?
　　2. 历史记录艺术画笔的属性有哪些?

　　二、选择题

　　1. 使用以下哪个工具可以将图像的一个状态或快照的源数据绘制到当前图像窗口中?

　　　　　　　　　　　　　　　　　　　　　　　　　　　　　　(　　)
　　　　A. 画笔工具　　　　　　　　　　B. 历史记录艺术画笔工具
　　　　C. 铅笔工具　　　　　　　　　　D. 历史记录画笔工具
　　2. 以下哪个工具可以创建多种颜色间的逐渐混合?　　　　　　　　(　　)
　　　　A. 画笔工具　　　　　　　　　　B. 渐变工具
　　　　C. 铅笔工具　　　　　　　　　　D. 油漆桶工具
　　3. 以下哪个工具可以绘制出彩色的柔边，勾选【喷枪工具】选项即可模拟传统的喷枪手法，将渐变色调（如彩色喷雾）应用于图像?　　　　　　　　　　　　(　　)
　　　　A. 画笔工具　　　　　　　　　　B. 渐变工具
　　　　C. 铅笔工具　　　　　　　　　　D. 油漆桶工具
　　4. 使用以下哪个工具可以混合画布上的颜色并模拟硬毛刷以产生媲美传统绘画介质的结果?　　　　　　　　　　　　　　　　　　　　　　　　　　　(　　)
　　　　A. 混合器画笔工具　　　　　　　B. 颜色替换工具
　　　　C. 修复画笔工具　　　　　　　　D. 涂抹工具

第3章 图像的缩放、移动与选取

教学要点

学习图像的缩放、选取、移动、复制与变形等操作。

学习重点与难点

➢ 缩放图像
➢ 图像的选取
➢ 移动与复制选定的像素
➢ 变形图像

3.1 缩放图像

在编辑与处理图像时，通常需要将图像放大、缩小或平移，以便编辑、处理与查看。在 Photoshop CC 中主要使用缩放工具与抓手工具来缩放与平移图像，不过为了方便快捷，通常配合快捷键(缩放工具按 Z 键，抓手工具按空格键)来使用它们。

3.1.1 缩放工具

利用缩放工具可以将图像缩小或放大，以便查看或修改。将缩放工具移入图像（如图 3-1 所示）后指针变为放大镜，中心有一个"+"号，在图层上单击一下，图像就会放大一级，如图 3-2 所示。在按下 Alt 键的同时（或在选项栏中点选缩小按钮）缩放工具指针变为放大镜，但它中心为一个"-"号，在图像上单击则可将图像缩小（即单击一次缩小一级），如图 3-3 所示。

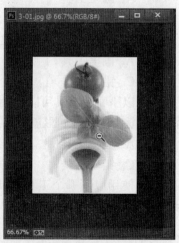

图 3-1 原图像   图 3-2 放大后的图像   图 3-3 缩小后的图像

缩放工具的选项栏如图 3-4 所示，其中各选项说明如下。

图 3-4 缩放工具的选项栏

- 放大：选择它时可将图像放大。
- 缩小：选择它时可将图像缩小。
- 调整窗口大小以满屏显示：勾选该选项可以在缩放的同时调整窗口以适合显示。默认情况下它不适用于快捷键，如 Ctrl＋＋、Ctrl＋－。
- 缩放所有窗口：勾选该选项将以固定窗口缩放图像。
- 细微缩放：在画面中按下左键向左拖移就缩小。
- 适合屏幕：单击它可以将图像适合于屏幕显示。
- 填充屏幕：单击它可以使图像充满屏幕。

上机实战 以局部放大显示

1 在选项栏中取消【细微缩放】选项的勾选，再在画面中拖出一个虚线框，如图 3-5 所示。

2 松开鼠标左键后即可将图像放大并且所选区域正位于窗口中，如图 3-6 所示。

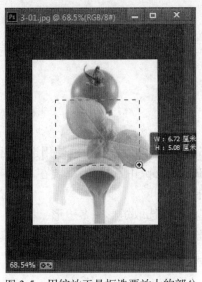

图 3-5 用缩放工具框选要放大的部分

图 3-6 放大后的效果

3.1.2 抓手工具

当图像窗口不能全部显示整幅图像时，可以使用抓手工具在图像窗口内上下、左右移动图像，以观察图像的最终位置，如图 3-7 所示。在图像上右击，可以弹出快捷菜单，可以在其中选择所需的方式调整图像的大小。如果选择【按屏幕大小缩放】命令，当前的图像在屏幕中将以最合适的大小显示，如图 3-8 所示。也可以将抓手工具用于局部修改，只要把整个图像放大很多倍，然后利用它上下、左右移动图像到所需修改的位置即可。

在工具箱中选择 抓手工具，选项栏就会显示如图 3-9 所示的选项。

图 3-7　用抓手工具移动图像

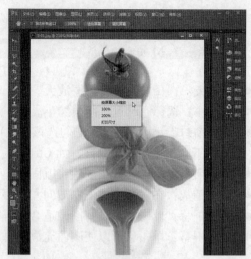

图 3-8　在快捷菜单中选择命令

图 3-9　抓手工具的选项栏

3.1.3　缩放命令

在菜单中执行【视图】→【放大】命令或按 Ctrl＋＋ 键，可以将图像放大，在菜单中执行【视图】→【缩小】命令或按 Ctrl＋－ 键，可以将图像缩小。

3.2　图像的选取

如果要对图像部分应用更改，首先需要选择构成这些部分的像素。通过使用选择工具或通过在蒙版上绘画并将此蒙版作为选区载入，可以在 Photoshop 中选择像素。要在 Photoshop 中选择并处理矢量对象，可以使用钢笔工具和直接选择工具。

Photoshop CC 提供了 9 种选择工具，使用选择工具可以选取矩形、多边形、椭圆、1 个像素宽的行和列的选区，以及任一形状的选区。创建选区后只能对选区进行工作，如填充颜色、填充图案、渐变填充、复制选区内容、描边和绘画等。

3.2.1　选框工具

Photoshop CC 提供了 4 种选框工具，即▦矩形选框工具、◯椭圆选框工具、▭单行选框工具和▯单列选框工具。

1. 矩形选框工具

使用矩形选框工具可以绘制矩形选区，如果按下 Shift 键再拖动矩形选框工具可以向已有选区添加选区，按 Alt 键可以从选区中减去选区。在工具箱中选择▦矩形选框工具，它的选项栏就会显示相关选项，如图 3-10 所示。

图 3-10　矩形选框工具的选项栏

- ■（新选区）：选择它时，可以创建新的选区，如图 3-11 所示；如果已经存在选区，则会去掉旧选区，而创建新的选区；在选区外单击，则取消选择。

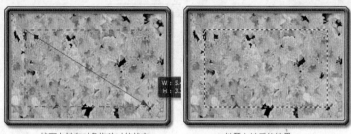

按下左键向对角拖移时的状态　　　　　松开左键后的结果

图 3-11　绘制矩形选框

- ■（添加到选区）：选择它时可以创建新的选区，也可以在原来选区的基础上添加新的选区，相交部分选区的滑动框将去除，而同时形成一个选区，如图 3-12 所示。

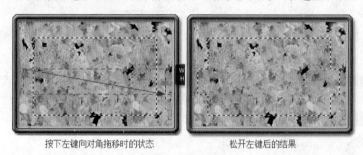

按下左键向对角拖移时的状态　　　　　松开左键后的结果

图 3-12　添加选区

2. 椭圆选框工具

使用椭圆选框工具可以绘制椭圆选区，如果按下 Shift 键再拖动椭圆选框工具可以向已有选区添加选区，按 Alt 键可以从选区中减去选区。在工具箱中选择◎椭圆选框工具，它的选项栏就会显示相关选项，如图 3-13 所示。

图 3-13　椭圆选框工具的选项栏

- ■（从选区减去）：选择它时可以创建新的选区，也可以在原来选区的基础上减去不需要的选区，如图 3-14 所示。
- ■（与选区交叉）：选择它时可以创建新的选区，也可以创建与原来选区相交的选区，如图 3-15 所示。
- 羽化：在其文本框中输入相应的数值可以软化硬边缘，也可使选区填充的颜色（如红色）向其周围逐步扩散，如图 3-16 所示。在【羽化】文本框中输入数据（其取值范围为：0 至 255）可设置羽化半径。
- 消除锯齿：在 Photoshop 中生成的图像为位图图像，而位图图像使用颜色网格（像素）表现图像。每个像素都有自己特定的位置和颜色值。在进行椭圆、圆形选取或其他不规则的选取时就会产生锯齿边缘。Photoshop 提供了【消除锯齿】选项在锯齿之间填入中间色调，并从视觉上消除锯齿现象。如图 3-17 所示为不勾选和勾选【消除锯齿】选项的比较图。

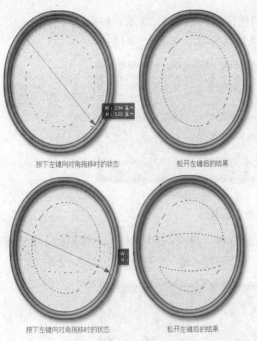

按下左键向对角拖移时的状态　　　　松开左键后的结果

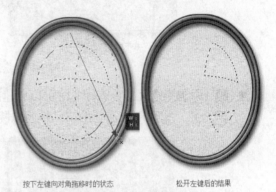

按下左键向对角拖移时的状态　　　　松开左键后的结果

按下左键向对角拖移时的状态　　　　松开左键后的结果

图 3-14　绘制选区　　　　　　　　　　　图 3-15　绘制相交选区

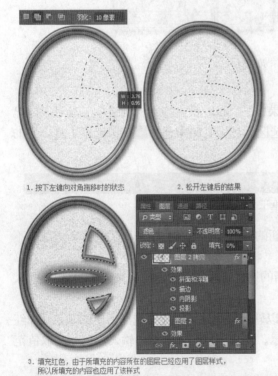

1. 按下左键向对角拖移时的状态　　　2. 松开左键后的结果

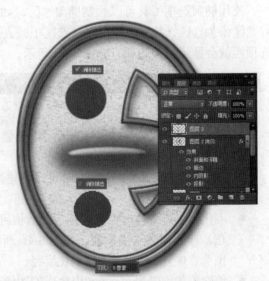

3. 填充红色，由于所填充的内容所在的图层已经应用了图层样式，
所以所填充的内容也应用了该样式

图 3-16　绘制选区并填充颜色　　　　　图 3-17　不勾选和勾选【消除锯齿】选项的比较图

- 样式：在【样式】下拉列表中可以选择所需的样式，如图 3-18 所示。

  - 正常：为 Photoshop 默认的选择方式，也是通常用的方式。在选择这种方式的情况下，可以用鼠标拖出任意大小的矩形选区。

➢ 固定比例：选择这种方式，则【样式】后的选项由不可用状态变为活动可用状态，可以在其文本框中输入所需的数值来设置矩形选区的长宽比，它和正常方式一样，都需要拖动鼠标来选取矩形选区，不同的是它拖出约束了长宽比的矩形选区。

➢ 固定大小：选择这种方式，可以通过在文本框中输入所需的数值，得到固定大小的矩形选区。

● 调整边缘：如果画面中已经有一个选框，则该按钮成为  可用状态，单击该按钮，弹出如图 3-19 所示的对话框，可以在其中调整选框的大小与羽化选区的大小。

➢ 半径：决定选区边界周围的区域大小，将在此区域中进行边缘调整。增加半径可以在包含柔化过渡或细节的区域中创建更加精确的选区边界如短的毛发中的边界，或模糊边界。

图 3-18　【样式】下拉列表　　　　图 3-19　【调整边缘】对话框

➢ 对比度：锐化选区边缘并去除模糊的不自然感。增加对比度可以移去由于"半径"设置过高而导致在选区边缘附近产生的过多杂色。

➢ 平滑：减少选区边界中的不规则区域（"山峰和低谷"），创建更加平滑的轮廓。输入一个值或将滑块在 0～100 之间移动即可。

➢ 羽化：在选区及其周围像素之间创建柔化边缘过渡。输入一个值或移动滑块以定义羽化边缘的宽度（从 0～250 像素）即可。

➢ 收缩/扩展：收缩或扩展选区边界。输入一个值或移动滑块可以设置一个介于 0～100%之间的数以进行扩展，或设置一个介于 0～–100%之间的数以进行收缩。这对柔化边缘选区进行微调很有用。收缩选区有助于从选区边缘移去不需要的背景色。

 在这一节中详细讲解了选框工具选项栏中各选项的作用。而在 Photoshop 程序中，一些工具的选项栏有许多相同的选项，因此在介绍其他工具时就不再重复介绍相同的选项。

3. 单行/单列选框工具

在工具箱中选择 ▬ 单行选框工具，选项栏中就会显示它的相关选项，单行选框工具的选项栏与矩形选框工具选项栏相同，只是样式已不可用，而【羽化】只能为 0 像素。

在图像窗口中单击，即可得到一个像素的选区，如图 3-20 所示；选择 ▦ （添加到选区）按钮，并在图像上多次单击，即可得到多条选区，如图 3-21 所示，可以对单行选区进行填充、删除与移动等操作。

图 3-20　用单行选框工具创建的单行选框　　　　图 3-21　用单行选框工具创建的多行选框

3.2.2　套索工具

Photoshop CC 提供了 3 种套索工具即套索工具、多边形套索工具与磁性套索工具。

1．套索工具

使用套索工具可以选取任一形状的选区。

在工具箱中选择 套索工具，选项栏就会显

图 3-22　套索工具的选项栏

示它的相关选项，如图 3-22 所示，其中的选项
与矩形选框工具中的选项相同，作用与用法一样，这里就不重复了。

在使用套索工具时，可以通过任意拖动来绘制所需的选区。

（1）当从起点处向终点处拖移鼠标并且起点与终点不重合时，松开鼠标左键后，系统会
自动在起点与终点之间用直线连接，从而得到一个封闭的选区，如图 3-23 所示。

图 3-23　绘制选区

（2）从起点处按下左键向所需的方向拖移，直至返回到起点处才松开左键，即可得到一
个封闭的曲线选框，如图 3-24 所示。

图 3-24　绘制选区

（3）如果要在曲线中绘制直线选框，可以按下 Alt 键后松开鼠标左键，然后移动鼠标到
所需的点单击，再次移动并单击，这样可以多次移动并单击，以得到多段直线段；如果再要

绘制曲线段时，只需按下左键拖动即可；如果要结束选区的选取，可以直接返回起点处松开左键或 Alt 键即可，如图 3-25 所示。

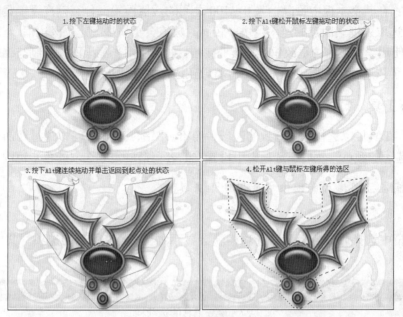

图 3-25 绘制选区

 在使用套索工具创建选区时，按下 Alt 键可以切换到多边形套索工具。

2. 多边形套索工具

使用多边形套索工具可以选取任一多边形选区。

在工具箱中选择 多边形套索工具，选项栏就会显示它的相关选项，它的选项栏与套索工具的选项栏一样。

多边形套索工具是通过单击来确定点，直至返回起点，当指针呈 形状时单击完成，从而选取所需的多边形选区。

在通过单击确定了一个点或几个点后，可以按下左键移动鼠标，围绕这个点进行旋转，到所需的位置时松开鼠标左键，即可确定该直线段的位置和长度。也可以在确定一个点后，松开鼠标左键再移动鼠标到一定位置后单击，同样可以确定该直线段的位置和长度。

3. 磁性套索工具

磁性套索工具具有识别边缘的作用。利用它可以从图像中选取所需的部分。

在工具箱中选择 磁性套索工具，选项栏就会显示如图 3-26 所示的选项。其中的部分选项说明如下。

图 3-26 磁性套索工具的选项栏

- 宽度：在其文本框中可以输入 1～256 之间的数值，确定选取时探查的距离，数值越大探查的范围就越大。

- 对比度：在其文本框中可输入 1%～100%之间的数值，来设置套索的敏感度，数值大时可用来探查对比度高的边缘，数值小时可用来探查对比度低的边缘。
- 频率：在其文本框中可以输入 0～100 之间的数值设置以什么频度设置紧固点，数值越大选取外框紧固点的速率越快，较高的数值会更快地固定选区边框。
- （使用绘图板压力更改钢笔宽度）按钮：如果使用光笔绘图板绘制与编辑图像并且选择了该选项，在增大光笔压力时将导致边缘宽度减小。

3.2.3 魔棒工具

利用魔棒工具可以选择颜色一致的区域，而不必跟踪其轮廓。可以通过在图像上单击指定魔棒工具选区的颜色，然后在选项栏中设置它的容差值确定它选取的色彩范围。

 不能在位图模式的图像中使用魔棒工具。

在工具箱中选择魔棒工具，选项栏就会显示如图 3-27 所示的选项。其中的选项说明如下。

图 3-27　魔棒工具的选项栏

- 容差：在其文本框中可以输入 0～255 之间的像素值。输入较小值时，将选择与单击的像素非常相似的颜色，输入较高值时，可以选择更宽的色彩范围，如图 3-28 所示。

图 3-28　设置不同容差值的效果对比图

- 连续：勾选该选项，只能选择色彩相近的连续区域；不勾选该选项，则可以选择图像上所有色彩相近的区域，如图 3-29 所示。

图 3-29　选择与不选择【连续】选项的对比图

- 对所有图层取样：勾选该选项，可以在所有可见图层上选取相近的颜色；如果不勾选该选项，则只能在当前可见图层上选取颜色，如图 3-30 所示。

图 3-30 选择与不选择【对所有图层取样】选项的对比图

3.2.4 快速选择工具

利用快速选择工具在画面中单击目标画面，可以准确、快速地选择需要被勾选到的地方，如图 3-31 所示。也可以在画面中拖动鼠标来选择所需的区域，如图 3-32 所示。

图 3-31 创建选区

图 3-32 创建选区

在工具箱中选择 快速选择工具，选项栏就会显示如图 3-33 所示的选项。其中各选项说明如下。

图 3-33 快速选择工具的选项栏

- （新选区）：选择它时可以创建新的选区，如果已经存在选区，则会去掉旧选区，而创建新的选区。
- （添加到选区）：选择它时可以创建新的选区，也可以在原来选区的基础上添加新的选区。
- （从选区减去）：选择它时可以创建新的选区，也可以在原来选区的基础上减去不需要的选区。
- （画笔）：在选项栏中单击 按钮，弹出如图 3-34 所示的画笔预设选取器，在其中可以设置画笔的直径、硬度、间距、角度、圆度和大小。
- 自动增强：减少选区边界的粗糙度和块效应。选择

图 3-34 画笔预设选取器

【自动增强】选项会自动将选区向图像边缘进一步流动并应用一些边缘调整，也可以通过在【调整边缘】对话框中使用【平滑】、【对比度】和【半径】选项手动应用这些边缘调整。

3.3　移动与复制选择的像素

3.3.1　移动工具

移动工具可以将选区或图层移动到同一图像的新位置或其他图像中。还可以使用移动工具在图像内对齐选区和图层并分布图层。

在工具箱中选择 移动工具，选项栏中就会显示它的相关选项，如图 3-35 所示。其中各项说明如下。

图 3-35　移动工具的选项栏

- 自动选择：如果勾选它，则可以用鼠标在图像上单击，直接选中指针所指的非透明图像所在的图层/组（在下拉列表中可以选择"图层"/"组"）。
- 显示变换控件：可以在选中对象的周围显示定界框，对准四个对角的小方块控制点单击，此时的定界框变为变换框。
- 在【图层】面板中选择要对齐的图层，单击 （顶对齐）按钮、 （垂直居中对齐）按钮、 （底对齐）按钮、 （左对齐）按钮、 （水平居中对齐）按钮和 （右对齐）按钮，可在图像内对齐选区或图层。单击 （按顶分布）按钮、 （垂直居中分布）按钮、 （按底分布）按钮、 （按左分布）按钮、 （水平居中分布）按钮和 （按右分布）按钮，可以在图像内分布图层。
- （自动对齐图层）按钮：如果在【图层】面板或画面中选择了两个或两个以上的图层，则该按钮为活动可用状态，单击该按钮，将弹出如图 3-36 所示的对话框。
  - 自动：Photoshop 将分析源图像并应用"透视"或"圆柱"版面（取决于哪一种版面能够生成更好的复合图像）。
  - 透视：通过将源图像中的一个图像（默认情况下为中间的图像）指定为参考图像来创建一致的复合图像。然后将变换其他图像(必要时，进行位置调整、伸展或斜切)，以便匹配图层的重叠内容。
  - 拼贴：选择该选项只允许图像旋转、缩放和平移。
  - 圆柱：通过在展开的圆柱上显示各个图像来减少在"透视"版面中会出现的"领结"扭曲，图层的重叠内容仍匹配。将参考图像居中放置，

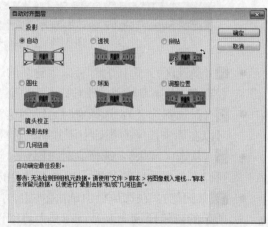

图 3-36　【自动对齐图层】对话框

最适合于创建宽全景图。

> 球面：选择该选项只允许球形图像变换。
> 调整位置：对齐图层并匹配重叠内容，只调整位置，不变换（伸展或斜切）任何源图层。

3.3.2　移动选区内容

在 Photoshop 中，我们有时需要将选区的内容移动到其他位置，以改变图层中的内容，下面介绍操作方法。

上机实战　移动选区内容

1　按 Ctrl＋O 键从配套光盘的素材库中打开一个图像文件，如图 3-37 所示，再在工具箱中选择 套索工具，在选项栏中设置【羽化】为 10 像素，然后在画面中框选出所需的内容，如图 3-38 所示。

2　在工具箱中选择 移动工具，移动指针到选区内容上，指针呈 形状时按下左键拖动，到达所需的位置后松开左键，即可将选区的内容移动到松开左键的位置，结果如图 3-39 所示。

图 3-37　打开的图像文件

图 3-38　绘制选区

图 3-39　移动选区内容

3.3.3　复制选区

在图像内或图像间拖动选区时，可以使用移动工具复制选区，或者使用【拷贝】、【合并拷贝】、【剪切】和【粘贴】命令复制和移动选区。使用移动工具拖动可以节省内存，这是因为没有使用剪贴板，而【拷贝】、【合并拷贝】、【剪切】和【粘贴】命令需要使用剪贴板。

● 拷贝：拷贝现有图层上的选中区域。
● 合并拷贝：建立选中区域中所有可见图层的合并副本。
● 粘贴：将剪切或拷贝的选区粘贴到图像的另一个部分，或将其作为新图层粘贴到另一个图像。如果用户有一个选区，则【粘贴】命令将拷贝的选区放到当前的选区上。如果没有现有选区，则【粘贴】命令会将拷贝的选区放到视图区域的中央。
● 贴入：将剪切或拷贝的选区粘贴到同一图像或不同图像的另一个选区内。源选区粘贴到新图层，而目标选区边框将转换为图层蒙版。

在不同分辨率的图像中粘贴选区或图层时，粘贴的数据将保持其像素尺寸。这可能会使粘贴的部分与新图像不成比例。在拷贝和粘贴图像之前，使用【图像大小】命令可以使源图像和目标图像的分辨率相同，也可以使用【自由变换】命令调整粘贴内容的大小。

1. 拷贝与粘贴选区内容

上机实战 拷贝与粘贴选区内容

1 按 Ctrl + O 键从配套光盘的素材库中打开如图 3-40 所示的图像文件，在工具箱中选择 磁性套索工具，在选项栏中设定【羽化】为 5 像素，再在画面中沿着小虫的边缘进行拖动，到达一些关键点时可以单击确定这些关键点，直至勾选到起点，当指针呈 形状时单击，如图 3-41 所示，即可勾选出这只小虫，如图 3-42 所示。

图 3-40 打开的图像文件

图 3-41 用磁性套索工具勾选时的状态

2 在菜单中执行【编辑】→【拷贝】命令或按 Ctrl + C 键，将选区内容拷贝到剪贴板，再按 Ctrl + D 键取消选择，然后在菜单中执行【编辑】→【粘贴】命令或按 Ctrl + V 键，将拷贝到剪贴板中的内容粘贴到图像中，结果如图 3-43 所示。

图 3-42 绘制好的选区

图 3-43 复制并粘贴后的效果

剪切与粘贴选区内容的方法，和拷贝与粘贴选区内容的操作方法相同，只是在剪切过后选区的内容被剪掉并存放到剪贴板中。

2. 在图像中创建选区的多个副本

可以在图像中创建选区的多个副本，以制作出各种特殊效果。

上机实战 在图像中创建选区的多个副本

1 按 Ctrl + O 键从配套光盘的素材库中打开两个图像文件，如图 3-44、图 3-45 所示。其目的是将花朵内容复制到人物的衣服上作为花边。

2 在工具箱中选择 磁性套索工具，在画面中沿着花的边缘拖动，在关键点处可以通过单击来固定该点，直至勾选出

图 3-44 打开的图像文件

整朵花为止，如图 3-46 所示，返回到起点处，当指针呈 形状时单击，即可框选出整朵花，如图 3-47 所示。

图 3-45　打开的图像文件　　图 3-46　用磁性套索工具勾选时的状态　　图 3-47　绘制好的选区

3　按 Shift＋F6 键弹出【羽化选区】对话框，在其中设定【羽化半径】为 1 像素，如图 3-48 所示，单击【确定】按钮，即可将选区进行稍微羽化。

4　在工具箱中选择 移动工具，移动指针到选区内，按下左键向有人物的文件中拖动，如图 3-49 所示，当指针呈 形状时松开左键，即可将花朵复制到有人物的文件中，如图 3-50 所示。

图 3-48　【羽化选区】对话框　　　　　图 3-49　拖动选区内容

5　按 Ctrl＋T 键执行【自由变换】命令，显示变换框，再拖动右上角的控制点到左下角适当位置，以缩小花朵，如图 3-51 所示，再在变换框中双击确认变换，然后将其拖动到适当位置，如图 3-52 所示。

6　按 Ctrl 键在【图层】面板中单击图层 1（也就是花朵所在图层），使花朵载入选区，如图 3-53 所示，然后按 Alt 键将花朵向下拖动到适当位置，以复制一个副本，结果如图 3-54 所示。

7　按 Alt 键多次拖动花朵到其他相应的位置，组成花边效果，如图 3-55 所示，然后按 Ctrl＋D 键取消选择。

图 3-50　复制后的结果

图 3-51　进行自由变换调整

图 3-52　调整并移动后的结果

图 3-53　载入选区

图 3-54　复制并移动选区内容

图 3-55　复制并移动选区内容

3. 拖动时拷贝选区

上机实战　拖动时拷贝选区

1　按 Ctrl + O 键从配套光盘的素材库中打开如图 3-56 所示的两个文件，并将它们拖出文档标栏，其目的是将相片中的人物拖动到相框文件中，并以 "012.psd" 图像文件为当前文件，再在【图层】面板中选择背景层，如图 3-57 所示。

图 3-56　打开的文件

图 3-57　选择背景层

2　在工具箱中选择 椭圆选框工具，在选项栏中设置【羽化】为 10 像素，接着移动指针到人物所在的图像中单击，使它为当前图像，再在其中框选出人物的头部，如图 3-58 所示。

3　在工具箱中选择🖐️移动工具，移动指针到选区内容，当指针呈🖐️形状时按下左键向"012.psd"文件移动，到达所需的位置，当指针呈🖐️形状（如图 3-59 所示）时松开左键，即可将选区内容移动到"012.psd"文件中，结果如图 3-60 所示。

图 3-58　用椭圆选框工具绘制选区

图 3-59　拖动选区到另一个文件中

4　将复制的内容移动到适当位置，移动后的结果如图 3-61 所示。

图 3-60　拖动并复制选区内容后的效果

图 3-61　移动与放大后的结果

4. 将图像贴入一个选区中

🧁 **上机实战**　**将图像贴入一个选区中**

1　按 Ctrl + O 键从配套光盘的素材库打开一个有怀表的图像文件，如图 3-62 所示。

2　在工具箱中选择⭕椭圆选框工具，在选项栏中设置【羽化】为 10 像素，接着按 Alt + Shift 键从时间轴上向外拖出一个圆选框，如图 3-63 所示。

图 3-62　打开的图像文件

图 3-63　用多边形套索工具绘制选区

3 按 Ctrl + O 键从配套光盘的素材库打开一个图像文件，再按 Ctrl + A 键全选，如图 3-64 所示，然后按 Ctrl + C 键进行拷贝，将选择的内容拷贝到剪贴板中。

4 在程序窗口中激活有怀表的图像文件，在菜单中执行【编辑】→【选择性粘贴】→【贴入】命令，将拷贝的内容贴入选区内，如图 3-65 所示，同时在【图层】面板中由选区生成了一个图层蒙版，再设置刚贴入的图层的混合模式为叠加，如图 3-66 所示，得到如图 3-67 所示的效果。

图 3-64　打开的图像文件

图 3-65　将拷贝的内容贴入到选区内

图 3-66　【图层】面板

图 3-67　设置混合模式后的效果

5 按 Ctrl + T 键执行【自由变换】命令，再将变换框缩小，如图 3-68 所示。在变换框中双击确认变换，得到如图 3-69 所示的效果。

图 3-68　缩小对象

图 3-69　最终效果图

3.4　图像变形

在 Photoshop 中，可以使用【变换】命令、【自由变换】命令与移动工具中的显示变换控制选项对图像进行变形。

使用【自由变换】命令可以对图像进行缩放、倾斜、扭曲、变形等操作。【自由变换】命令可以用于在一个连续的操作中应用变换（如旋转、缩放、斜切、扭曲和透视）而不必选取其他命令。

【自由变换】命令可以对选区、图层、路径和形状进行变换。

在图像中选择要调整的对象，在菜单中执行【编辑】→【自由变换】命令，或按 Ctrl + T 键，显示变换框，【自由变换】命令的选项栏如图 3-70 所示，其中各选项说明如下。

图 3-70　【自由变换】选项栏

- 移动：移动鼠标指针到变换框中，按住鼠标左键进行拖移，可以将选择的图像移动到指定位置。也可以在选项栏的 X: 274.50 像 △ Y: 272.50 像 中输入所需的数值来准确移动图像。如果要确保图像在水平、垂直或 45 度角的倍数上移动，可以在拖动的同时在键盘按住 Shift 键。
- 缩放：将指针移至变换框四边的任一控制点上，当指针呈双向箭头状时按下左键进行拖移，可以放大或缩小选择的图像。可以在选项栏的 W: 100.00% H: 100.00% 中输入所需的数值来准确缩放图像。如果要等比缩放，可以在拖动对角控制点时按住 Shift 键。如果要等比例对称缩放，可以在拖动控制点时按住 Shift + Alt 键。
- 斜切：按住 Ctrl 键并拖动变换框四边任一中间的控制点，可以将图像进行斜切变形。可以在选项栏的 H: 0.00 度 V: 0.00 度 中输入所需的数值对图像进行准确斜切。如果要确保图像在水平或垂直方向上进行斜切变形，可以在拖动四边任一中间控制点时按住 Shift + Ctrl 键。
- 扭曲：按住 Ctrl 键并拖动变换框四边任一角控制点，可以将图像进行扭曲变形。如果要确保图像在水平或垂直方向上进行扭曲变形，可以在拖动四边任一角控制点时按住 Shift + Ctrl 键。
- 透视：按住 Shift + Ctrl + Alt 键并拖动变换框四边任一角控制点，可以将图像进行透视变形。

 用户也可以在菜单中执行【编辑】→【变换】命令下的子菜单完成以上这些操作。

下面介绍对图像进行变形的方法，效果如图 3-71 所示。

图 3-71　实例效果图

上机实战　变形图像

1　按 Ctrl + O 键从配套光盘的素材库中打开一个要贴图案的茶具，如图 3-72 所示。

2　从配套光盘的素材库中打开一个有图案的图像，如图 3-73 所示。使用移动工具将打开的图案拖动到前面打开的茶具图像中，如图 3-74 所示。

3　按 Ctrl + T 键执行【自由变换】命令，按 Alt + Shift 键将图案缩小，如图 3-75 所示。在菜单中执行【编辑】→【变换】→【变形】命令，显示变形框，再拖动右上角的控制点到适当位置，如图 3-76 所示，将图案进行扭曲调整。

4　使用同样的方法分别拖动其他 3 个对角的控制点到适当位置，如图 3-77 所示，然后分别拖动左右两边小圆点控制点到适当位置，调整图案的形状，如图 3-78 所示。

图 3-72　打开的图像

图 3-73　打开的图像

图 3-74　复制图案

图 3-75　调整图案

图 3-76　调整图案

图 3-77　调整图案

5　同样拖动其他的小圆点控制点与方形控制点到适当位置，调整图案的形状，如图 3-79 所示，然后在中间的网格线上按下左键向下拖动，得到所需的形状为止，调整后的形状如图 3-80 所示。

图 3-78　调整图案

图 3-79　调整图案

图 3-80　调整后图案

6　在工具箱中选择移动工具，将弹出一个警告对话框，如图 3-81 所示，在其中单击【应用】按钮，即可应用变形形状，结果如图 3-82 所示。

7　在【图层】面板中设置图层 1（图案所在图层）的【混合模式】为正片叠底，【不透明度】为 42%，如图 3-83 所示，得到如图 3-84 所示的效果。

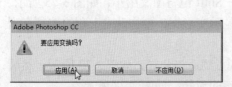
图 3-81　调整图案

图 3-82　调整好后的图案

图 3-83　【图层】面板

8　在【图层】面板中单击 ▣（添加图层蒙版）按钮，给图层 1 添加图层蒙版，如图 3-85 所示，然后在工具箱中选择 ✏ 画笔工具，在选项栏中设置参数为 ▨ ，然后在画面中不需要的图案上进行涂抹，以将其隐藏，涂抹后的效果如图 3-86 所示。

图 3-84　改变混合模式后的效果

图 3-85　添加图层蒙版

图 3-86　最终效果图

3.5　制作标志图形

在制作本例的标志图形时，主要使用了新建、创建新图层、多边形套索工具、填充、椭圆选框工具、清除、变换选区、矩形选框工具、自定形状工具、横排文字工具等工具或命令。效果如图 3-87 所示。

上机实战　制作标志图形

1　按 Ctrl + N 键新建一个大小为 300 × 300 像素，【分辨率】为 150 像素/英寸，【颜色模式】为 RGB 颜色，【背景内容】为白色的文件。

2　显示【图层】面板，在其中单击 ▣（创建新图层）按钮，新建图层 1，如图 3-88 所示。

图 3-87　实例效果图

3　设置前景色为"#339539"，在工具箱中选择 ▱ 多边形套索工具，然后在画面中勾画出一个三角形选框，如图 3-89 所示，再按 Alt + Delete 键填充前景色，从而得到如图 3-90 所示的效果。

图 3-88　【图层】面板

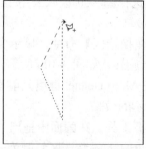

图 3-89　用多边形套索工具
绘制三角形选框

图 3-90　填充颜色

4 在勾画的三角形选框右边绘制一个相似的三角形选框，如图 3-91 所示。

5 设定前景色为 "#1a347e"，再按 Alt + Delete 键填充前景色，得到如图 3-92 所示的效果。

6 按 Shift + M 键选择椭圆选框工具，在选项栏中勾选【消除锯齿】选项，再在画面中适合位置拖出一个椭圆，如图 3-93 所示，然后按 Delete 键将选区内容删除，删除后的效果如图 3-94 所示。

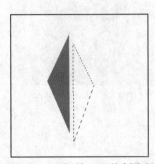

图 3-91 用钢笔工具绘制路径

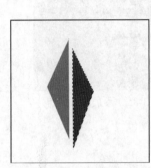

图 3-92 填充颜色

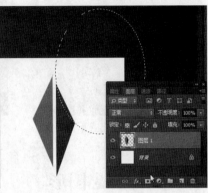

图 3-93 拖出一个椭圆

7 移动指针到椭圆选框内，按下左键向左拖移到所需的位置后，按 Delete 键将选区内容删除，删除后的效果如图 3-95 所示；然后使用同样的方法将其他的内容也删除，删除后的效果如图 3-96 所示。

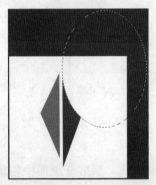

图 3-94 删除后的效果

图 3-95 删除后的效果

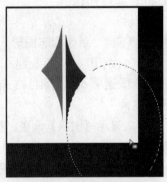

图 3-96 删除后的效果

8 按 Ctrl + D 键取消选择，在【图层】面板中先激活背景层，再新建图层 2，如图 3-97 所示。在椭圆选框工具的选项栏中选择▣(从选区减去)按钮，在画面中绘制出两个椭圆选框，如图 3-98 所示。

9 在【选择】菜单中执行【变换选区】命令，显示变换框，然后将选区调整到所需的大小，如图 3-99 所示，再进行适当旋转，如图 3-100 所示，调整好后在变换框中双击确认变换。设定前景色为 "#d51616"，按 Alt + Delete 键填充前景色，在【路径】面板的灰色区域单击隐藏路径，得到如图 3-101 所示的效果。

10 在工具箱中选择▣矩形选框工具，在画面中拖出一个矩形选框，将需要摆放到上层的部分框住，如图 3-102 所示。按 Ctrl + J 键将选区复制为一个新图层，结果如图 3-103 所示。将拷贝的图层拖到图层 1 的上层，如图 3-104 所示。

图 3-97　【图层】面板

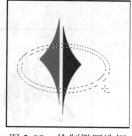

图 3-98　绘制椭圆选框

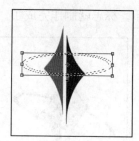

图 3-99　进行【变换选区】调整

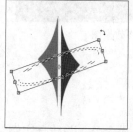

图 3-100　进行【变换选区】调整

图 3-101　填充颜色

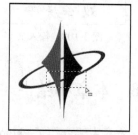

图 3-102　用矩形选框工具
绘制矩形选框

图 3-103　复制图层

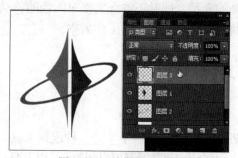

图 3-104　改变图层顺序

11 在【图层】面板中新建图层 4，如图 3-105 所示，在工具箱中设定前景色为"#eddb13"，再选择 自定形状工具，在选项栏中选择像素，在【形状】列表中选择所需的形状，如图 3-106 所示，设置好后在画面中绘制出一个五角星，如图 3-107 所示。

图 3-105　【图层】面板

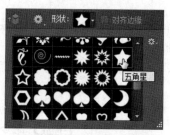

图 3-106　形状弹出式面板

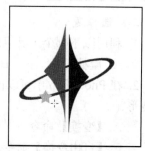

图 3-107　用自定形状工具绘制星形

12 在工具箱中设置前景色为黑色，选择 横排文字工具，并在选项栏中设置【字体】为楷体，【字体大小】为 18 点，然后在画面中单击并输入文字"双峰房产"，输入好后在选项栏中单击 （提交）按钮，确认文字输入，以得到如图 3-108 所示的效果。使用移动工具框选所有内容，然后按向上键与向右键多次，将整个标志移至画面的适当位置，如图 3-109

所示。标志就制作完成了。

图 3-108　输入文字

图 3-109　最终效果图

3.6　本章小结

　　本章主要介绍了 Photoshop 中最常用的缩放、选取和移动工具或命令，并结合实例对缩放工具、抓手工具、选框工具、移动工具、套索工具、魔棒工具等工具的使用方法与应用进行了详细的介绍。同时还结合实例对图像的移动、选取与变形进行了详细讲解。灵活应用这些工具将会大大提高我们的工作效率。

3.7　习题

一、填空题

1. Photoshop CC 提供了_____种选择工具，使用选择工具可以选取出_____、_____、_____、1 个像素宽的行和列的选区，以及任一形状的选区。

2. 在图像内或图像间拖动选区时，用户可以使用_____复制选区，或者使用_____、_____、_____和_____命令来复制和移动选区。

3. Photoshop CC 提供了 4 种选框工具，即_____、_____、_____和_____。

二、选择题

1. 利用以下哪个工具可以选择颜色一致的区域，而不必跟踪其轮廓？　　　　　（　　）

　　A. 魔棒工具　　　　B. 椭圆选框工具　　C. 套索工具　　　　D. 矩形选框工具

2. 在 Photoshop 中可以使用以下哪几个命令与工具中的显示变换控制选项可以对图像进行变形?(　　)

　　A.【变换】命令　　　　　　　　　　B. 移动工具

　　C.【自由变换】命令　　　　　　　　D.【缩放】命令

3. 以下哪种工具可以将选区或图层移动到同一图像的新位置或其他图像中？　　（　　）

　　A.【变换】命令　　　　　　　　　　B. 移动工具

　　C.【自由变换】命令　　　　　　　　D.【缩放】命令

4. Photoshop CC 提供了几种套索工具?　　　　　　　　　　　　　　　　　（　　）

　　A. 3 种　　　　　　　B. 2 种　　　　　　　C. 4 种　　　　　　　D. 5 种

第 4 章　图层的应用

教学要点

理解图层的含义，认识【图层】面板，学习有关图层的基本操作与应用。

学习重点与难点

➢ 【图层】面板
➢ 图层的混合模式
➢ 排列图层
➢ 对齐与分布图层
➢ 合并图层

4.1　关于图层

在 Photoshop 中对图层的操作是非常频繁的工作。可以通过建立图层、调整图层、处理图层、分布与排列图层、复制图层等工作，分别编辑和处理图像中的各个元素，从而得到富有层次、整个关联的图像效果。

可以使用图层在不影响图像中其他图素的情况下处理某一图素。所谓图层，我们通过在纸上的图像与计算机上画的图像作比较，就可以更深入地了解图层的概念。通常纸上的图像是一张一个图，而计算机上的图就如在多张如透明的塑料薄膜上画上图像的一部分，最后将这多张的塑料薄膜叠加在一起，就可浏览到最终的效果，每一张塑料膜都可以称为图层，如图 4-1 所示。

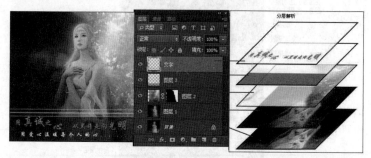

图 4-1　图层分析

如果图层上没有任何像素，则该图层是完全透明的，就可以一直看到底下的图层。通过更改图层的顺序和属性，可以改变图像的合成。另外利用调整图层、填充图层和图层样式等特殊功能可以创建复杂效果。

可以使用图层来执行多种任务，如复合多个图像、向图像添加文本或添加矢量图形形状。可以应用图层样式添加特殊效果，如投影或发光。

1. 非破坏性工作

有时，图层不会包含任何显而易见的内容。例如，调整图层包含可对其下面的图层产生影响的颜色或色调调整。可以编辑调整图层并保持下层像素不变，而不是直接编辑图像像素。

名为智能对象的特殊类型的图层包含一个或多个内容图层。可以变换（缩放、斜切或整形）智能对象，而无须直接编辑图像像素。或者，也可以将智能对象作为单独的图像进行编辑，即使在将智能对象置入 Photoshop 图像中之后也是如此。智能对象也可以包含智能滤镜效果，可以使用户在对图像应用滤镜时不造成任何破坏，以便用户以后能够调整或移去滤镜效果。

2. 组织图层

新图像包含一个图层。可以添加到图像中的附加图层、图层效果和图层组的数目只受计算机内存的限制。

可以在【图层】面板中使用图层。图层组可以帮助用户组织和管理图层。可以使用组按逻辑顺序排列图层并减轻【图层】面板中的杂乱情况。可以将组嵌套在其他组内。还可以使用组将属性和蒙版同时应用到多个图层。

4.2 【图层】面板

Photoshop 中的新图像只有一个图层，该图层称为背景层。既不能更改背景层在堆叠顺序中的位置（它总是在堆叠顺序的最底层），也不能将混合模式或不透明度直接应用于背景层（除非先将其转换为普通图层）。可以添加到图像中的附加图层、图层组和图层效果，其【图层】面板如图 4-2 所示。

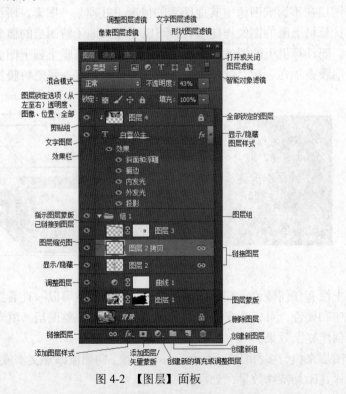

图 4-2 【图层】面板

4.2.1　创建图层

可以创建空图层，然后向其中添加内容，也可以利用现有的内容创建新图层。在创建新图层时，它在【图层】面板中显示在所选图层的上面或所选图层组内。

可以利用菜单命令，也可以利用【图层】面板底部的 🔲（创建新图层）按钮或利用【图层】面板的弹出式菜单命令创建一个图层。

1. 利用菜单命令创建图层

按 Ctrl + N 键新建一个 RGB 颜色的图像文件，大小自定。在菜单中执行【图层】→【新建】→【图层】命令，弹出【新建图层】对话框，在其中根据需要进行设置，如图 4-3 所示，设置好后单击【确定】按钮，即可新建一个图层，如图 4-4 所示。

图 4-3　【新建图层】对话框

图 4-4　【图层】面板

- 名称：在【名称】文本框中可以输入所需的图层名称，也可以采用默认名称。
- 使用前一图层创建剪贴蒙版：勾选该项可以与前一图层（即它下面的图层）进行编组，从而构成剪贴组。
- 颜色：在此下拉列表中可以选择新建图层在【图层】面板中的显示颜色。
- 模式：在此下拉列表中可以选择所需的混合模式。
- 不透明度：在此设置图层的不透明度，0%为完全透明，100%为完全不透明。
- 填充颜色变暗中性色：中性色是根据图层的混合模式而定的，并且无法看到。如果不应用效果，用中性色填充对其余图层没有任何影响。它不适用于使用"正常"、"溶解"、"色相"、"饱和度"、"颜色"或"亮度"等模式的图层。

2. 利用【图层】面板创建图层

在【图层】面板的底部单击🔲（创建新图层）按钮，即可直接新建一个图层，而不会弹出一个对话框。如果只是需要一个图层，而不需要其他的设置则利用这种方法比较快捷。

在【图层】面板中单击 ▼≡ 按钮，弹出如图 4-5 所示的面板菜单，在其中选择【新建图层】命令，或直接按 Shift + Ctrl + N 键，会弹出一个【新建图层】对话框，在对话框中单击【确定】按钮，即可新建一个图层。

图 4-5　【图层】面板弹出式菜单

 它的操作方法和在菜单中执行【图层】→【新建】→【图层】命令一样，可以参照利用菜单命令新建多个空白图层。

3.给新图层添加内容

上机实战　给新图层添加内容

1　在工具箱中选择 油漆桶工具，在选项栏中选择"图案"，在弹出式面板中选择所需的图案，如图 4-6 所示，其他为默认值，然后在画面中单击，即可用选择的图案给新建图层进行填充，效果如图 4-7 所示，其【图层】面板如图 4-8 所示。

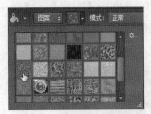

图 4-6　图案弹出式面板　　　　　图 4-7　填充的图案　　　　　图 4-8　【图层】面板

2　在【图层】面板中单击【创建新图层】按钮，新建图层 2，如图 4-9 所示。在【窗口】菜单中执行【色板】命令，显示【色板】面板，在其中选择"深黑红"颜色，如图 4-10 所示，再在油漆桶工具的选项栏中选择"前景"，然后在画面中单击，即可用设置的颜色对画面进行填充，填充后的效果如图 4-11 所示。

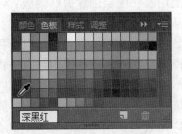

图 4-9　【图层】面板　　　　　　　　　图 4-10　【色板】面板

3　在【图层】面板中设置图层 2 的【混合模式】为颜色减淡，即可将深黑红混合到下层的内容中，如图 4-12 所示。

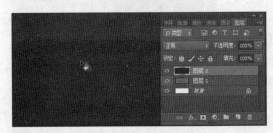

图 4-11　改变颜色后的效果　　　　　　图 4-12　设置【混合模式】的效果

4.新建文字图层

上机实战　新建文字图层

1　在工具箱中选择 横排文字工具，或按 T 键选择横排文字工具，在选项栏中设置参

数为 ，然后在画面中单击并输入"和谐社会"文字，如图 4-13 所示。

2　在选项栏中单击 按钮，确认文字输入，【图层】面板中也自动新建了一个文字图层，如图 4-14 所示。

图 4-13　输入文字

图 4-14　【图层】面板

5. 通过拷贝或剪切图像创建图层

一般情况下，在一个图层上所做的操作都不会影响其他图层，如"创建通过拷贝的图层"或"创建通过剪切的图层"都是选中要处理的图层作为当前可用图层，然后再进行拷贝或剪切，通过粘贴所得到的内容为我们所选择图层的内容。

（1）创建通过拷贝的图层

以"和谐社会"文字图层为当前图层，在菜单中执行【图层】→【新建】→【通过拷贝的图层】命令，或直接在键盘上按 Ctrl＋J 键，可得到一个新的图层，如图 4-15 所示，画面中效果没有发生什么变化。

（2）将选区创建为图层

图 4-15　【图层】面板

上机实战　将选区创建为图层

1　Ctrl＋O 键从配套光盘的素材库中打开一个图像文件，如图 4-16 所示，再使用横排文字蒙版工具，在画面中适当位置单击，并输入所需的文字，如图 4-17 所示。

2　按 Ctrl＋A 键全选文字，在【字符】面板中设置所需的格式，如图 4-18 所示。在选项栏中单击 按钮，确认文字输入，得到如图 4-19 所示的文字选区。

图 4-16　打开的文件

图 4-17　输入文字

图 4-18　编辑文字

3 按 Ctrl + J 键由选区建立一个新图层，如图 4-20 所示，画面中此时也没有什么变化。

可以在菜单中执行【图层】→【新建】→【通过剪切的图层】命令或按 Shift + Ctrl + J 键，从选区建立一个新图层。不过值得注意的是剪切过后，原来选择的图层中选区的内容将被剪掉。

图 4-19 使文字载入选区

图 4-20 通过拷贝新建一个图层

4.2.2 给图层添加图层样式

可以为图层添加各种各样的效果，如投影、内阴影、内发光、外发光、斜面和浮雕、光泽、颜色叠加、渐变叠加、图案叠加和描边等效果。

上机实战 为图层添加图层样式

1 接着上节介绍以图层 1 为当前图层，再在菜单中执行【图层】→【图层样式】→【投影】命令，弹出【图层样式】对话框，在其中设定【扩展】为 7%、【大小】为 9 像素，如图 4-21 所示，设置好后的画面效果如图 4-22 所示。

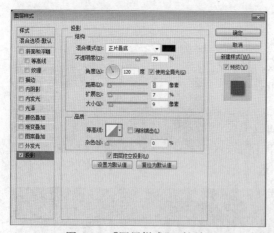

图 4-21 【图层样式】对话框

图 4-22 添加【图层样式】后的效果

2 在【图层样式】对话框的左边栏中单击【描边】选项，设置其【大小】为 1 像素，再勾选【外发光】、【内发光】、【斜面和浮雕】选项，其他参数为默认值，如图 4-23 所示，设置好后单击【确定】按钮，得到如图 4-24 所示的画面效果。

3 按 Ctrl + J 键执行【通过拷贝的图层】命令，复制一层，并设置副本图层的【混合模式】为正片叠底，如图 4-25 所示，得到如图 4-26 所示的画面效果。

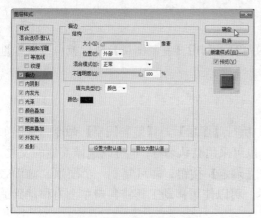

图 4-23　【图层样式】对话框

图 4-24　添加【图层样式】后的效果

图 4-25　【图层】面板

图 4-26　设置【混合模式】后的效果

4.2.3　显示与隐藏图层

在 Photoshop 中常常需要显示/隐藏图层来查看效果。特别是在制作动画时，一个图层需要显示，另一个图层需要隐藏，或者同时隐藏多个图层，然后逐一显示每个图层，同时在【动画】面板中添加相应的帧，以制作出动画效果。

在【图层】面板中单击"图层 1 拷贝"图层前面的眼睛图标，使它不可见，即可隐藏该图层的显示，如图 4-27 所示，再次单击便会重新显示。

图 4-27　显示/隐藏图层

在图层缩览图前面的方框（或眼睛图标）上按下左键向上或向下拖动，可以显示眼睛图标（或隐藏眼睛图标）来显示/隐藏图层。

4.2.4 复制图层

在编辑和绘制图像时，有时需要一些相同的内容，利用【复制图层】命令就可以轻松地得到相同的内容。

上机实战 复制图层

1 在【图层】面板中激活图层 1，在菜单中执行【图层】→【复制图层】命令，弹出如图 4-28 所示的对话框，可以在其中为副本命名，也可采用默认名称，也可以选择其他的文档。

2 将复制的内容粘贴到其他文件中，单击【确定】按钮，即可复制一个图层，画面效果并没有发生变化，【图层】面板如图 4-29 所示。可以使用移动工具将其向左上方移动到适当位置，如图 4-30 所示。

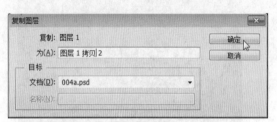

图 4-28 【复制图层】对话框

图 4-29 【图层】面板

可以直接在【图层】面板中复制图层，在【图层】面板中拖移要复制的图层到 🔲 (创建新图层) 按钮上，当按钮呈凹下状态时松开左键，即可复制一个图层，如图 4-31 所示。

图 4-30 用移动工具后的效果

图 4-31 复制图层

4.2.5 删除图层

方法 1 在【图层】面板中选择要删除的图层，如"图层 1 拷贝 2"图层，在菜单中执行【图层】→【删除】→【图层】命令，弹出如图 4-32 所示的对话框，在其中单击【是】按钮，即可将其删除，结果如图 4-33 所示，由于"图层 1 拷贝 2"图层与"图层 1 拷贝 3"图层是重合的，因此画面

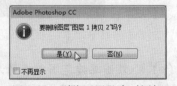

图 4-32 删除图层警告对话框

中的效果并没有发生变化。

方法 2　直接在【图层】面板中拖动要删除的图层到 🗑（删除图层）按钮上，当按钮呈凹下状态时松开鼠标左键，即可将拖动的图层删除，如图 4-34 所示。

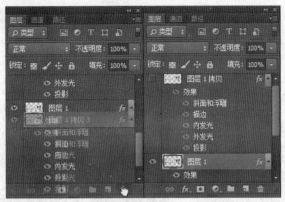

图 4-33　【图层】面板　　　　　　　　　　　图 4-34　删除图层

4.2.6　创建剪贴蒙版

使用剪贴蒙版可以使某个图层的内容遮盖其上方的图层。遮盖效果由底部图层或基底图层决定内容。基底图层的非透明内容将在剪贴蒙版中裁剪（显示）它上方的图层的内容。剪贴图层中的所有其他内容将被遮盖掉。

可以在剪贴蒙版中使用多个图层，但它们必须是连续的图层。蒙版中的基底图层名称带下划线，上层图层的缩览图是缩进的。叠加图层将显示一个剪贴蒙版图标 ↓。

上机实战　创建剪贴蒙版

1　按 Ctrl + O 键从配套光盘的素材库中打开一个图像文件，如图 4-35 所示，在菜单中执行【图层】→【复制图层】命令，弹出【复制图层】对话框，在其中的【文档】下拉列表中选择"004a.psd"，如图 4-36 所示，单击【确定】按钮，即可将打开的图像复制到"004a.psd"文件中，如图 4-37 所示。

图 4-35　打开的文件

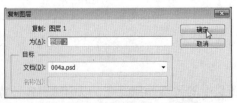

图 4-36　【复制图层】对话框

图 4-37　复制图层

2 在【图层】面板中将图层 2 拖到图层 1 拷贝图层的上层，显示图层 1 拷贝图层，如图 4-38 所示；在菜单中执行【图层】→【创建剪贴蒙版】命令，或按 Alt+Ctrl+G 键，即可为图层创建剪贴蒙版，如图 4-39 所示。

图 4-38 【图层】面板

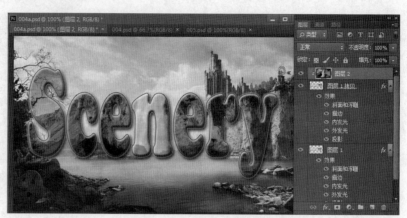

图 4-39 创建剪贴蒙版

4.2.7 图层缩览图

图层缩览图用于显示图层中图像的缩略图，它将随着图层中图像的变化而变化。可以更改缩览图的大小，在【图层】面板的右上角单击██按钮，弹出面板菜单，在其中选择【面板选项】命令，如图 4-40 所示，弹出【图层面板选项】对话框，可以在其中选择所需的缩览图大小，如图 4-41 所示为在【图层面板选项】对话框中选择不同缩览图大小的【图层】面板。也可以更改缩览图显示的内容，如选择图层边界或整个文档，如图 4-42 所示。

图 4-40 【图层】面板
弹出式菜单

图 4-41 【图层面板选项】
对话框

图 4-42 改变图层缩览图显示后的
对比图

4.3 图层的混合模式

图层的混合模式决定图层中的像素与其下面图层中的像素如何混合，以创建出各种特殊的效果。在【图层】面板中单击【不透明度】前面的 正常 ▾ 按钮，弹出下拉列表，即可在其中查看各种模式的混合模式，如图 4-43 所示，可以根据需要选择所需的混合模式。

1. 正常：是 Photoshop 中的默认模式，编辑或绘制每个像素，使其成为结果色。当右边的【不透明度】为 100%时，当前层中的图像会把下面的图层中的图像覆盖；当不透明度小于 100%时，透过当前图层可以看到下一个图层中的内容。不透明度越低，当前图层中的图像就越透明，显示下一个图层中的图像就越清楚。如图 4-44 所示为设置不同不透明度的效果对比图。

 在处理位图图像或索引颜色图像时，"正常"模式也称为阈值。

2. 溶解：编辑或绘制每个像素，使其成为结果色，以产生颗粒效果，效果的明显程度与右边的不透明度有直接的关系，当不透明度越低时，溶解的颗粒效果越明显，但是【不透明度】为 0%时，颗粒不可见。如图 4-45 所示为设置溶解模式与不同的不透明度所编辑的效果对比图。

图 4-44　设置不同不透明度的效果对比图

图 4-43　【混合模式】
　　　　下拉列表

图 4-45　设置溶解模式与不同不透明度的效果对比图

3. 变暗：选择基色或混合色中较暗的颜色作为结果色，也就是使图像的颜色变暗，原图像中较亮的区域将被替换成暗区。比混合色亮的像素被替换，比混合色暗的像素保持不变。

4. 正片叠底：将基色与混合色相加，结果色总是较暗的颜色。任何颜色与黑色相加产生黑色。任何颜色与白色相加保持不变。当用黑色或白色以外的颜色绘画时，绘画工具绘制的连续描边产生逐渐变暗的颜色。

5. 颜色加深：通过增加对比度使基色变暗以反映混合色，与白色混合后不产生变化。如图 4-46 所示为设置不同混合模式的效果对比图。

6. 线性加深：通过减小亮度使基色变暗以反映混合色。与白色混合后不产生变化。

7. 深色：比较混合色和基色的所有通道值的总和并显示值较小的颜色。"深色"不会生成第三种颜色（可以通过"变暗"混合获得），因为它将从基色和混合色中选择最小的通道值来创建结果颜色。

图 4-46　设置不同混合模式的效果对比图

8. 变亮：选择基色或混合色中较亮的颜色作为结果色。比混合色暗的像素被替换，比混合色亮的像素保持不变，如图 4-47 所示为设置不同混合模式的效果对比图。

图 4-47　设置不同混合模式的效果对比图

9. 滤色：将混合色的互补色与基色复合。结果色总是较亮的颜色。用黑色过滤时颜色保持不变。用白色过滤将产生白色。此效果类似于多个摄影幻灯片在彼此之上投影。

10. 颜色减淡：通过减小对比度使基色变亮以反映混合色，与黑色混合则不发生变化。

11. 线性减淡（添加）：通过增加亮度使基色变亮以反映混合色，与黑色混合则不发生变化。如图 4-48 所示为设置不同混合模式的效果对比图。

图 4-48　设置不同混合模式的效果对比图

12. 浅色：比较混合色和基色的所有通道值的总和并显示值较大的颜色。"浅色"不会生成第三种颜色（可以通过"变亮"混合获得），因为它将从基色和混合色中选取最大的通道值来创建结果色。

13. 叠加：叠加复合或过滤颜色取决于基色。图案或颜色在现有像素上叠加，同时保留基色的明暗对比。不替换基色，但基色与混合色相混以反映原色的亮度或暗度。

14. 柔光：使颜色变亮或变暗取决于混合色。此效果与发散的聚光灯照在图像上相似。

如图 4-49 所示为设置不同混合模式的效果对比图。

图 4-49　设置不同混合模式的效果对比图

15. 强光：复合或过滤颜色取决于混合色。此效果与耀眼的聚光灯照在图像上相似。

16. 亮光：通过增加或减小对比度加深或减淡颜色，加深或减淡颜色的程度取决于混合色。如果混合色（光源）比 50% 灰色亮，则通过减小对比度使图像变亮。如果混合色比 50% 灰色暗，则通过增加对比度使图像变暗。

17. 线性光：通过减小或增加亮度加深或减淡颜色，加深或减淡颜色的程度取决于混合色。如图 4-50 所示为设置不同混合模式的效果对比图。

图 4-50　设置不同混合模式的效果对比图

18. 点光：替换颜色，它取决于混合色。如果混合色（光源）比 50% 灰色亮，则替换比混合色暗的像素，而不改变比混合色亮的像素。如果混合色比 50% 灰色暗，则替换比混合色亮的像素，而不改变比混合色暗的像素。这对于向图像添加特殊效果非常有用。

19. 实色混合：该混合模式可以产生粘贴画式的混合效果，混合结果由红、绿、蓝、青、品红、黄、黑和白 8 种颜色组成。混合的颜色由底层颜色与混合图层亮度决定。

20. 差值：查看每个通道中的颜色信息，并从基色中减去混合色，或从混合色中减去基色，它具体取决于哪一个颜色的亮度值更大。与白色混合将反转基色值，与黑色混合则不产生变化。如图 4-51 所示为设置不同混合模式的效果对比图。

图 4-51　设置不同混合模式的效果对比图

21. 排除：创建一种与"差值"模式相似但对比度更低的效果。与白色混合将反转基色值，与黑色混合则不发生变化。

22. 减去：查看每个通道中的颜色信息，并从基色中减去混合色。在 8 位和 16 位图像中，任何生成的负片值都会剪切为零。

23. 划分：查看每个通道中的颜色信息，并从基色中分割混合色。如图 4-52 所示为设置不同混合模式的效果对比图。

图 4-52　设置不同混合模式的效果对比图

24. 色相：用基色的亮度和饱和度以及混合色的色相创建结果色。

25. 饱和度：用基色的亮度和色相以及混合色的饱和度创建结果色。在无（0）饱和度（灰色）的区域上用此模式绘画不会产生变化。

26. 颜色：用基色的亮度以及混合色的色相和饱和度创建结果色。这样可以保留图像中的灰阶，并且对于给单色图像上色和给彩色图像着色都会非常有用。

27. 明度：用基色的色相和饱和度以及混合色的亮度创建结果色。此模式创建与"颜色"模式相反的效果。如图 4-53 所示为设置不同混合模式的效果对比图。

图 4-53　设置不同混合模式的效果对比图

4.4　排列图层

当图像含有多个图层时，Photoshop 是按一定的先后顺序来排列图层的，即最后创建的图层将位于所有图层的上面。可以通过【排列】命令改变图层的堆放次序，指定具体的一个图层到底应堆放到哪个位置，用户还可以通过手动完成。

4.4.1 利用菜单命令改变图层顺序

在菜单中执行【图层】→【排列】命令，弹出如图 4-54 所示的子菜单，可以在其中选择所需的命令来排列图层顺序。

图 4-54 【排列】命令的子菜单

- 置为顶层：使用该命令可以将选择的图层移动到所有图层的最上面，也可以按 Shift + Ctrl +] 键执行该命令。
- 前移一层：使用该命令可以将选择的图层移动到所选图层的上一层（即前一层），也可以按 Ctrl +] 键执行该命令。
- 后移一层：使用该命令可以将选择的图层移动到所选图层的下一层（即后一层），也可以按 Ctrl + [键执行该命令。
- 置为底层：使用该命令可以将选择的图层移动到所有图层的最下面（如果有背景层，则放在背景层的上层），也可以按 Shift + Ctrl + [键执行该命令。
- 反向：如果在【图层】面板中选择了多个图层，再执行该命令，就会将所选的图层反转图层排放顺序。

4.4.2 在【图层】面板中调整图层顺序

一般在多图层的图像中操作时，都习惯手动操作，也就是直接在【图层】面板中拖动图层到指定位置。

在【图层】面板中选择要改变顺序的图层，同时指向该图层的指针呈手形，如图 4-55 所示，在其上按下左键向指定位置拖移，到达所需的位置后松开左键，即可将选择的图层拖动到指定位置，如图 4-56 所示，同时画面也发生了变化，如图 4-57 所示。

图 4-55 选择图层

图 4-56 改变图层顺序

图 4-57 改变图层顺序后的效果

如果要想移动背景层，可以先将其转为普通图层。在背景层上双击，并在弹出的对话框中单击【确定】按钮，即可将背景层转换为普通图层。

4.5 对齐与分布图层

在工作中常常会遇到一些需要对齐的对象，并且需要使它们之间的间距相等，此时可以使用 Photoshop 中的对齐与分布功能。

4.5.1 对齐图层

在画面中选择要对齐的图层（如果要用移动工具选择多个不同图层中的对象，可以在选项栏中勾选【自动选择】选项，再选择图层，然后就可以在画面中框选所需的对象了），在菜单中执行【图层】→【对齐】命令，弹出如图 4-59 所示的子菜单，可以根据需要在其中执行命令，或在工具箱中选择 ┣ 移动工具，在移动工具的选项栏中单击相关按钮对齐图层，如图 4-58 所示。

图 4-58　移动工具的选项栏

- 顶边：可以将选定图层上的顶端像素与所有选定图层上最顶端的像素对齐，或与选区边框的顶边对齐。

- 垂直居中：可以将每个选定图层上的垂直中心像素与所有选定图层的垂直中心像素对齐，或与选区边框的垂直中心对齐。

图 4-59　【对齐】命令的子菜单

- 底边：可以将选定图层上的底端像素与选定图层上最底端的像素对齐，或与选区边界的底边对齐。

- 左边：可以将选定图层上左端像素与最左端图层的左端像素对齐，或与选区边界的左边对齐。

- 水平居中：可以将选定图层上的水平中心像素与所有选定图层的水平中心像素对齐，或与选区边界的水平中心对齐。

- 右边：可以将选定图层上的右端像素与所有选定图层上的最右端像素对齐，或与选区边界的右边对齐。

4.5.2 分布图层

选择要分布的图层后，在菜单中执行【图层】→【分布】命令，弹出如图 4-60 所示的子菜单，可以根据需要在其中执行命令，或在工具箱中选择 ┣ 移动工具，在移动工具的选项栏中单击相关按钮分布图层。

图 4-60　【分布】命令的子菜单

- 顶边：可从每个图层的顶端像素开始，间隔均匀地分布链接的图层。

- 垂直居中：可从每个图层的垂直居中像素开始，间隔均匀地分布链接的图层。

- 底边：可从每个图层的底部像素开始，间隔均匀地分布链接的图层。

- 左边：可从每个图层的左边像素开始，间隔均匀地分布链接的图层。

- 水平居中：可从每个图层的水平中心像素开始，间隔均匀地分布链接的图层。
- 右边：可从每个图层的右边像素开始，间隔均匀地分布链接的图层。

　Photoshop 只能参照不透明度大于 50 的像素来均匀分布链接图层。

4.6　课堂实训——对齐与分布图层

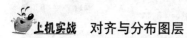上机实战　对齐与分布图层

　　1　按 Ctrl + O 键从配套光盘的素材库中打开一个需要对齐与分布的图像文件，如图 4-61 所示。

图 4-61　打开的文件

　　2　在工具箱中选择 移动工具，在选项栏中勾选【自动选择】选项，再在下拉列表中选择图层，然后在画面中框选要选择的对象，如图 4-62 所示，即可选择这些对象，同时在【图层】面板中也选择了相应的图层。

　按 Ctrl 键在【图层】面板中单击图层可以选择不相邻的图层。按 Shift 键在【图层】面板中单击图层可以选择相邻的图层。

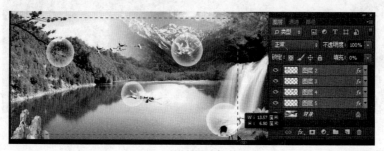

图 4-62　框选要选择的对象

　　3　在移动工具的选项栏中单击  按钮，或在菜单中执行【图层】→【对齐】→【顶边】命令，可以将选择的图层以最顶层的对象为基准进行顶边对齐，结果如图 4-63 所示。

　　4　在移动工具的选项栏中单击 ▥（垂直居中对齐）按钮，可以将选择的图层以最底层的对象为基准进行垂直居中对齐，结果如图

图 4-63　垂直居中对齐后的效果

4-64 所示。

5 在移动工具的选项栏中单击▥（水平居中分布）按钮，以将选择的图层以两边对象为基准进行水平居中分布，结果如图 4-65 所示。

图 4-64　垂直居中对齐后的效果　　　　　图 4-65　水平居中分布后的效果

4.7　合并图层

在确定了图层的内容后，可以通过合并图层创建复合图像的局部版本。在合并后的图层中，所有透明区域的交叠部分都会保持透明。合并图层有助于管理图像文件的大小。

 不能将调整图层或填充图层用作合并的目标图层。

4.7.1　合并所有可见图层为一个新图层

可以按 Alt + Ctrl + Shift + E 键由所有可见图层的内容新建一个图层，也称为盖印图层，结果如图 4-66 所示。

图 4-66　合并图层为一个新图层

4.7.2　合并图层

在菜单中执行【图层】→【合并图层】命令或按 Ctrl + E 键，可以将图像中选择的图层合并为一个图层，图层名称以最上图层的名称而命名，如果选择了背景图层，则以该图层替换背景层。

4.7.3　合并可见图层

在菜单中执行【图层】→【合并可见图层】命令或按 Shift + Ctrl + E 键，可以将图像中所有可见的图层合并为一个图层，图层名称以当前图层的名称而命名，如果背景图层是可见的，则会以合并图层替换背景层。

4.7.4　拼合图像

在菜单中执行【图层】→【拼合图像】命令，可以将图像中所有图层合并为一个图层，并以合并图层作为背景层。

4.8　课堂实训——应用图层知识制作童话世界

在制作童话世界时，主要应用了打开、移动工具、添加图层蒙版、画笔工具、通过拷贝的图层、垂直翻转、自由变换、图层不透明度、魔棒工具、反选等工具或命令。实例效果如图 4-67 所示。

图 4-67　实例效果图

上机实战　制作童话世界

1　按 Ctrl+O 键从配套光盘的素材库中打开 4 张图片并拖出文档标题栏，如图 4-68 所示。

2　以有桥的图片作为背景文件，使用 ⊕ 移动工具将有太阳的图片拖动到有桥的图片中，并排放到适当位置，如图 4-69 所示。在【图层】面板中设置其【混合模式】为正片叠底，如图 4-70 所示，得到如图 4-71 所示的画面效果。

图 4-68　打开的图片

图 4-69　复制并排放图片

图 4-70 【图层】面板

图 4-71 复制图层并改变不透明度后的效果

3 在【图层】面板的底部单击【添加图层蒙版】按钮，为图层 1 添加图层蒙版，如图 4-72 所示。在工具箱中选择 ✏️ 画笔工具并设置前景色为黑色，然后在画面中不需要的地方进行涂抹，将不需要的内容隐藏，隐藏后的效果如图 4-73 所示。

图 4-72 【图层】面板

图 4-73 在不需要的地方进行涂抹

4 使用 ➕ 移动工具将有人物的图片拖动到有桥的图片中并排放到适当位置，如图 4-74 所示。

图 4-74 将人物复制到适当位置

图 4-75 【图层】面板

5 按 Ctrl＋J 键复制一个副本，如图 4-75 所示。在菜单中执行【编辑】→【变换】→【垂直翻转】命令，然后将其拖动到下方的适当位置作为倒影，如图 4-76 所示。

6 按 Ctrl＋T 键执行【自由变换】命令，将倒影进行适当的旋转与移动，如图 4-77 所示，调整好后在变换框中双击确认变换，在【图层】面板中设置其【不透明度】为 43%，如图 4-78 所示。

7 使用移动工具将有小兔的图片拖动到有桥的图片中并排放到适当位置，如图 4-79 所示。按 Ctrl＋T 键执行【自由变换】命令，将小兔缩小并移动到适当位置，如图 4-80 所示，调整好后在变换框中双击确认变换。

图 4-76　复制后的效果

图 4-77　执行【自由变换】调整

图 4-78　设置【不透明度】后的效果

图 4-79　将小兔复制到适当位置

　　8　在工具箱中选择 魔棒工具，在画面中小兔的背景上单击选中背景色，如图 4-81 所示。然后按 Ctrl + Shift + I 键反向选区，在【图层】面板中单击【添加图层蒙版】按钮，由选区建立蒙版，如图 4-82 所示，得到如图 4-83 所示的效果。

图 4-80　执行【自由变换】调整

图 4-81　选择背景色

图 4-82　【图层】面板

图 4-83　最终效果图

4.9 本章小结

本章主要介绍了 Photoshop CC 中的图层功能，首先对【图层】面板、图层的混合模式、排列图层、对齐与分布图层、合并图层等作了详细的介绍，然后结合实例重点对图层功能进行了讲解与应用。

4.10 习题

一、填空题

1. Photoshop 中的新图像只有一个图层，该图层称为_____。用户既不能更改_____在堆叠顺序中的位置，也不能将混合模式或不透明度直接应用于_____。

2. 可以为图层添加各种各样的效果，如_____、_____、_____、_____、_____、_____、颜色叠加、渐变叠加、_____和_____等效果。

二、选择题

1 按以下哪个快捷键可以将选择的图层置为顶层？ （   ）
    A. 按 Shift + Ctrl +] 键   B. 按 Ctrl +] 键
    C. 按 Ctrl+[键   D. 按 Shift + Ctrl + [键

2 按以下哪个快捷键可以将选择的图层前移一层？ （   ）
    A. 按 Shift + Ctrl +] 键   B. 按 Ctrl +] 键
    C. 按 Ctrl+[键   D. 按 Shift + Ctrl + [键

3 按以下哪个快捷键可以将选择的图层置为底层？ （   ）
    A. 按 Shift + Ctrl +] 键   B. 按 Ctrl +] 键
    C. 按 Ctrl+[键   D. 按 Shift + Ctrl + [键

4. 使用以下哪个功能可以使某个图层的内容遮盖其上方的图层？ （   ）
    A. 矢量蒙版   B. 图层蒙版
    C. 临时蒙版   D. 剪贴蒙版

第 5 章 修复图像

教学目标

学会使用修复工具修复图像中瑕疵的方法。学习图章工具、修复工具、聚焦工具、色调工具、海绵工具、涂抹工具的使用方法与技巧。

教学重点与难点

➢ 图章工具的使用
➢ 修复工具的使用方法与应用
➢ 聚焦工具、色调工具与海绵工具的使用
➢ 涂抹工具的使用方法与应用

5.1 图章工具

5.1.1 仿制图章工具

使用仿制图章工具可以从图像中取样，然后将样本应用到其他图像或同一图像的其他部分，也可以将一个图层的一部分仿制到另一个图层。仿制图章工具对复制对象或移去图像中的缺陷十分有用。

在使用仿制图章工具时，需要在该区域上设置要应用到另一个区域上的取样点。

可以对仿制区域的大小进行多种控制，还可以使用选项栏中的不透明度和流量设置来微调应用仿制区域的方式。从一个图像取样并在另一个图像中应用仿制时，需要这两个图像的颜色模式相同。

上机实战 使用仿制图章工具处理图像

1 按 Ctrl + O 键从配套光盘的素材库中打开一张图片，如图 5-1 所示。

2 在工具箱中选择 仿制图章工具，选项栏中就会显示它的相关选项，如图 5-2 所示，移动指针到画面中要取样的地方按下 Alt 键单击，如图 5-3 所示，然后移动指针到需要该内容的地方进行涂抹，如图 5-4 所示，可以复制出所需的内容，如图 5-5 所示。

图 5-1 打开的图片

图 5-2 选项栏

- 对齐：在选项栏中选择【对齐】选项，无论用户对绘画停止和继续过多少次，都可以对像素连续取样。如果不勾选【对齐】选项，则会在每次停止并重新开始绘画时使用初始取样点中的样本像素。

图 5-3　取样时的状态

图 5-4　拖动并复制时的结果

- 样本：在【样本】下拉列表可以选择要取样的图层，如图 5-6 所示。
- ▦（打开以在仿制时忽略调整图层）：如果图像中使用了调整图层，并且在【样本】下拉列表中选择了"当前和下方图层"或"所有图层时"，它才可用。选择该按钮可以在仿制时忽略调整图层，而直接仿制其内容。

图 5-5　仿制后的效果图

图 5-6　【样本】下拉列表

5.1.2　图案图章工具

图案图章工具可以使用图案绘画。可以从图案库中选择图案或者创建自己的图案。

在工具箱中选择 ▦ 图案图章工具，选项栏中就会显示它的相关选项，如图 5-7 所示，在图案面板中选择所需的图案，然后在画面中进行涂抹，便会在涂抹过的地方绘制所选的图案，如图 5-8 所示。

图 5-8　用图案图章工具涂抹后的效果

图 5-7　选项栏

印象派效果：勾选【印象派效果】选项，可以对图案应用印象派效果。

5.2　修复工具

5.2.1　污点修复画笔工具

污点修复画笔工具可以快速移去照片中的污点和其他不理想部分。污点修复画笔的工作方式与修复画笔类似。它使用图像或图案中的样本像素进行绘画，并将样本像素的纹理、光照、透明度和阴影与所修复的像素相匹配。与修复画笔不同的是，污点修复画笔不需要用户指定样本点，并且它将自动从所修饰区域的周围取样。

上机实战　使用污点修复画笔工具处理图像

1　按 Ctrl＋O 键从配套光盘的素材库中打开一张图片，如图 5-9 所示。

2　在工具箱中选择 ![污点修复画笔工具图标] 污点修复画笔工具，选项栏中就会显示它的相关选项，如图 5-10 所示，移动指针到画面中需要修复的地方按下左键进行涂抹，如图 5-11 所示，松开左键后即可将其清除，同时与周围环境融合，如图 5-12 所示。

图 5-9　打开的图片

污点修复画笔工具的选项说明如下：

● 画笔：单击【画笔】后的下拉按钮，可以弹出如图 5-13 所示的画笔预设选取器，在其中可以设置【大小】、【硬度】、【间距】、【角度】和【圆度】等选项，选项说明可以查看前面【画笔】面板中的画笔笔尖形状。

图 5-10　选项栏

图 5-11　拖动时的状态

图 5-12　修复后的效果

图 5-13　画笔预设选取器

● 近似匹配：使用选区边缘周围的像素来查找要用作选定区域修补的图像区域。
● 创建纹理：使用选区中的所有像素创建一个用于修复该区域的纹理。
● 内容识别：选择它可以轻松地将指定或选定区域中的图像元素删除，并使用附近的相似的图像内容不留痕迹地填充选区或指定区域,而且还与其周边环境天衣无缝地融合在一起。
● 对所有图层取样：如果选择该选项，可以从所有可见图层中对数据进行取样。如果取消该选项的选择，则只从现有图层中取样。

5.2.2　修补工具

修补工具可以将选区的像素用其他区域的像素或图案来修补。实际上修补工具和修复画笔工具的功能差不多，只是修补工具的效率高一些。

接着上节内容进行操作。

上机实战　使用修补工具处理图像

　　1　按 Ctrl + Z 键撤消污点修复画笔工具的操作，在工具箱中选择▓修补工具，选项栏中就会显示它的相关选项如图 5-14 所示，然后在画面中框选出要修复的内容。

图 5-14　选项栏

修补工具选项说明如下：

- 修补：在【修补】选项中可以选择【源】和【目标】选项。
  - ➢ 源：可以将选择的区域拖动到用来修复的目的地，即可将选择的区域修复好，而且与周围环境非常融合。
  - ➢ 目标：使用修补工具框选出用于修复的区域，然后将其拖动到要修复的区域。
  - ➢ 透明：选择该选项可以使修复的区域应用透明度。
- 使用图案：当使用修补工具（或选框工具或魔棒工具）在图像中选择选区后，它成为活动可用状态，如图 5-15 所示，也就是可以使用图案填充所选区域，只需要单击 使用图案 按钮，即可将所选的区域填充为所选的图案。

图 5-15　勾选要修复的区域

　　2　移动指针到选框内，按下左键向周围相似内容拖移，如图 5-16 所示，到达位置后松开左键，即可使用到达区域的内容修复框选的区域，如图 5-17 所示，然后按 Ctrl + D 键取消选择即可。

> 按住 Shift 键并在图像中拖动，可以将选区添加到现有选区。按住 Alt 键并在图像中拖动，可以从现有选区中减去一部分。按住 Alt + Shift 组合键并在图像中拖动，可以选择与现有选区交叉的区域。

图 5-16　拖动时的状态

图 5-17　修复后的效果

5.2.3　修复画笔工具

　　修复画笔工具可以用于修复图像中的瑕疵，使它们消失在周围的图像中。它也可以利用图像或图案中的样本像素来绘画。在修复图像的同时可以将样本像素的纹理、光照和阴影与源像素进行匹配，从而使修复后的像素不留痕迹地融入图像的其余部分。

在工具箱中选择![修复画笔工具图标]修复画笔工具，选项栏中就会显示它的相关选项，如图 5-18 所示。

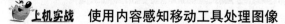

图 5-18　选项栏

修复画笔工具选项说明如下：

- 模式：在【模式】下拉列表中可以选择所需的修复模式，如正常、正片叠底、变亮和替换。选择"替换"模式可以保留画笔描边的边缘处的杂色、胶片颗粒和纹理，也就是说将原图像中的部分替换掉。
- 源：用于修复像素的源有两种方式：【取样】和【图案】。【取样】可以使用当前图像的像素，而【图案】可以使用某个图案的像素。如果选择了【图案】选项，则可以从【图案】弹出式面板中选择所需的图案。
- 对齐：如果勾选【对齐】选项，可以松开鼠标左键，当前取样点不会丢失。这样，无论多少次停止和继续绘画，都可以连续应用样本像素。如果不勾选【对齐】选项，则每次停止和继续绘画时，都将从初始取样点开始应用样本像素。

5.2.4　红眼工具

红眼工具可以移去使用闪光灯拍摄的人物照片中的红眼，也可以移去使用闪光灯拍摄的动物照片中的白色或绿色反光。

在工具箱中选择![红眼工具图标]红眼工具，选项栏中就会显示它相关的选项，如图 5-19 所示。

图 5-19　选项栏

红眼工具选项说明如下：

- 瞳孔大小：可以拖动滑块或在文本框中输入 1%～100%之间的数值，设置瞳孔（眼睛暗色的中心）的大小。
- 变暗量：可以拖动滑块或在文本框中输入 1%～100%之间的数值，设置瞳孔的暗度。

提示红眼是由于相机闪光灯在主体视网膜上反光引起的。在光线暗淡的房间里照相时，由于主体的虹膜张开得很宽，将会更加频繁地看到红眼。为了避免红眼，可以使用相机的红眼消除功能。或者最好使用可以安装在相机上远离相机镜头位置的独立闪光装置。

5.2.5　内容感知移动工具

使用内容感知移动工具可以选择和移动图片的一部分，使图像重新组合，留下的空洞使用图片中的匹配元素填充。

使用移动模式可以将对象置于不同的位置（在背景相似时最有效）。使用扩展模式可以扩展或收缩头发、树或建筑物等对象。如果要完美地扩展建筑对象，可以使用在平行平面（而不是以一定角度）拍摄的照片。

![上机实战图标]上机实战　使用内容感知移动工具处理图像

1　按 Ctrl + O 键从配套光盘的素材库中打开一张图片，如图 5-20 所示。

图 5-20　打开的图片

2 在工具箱中选择  内容感知移动工具,在选项栏中设置【模式】为移动,【适应】为中,如图 5-21 所示。在画面中勾选出要移动的内容,如图 5-22 所示,移动指针到选区内,按下左键向要复制的地方拖移,如图 5-23 所示,松开左键后即可将选区的内容移动到松开左键的地方,如图 5-24 所示。

图 5-21　选项栏

图 5-22　勾选出要移动的内容

图 5-23　拖动时状态

图 5-24　移动后的效果

3 按 Ctrl＋Z 键撤消上步的移动,在选项栏中设置【模式】为扩展,【适应】为非常严格,接着移动指针到选区内,按下左键向所需的位置拖移,如图 5-25 所示,到达位置后松开左键,即可将选区的内容复制到所需的位置并与周围环境融合,如图 5-26 所示。

图 5-25　拖动时的状态

图 5-26　移动并复制后的效果

5.3　聚焦工具

聚焦工具由 🖉 模糊工具和 🔺 锐化工具组成。模糊工具可以柔化图像中的硬边缘或区域,以减少细节。锐化工具可以聚焦软边缘,以提高清晰度或聚焦程度。

模糊工具和锐化工具的选项栏完全相同,如图 5-27 所示。

图 5-27　选项栏

- 强度:可以指定涂抹、模糊、锐化和海绵工具应用的描边强度。

![上机实战] **使用模糊／锐化工具处理图像**

1　从配套光盘的素材库中打开一张图片，如图 5-28 所示，在工具箱中选择◐模糊工具，在选项栏中设置【强度】为 93%，然后在画面中需要柔化的对象上进行涂抹，以将其模糊，如图 5-29 所示。提示使用模糊工具在某个区域上方绘制的次数越多，该区域就越模糊。

2　在工具箱中选择◭锐化工具，在选项栏中设置【强度】为 64%，然后在画面中需要锐化的对象上进行涂抹，以将其锐化，使用锐化工具在某个区域上方绘制的次数越多，增强的锐化效果就越明显，如图 5-30 所示。

　　图 5-28　打开的图片　　　　　图 5-29　模糊后的效果　　　　　图 5-30　锐化后的效果

5.4　色调工具

色调工具由减淡工具和加深工具组成。🔍减淡工具和👆加深工具的选项栏完全一样，如图 5-31 所示。减淡工具或加深工具采用了用于调节照片特定区域的曝光度的传统摄影技术，可以使图像区域变亮或变暗。减淡工具可以使图像变亮，加深工具可以使图像变暗。

図 5-31　选项栏

减淡／加深工具选项说明如下：

- 范围：在其下拉列表中可以选择图像中要更改的色调。
  - ➢ 中间调：可以更改灰色的中间范围。
  - ➢ 阴影：可以更改暗区。
  - ➢ 高光：可以更改亮区。
- 曝光度：可以拖动滑块或输入数值指定减淡和加深工具使用的曝光量。

![上机实战] **使用减淡／加深工具处理图像**

1　按 Ctrl + O 键从配套光盘的素材库中打开一张图片，如图 5-32 所示，在工具箱中选择🔍减淡工具，在选项栏中设置画笔大小为 35 像素柔边圆，【曝光度】为 64%，然后在画面中需要调亮的地方进行涂抹，涂抹后的效果如图 5-33 所示。再次进行涂抹后的效果如图 5-34 所示。

2　在工具箱中选择👆加深工具，在选项栏中设置画笔为 30 像

图 5-32　原图像

素柔边圆，其他为默认值，然后在画面中需要加暗的地方进行涂抹，涂抹后的效果如图 5-35 所示。

图 5-33　使用减淡工具减淡后的效果　　图 5-34　减淡后的效果　　图 5-35　加深后的效果

5.5　海绵工具

使用海绵工具可以精确地更改区域的色彩饱和度。在灰度模式下，该工具通过使灰阶远离或靠近中间灰色来增加或降低对比度。

上机实战　使用海绵工具处理图像

1　按 Ctrl + O 键从配套光盘的素材库中打开一张图片，如图 5-36 所示。

2　在工具箱中选择■海绵工具，选项栏中就会显示它的相关选项，在【模式】列表中选择去色，其他不变，如图 5-37 所示，然后在画面中底座上进行涂抹，可以去除一些颜色，涂抹后的效果如图 5-38 所示。

模式：在其下拉列表中可以选择所需更改颜色的方式。

● 加色：可以增强颜色的饱和度。

● 去色：可以减弱颜色的饱和度。

图 5-36　打开的图片

3　在海绵工具选项栏中设置【模式】为加色，然后在老鹰身上涂抹两次，涂抹后的效果如图 5-39 所示。

图 5-37　海绵工具选项栏

图 5-38　去色后的效果　　　　　　　　　图 5-39　加色后的效果

5.6 涂抹工具

涂抹工具可以模拟在湿颜料中拖移手指的绘画效果。也就是说它可以拾取描边开始位置的颜色，并沿拖移的方向展开这种颜色。

在工具箱中选择 涂抹工具，选项栏中就会显示它的相关选项，如图 5-40 所示。

图 5-40 选项栏

- 手指绘画：选择该选项可以在起点描边处使用前景色进行涂抹。如果不勾选该选项，涂抹工具会在起点描边处使用指针所指的颜色进行涂抹。

5.7 课堂实训

5.7.1 为生日蛋糕插上蜡烛

在制作为生日蛋糕插上蜡烛的过程中，主要应用了打开、椭圆选框工具、钢笔工具、涂抹工具、矩形选框工具、移动工具、复制、取消选择、用画笔描边路径等工具或命令。

上机实战　为生日蛋糕插上蜡烛

1 按 Ctrl + O 键从配套光盘的素材库中打开一个有生日蛋糕的图像，如图 5-41 所示。

2 在工具箱中选择椭圆选框工具，在画面中框选出用来作为蜡烛所需的内容，如图 5-42 所示，然后按 Alt 键将选区内容分别复制并移动到要插蜡烛的地方，如图 5-43 所示。

图 5-41 打开的图像

图 5-42 框选出用来作为蜡烛
所需的内容

图 5-43 复制内容

3 按 Ctrl + D 键取消选择，在工具箱中选择 钢笔工具，在选项栏中选择路径，移动指针到画面中适当位置单击确定起点，按 Shift 键向上到适当位置单击，绘制一条直线段，如图 5-44 所示，然后按 Esc 键确认该线段的绘制，也可以按 Ctrl 键在其他位置单击，得到如图 5-45 所示的直线路径。

4 使用同步骤 3 同样的方法再绘制一条直线路径，如图 5-46 所示。

5 在工具箱中选择 涂抹工具，在选项栏中设置【强度】为 0%，在画笔预设选取器中选择所需的画笔笔尖，设置【大小】为 10 像素，如图 5-47 所示。显示【路径】面板，在其中单击 （用画笔描边路径）按钮，如图 5-48 所示，给路径进行描边，描边后的效果如图 5-49 所示。

图 5-44　用钢笔工具绘制路径

图 5-45　绘制好的直线路径

图 5-46　绘制好的直线路径

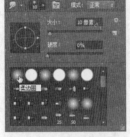

图 5-47　画笔预设选取器

图 5-48　【路径】面板

图 5-49　描边后的效果

　　6　按 Ctrl + O 键从配套光盘的素材库中打开一个有火烛的图片，如图 5-50 所示。使用移动工具将其拖动到有蛋糕的图片中并排放到所需的位置，如图 5-51 所示。

图 5-50　打开的图片

图 5-51　复制对象

　　7　在工具箱中选择矩形选框工具，在画面中框选右边的火烛，如图 5-52 所示，再按 Ctrl 键将选区内容拖动到另一根蜡烛上，如图 5-53 所示，按 Ctrl + D 键取消选择。这样，就为生日蛋糕添加蜡烛了。

图 5-52　框选火烛

图 5-53　最终效果图

5.7.2　修饰照片

　　在修饰照片时，主要使用打开、红眼工具、减淡工具、污点修复画笔工具、通过拷贝的

图层、高斯模糊、添加图层蒙版、画笔工具、盖印图层、加深工具、钢笔工具、将路径作为
选区载入、曲线、调整图层等工具或命令对图像进行修饰。

图 5-54　处理前的效果

图 5-55　处理后的效果

上机实战　修饰照片

1 　按 Ctrl + O 键从配套光盘的素材库中打开一张要修饰的照片，如图 5-56 所示。

2 　在工具箱中选择 红眼工具，采用默认值直接在画面中左眼上单击，将其红眼去除，
如图 5-57 所示；然后在右眼上单击，同样将其红眼去除，结果如图 5-58 所示。

图 5-56　打开的照片

图 5-57　去除红眼后的效果

图 5-58　去除红眼后的效果

3 　在工具箱中选择 减淡工具，并在选项栏 中
设置所需的参数，然后在画面中眼珠上进行涂抹，直至得到所需的效果为止，如图 5-59 所示。

4 　在工具箱中选择 污点修复画笔工具，移动指针到画面中要修复的污点上依次单击，
即可将其污点去除，画面效果如图 5-60 所示。

图 5-59　减淡后的效果

图 5-60　修复污点后的效果

5 按 Ctrl＋J 键复制一个副本，【图层】面板如图 5-61 所示。在菜单中执行【滤镜】→【模糊】→【高斯模糊】命令，弹出【高斯模糊】对话框，在其中设置【半径】为 4 像素，如图 5-62 所示，单击【确定】按钮，得到如图 5-63 所示的效果。

图 5-61 【图层】面板

图 5-62 【高斯模糊】对话框

图 5-63 模糊后的效果

6 在【图层】面板中单击 (添加图层蒙版) 按钮，给图层 1 添加图层蒙版，如图 5-64 所示。选择画笔工具，设置前景色为黑色，在选项栏中设置画笔为 60 像素柔角画笔，然后在画面中头发上进行涂抹，将下层的头发显示出来，涂抹后的效果如图 5-65 所示。

7 再将画笔的大小设小，然后在人像的五官上进行涂抹，将它们显示出来，涂抹后的效果如图 5-66 所示。

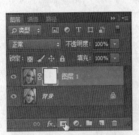
图 5-64 【图层】面板

图 5-65 用画笔工具修改蒙版后的效果

图 5-66 用画笔工具修改蒙版后的效果

8 按 Ctrl＋Shift＋Alt＋E 键由所有可见图层合并为一个新图层，也称为盖印图层，从而得到图层 2，如图 5-67 所示。

9 在菜单中执行【滤镜】→【模糊】→【高斯模糊】命令，弹出【高斯模糊】对话框，在其中设置【半径】为 8 像素，如图 5-68 所示，单击【确定】按钮，得到如图 5-69 所示的效果。

图 5-67 【图层】面板

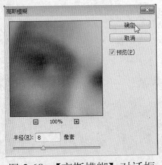
图 5-68 【高斯模糊】对话框

图 5-69 模糊后的效果

10 在【图层】面板中单击【添加图层蒙版】按钮，给图层 2 添加图层蒙版，选择画笔工具，设置前景色为黑色，使用画笔绘制头发与五官以使其清楚，绘制好后的效果如图 5-70 所示。设置前景色为白色，在选项栏中设置【不透明度】为 50%，然后在画面中有斑点的地方进行涂抹，涂抹后的效果如图 5-71 所示。

11 按 Ctrl + Shift + Alt + E 键盖印图层，如图 5-72 所示。在菜单中执行【滤镜】→【模糊】→【高斯模糊】命令，弹出【高斯模糊】对话框，在其中设置【半径】为 5 像素，如图 5-73 所示，单击【确定】按钮，确定后将图层【混合模式】改为滤色，将图层【不透明度】设置为 70%，如图 5-74 所示。其目的主要是将人物脸上的杂点基本消除，不过还有一些细节部分不够完美，下面开始修饰细节。

图 5-70　显示出五官与头发

图 5-71　隐藏不需要的内容

图 5-72　【图层】面板

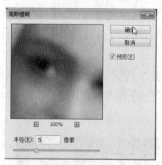
图 5-73　【高斯模糊】对话框

图 5-74　模糊后的效果

图 5-75　【图层】面板

12 按 Ctrl + Shift + Alt + E 键盖印图层，如图 5-75 所示。在工具箱中选择加深工具，在选项栏中设置【曝光度】为 50%，在画面中对眼睛与眉毛进行涂抹，以将其加深，然后设置【曝光度】为 10%，对嘴与鼻子加深，处理后的效果如图 5-76 所示。

13 在工具箱中选择钢笔工具，在画面中将嘴勾选出来，如图 5-77 所示，再显示路径面板，在其中单击（将路径作为选区载入）按钮，将路径载入选区，如图 5-78 所示。

图 5-76　加深眼睛与眉毛

图 5-77　用钢笔工具勾出嘴型

图 5-78　载入选区

14 按 Ctrl＋M 键执行【曲线】命令，弹出【曲线】对话框，在其中的网格上单击添加一点，然后将其向左上方拖动以调亮选区，如图 5-79 所示，单击【确定】按钮，得到如图 5-80 所示的效果。

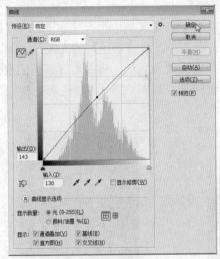

图 5-79 【曲线】对话框

图 5-80 调亮后的效果

15 按 Ctrl＋D 键取消选择，在【图层】面板的底部单击 ◉（创建新的填充或调整图层）按钮，在弹出的菜单中执行【亮度/对比度】命令，显示【属性】面板，在其中设置【亮度】为 16，【对比度】为 26，如图 5-81 所示，使用调整图层调整图像的亮度与对比度，调整好后的效果如图 5-82 所示。

16 在【图层】面板的底部单击 ◉（创建新的填充或调整图层）按钮，在弹出的菜单中执行【色彩平衡】命令，显示【属性】面板，在其中设置青色，红色值为 9，如图 5-83 所示，向画面添加一些红色，如图 5-84 所示。

图 5-81 【属性】面板

图 5-82 调整亮度与对比度后的效果

图 5-83 【属性】面板

17 在【图层】面板的底部单击 ◉（创建新的填充或调整图层）按钮，在弹出的菜单中执行【色相/饱和度】命令，显示【属性】面板，在其中设置【饱和度】为 7，如图 5-85 所示，加强画面的饱和度，调整好后的效果如图 5-86 所示。

图 5-84　调整颜色后的效果

图 5-85　【属性】面板

图 5-86　调整颜色后的效果

5.9　本章小结

本章主要学习了图章工具、修复工具、红眼工具、聚焦工具、色调工具、海绵工具、涂抹工具、内容感知移动工具的使用方法与技巧，并结合实例重点介绍了用修复工具修复图像以及用涂抹工具绘制图形的方法。

5.10　习题

一．填空题

1. 在修复画笔工具中用于修复像素的源有两种方式：_____和_____。

2. 使用内容感知移动工具可以_____和_____图片的一部分，使图像重新组合，留下的空洞使用图片中的匹配元素填充。

二．选择题

1. 以下哪个工具可以从图像中取样，然后将样本应用到其他图像或同一图像的其他部分？ （　　）

A. 仿制图章工具　　　　　　　　　B. 修复画笔工具

C. 图案图章工具　　　　　　　　　D. 修补工具

2. 以下哪个工具可以移去用闪光灯拍摄的人物照片中的红眼，也可以移去用闪光灯拍摄的动物照片中的白色或绿色反光？ （　　）

A. 红眼工具　　　　　　　　　　　B. 修复画笔工具

C. 颜色替换工具　　　　　　　　　D. 修补工具

3. 以下哪个工具可以快速移去照片中的污点和其他不理想部分？ （　　）

A. 污点修复画笔工具　　　　　　　B. 修复画笔工具

C. 仿制图章工具　　　　　　　　　D. 修补工具

4. 以下哪个工具可以将选区的像素用其他区域的像素或图案来修补？ （　　）

A. 污点修复画笔工具　　　　　　　B. 修复画笔工具

C. 仿制图章工具　　　　　　　　　D. 修补工具

第 6 章　绘图与路径

教学目标

学会使用路径类工具绘制路径并对路径进行编辑与应用以及使用形状工具绘制像素图形与形状图形的方法。了解路径的含义。能够通过【路径】面板对路径进行操作。

教学重点与难点

➢ 路径类工具与路径
➢ 路径的创建、存储与应用
➢ 路径的复制与删除
➢ 路径的调整
➢ 路径与选区之间的转换
➢ 形状工具与创建形状图形
➢ 创建像素图形

在计算机上创建图形时，绘图和绘画是不同的，绘画是使用绘画工具更改像素的颜色。绘图是创建定义为几何对象的形状（也称为矢量对象）。

1. 绘制形状和路径

钢笔工具和形状工具提供了下面多个创建形状和路径的方法。

（1）可以在新图层中创建形状。形状由当前的前景色自动填充，也可以轻松地将填充更改为其他颜色、渐变或图案。形状的轮廓存储在【路径】面板的图层剪贴路径中。

（2）在 Photoshop 中，可以创建新的工作路径。工作路径是一个临时路径，不是图像的一部分，直到用户以某种方式应用它。可以将工作路径存储在【路径】面板中以备将来使用。

（3）当使用形状工具时，可以在现有的图层中创建栅格化形状。形状由当前的前景色自动填充。创建了栅格化形状后，将无法作为矢量对象进行编辑。

2. 使用形状工具的几个优点

（1）形状是面向对象的，可以快速选择形状、调整大小并移动，可以编辑形状的轮廓（称为路径）和属性（如线条粗细、填充色和填充样式）。可以使用形状建立选区并使用"预设管理器"创建自定形状库。

（2）形状与分辨率无关，当调整形状的大小，或将其打印到 PostScript 打印机、存储到 PDF 文件或导入基于矢量的图形应用程序时，形状保持清晰的边缘。

6.1　路径类工具与路径

6.1.1　路径的概述

在 Photoshop 中，路径是指用工具箱中的钢笔工具和形状工具画出来的形状的轮廓、直线或曲线，使用这些工具画出来的曲线也称为"贝塞尔曲线"，曲线上有称为"锚点"的结点，通过"锚点"可以调整曲线的形状。这些曲线可以是开放的，即具有明确的起点和终点，也可以是闭合的，即起点和终点重叠在一起，闭合的曲线则可以构成多种几何图形。

Photoshop 中的路径主要用于图形创作和某些复杂选区的选取。

使用路径主要用到路径类工具（钢笔工具、形状工具、路径调整工具和路径选择工具），另外还会经常用到【路径】面板，单击【窗口】菜单中的【路径】命令，则会弹出【路径】面板，如图 6-1 所示：

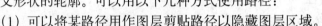

图 6-1 【路径】面板

其中的工作路径是出现在【路径】面板中的临时路径，用于定义形状的轮廓。可以用以下几种方式使用路径：

（1）可以将某路径用作图层剪贴路径以隐藏图层区域。

（2）可以将路径转换为选区，从而依据形状选择图像中的像素。

（3）可以编辑路径以更改其形状。

（4）路径可以被指定为整个图像的剪贴路径，这种处理对于将图像导出到页面排版或矢量编辑应用程序非常有用。

6.1.2　路径的创建、存储与应用

使用钢笔工具、自由钢笔工具、矩形工具、圆角矩形工具、椭圆工具、多边形工具、直线工具与自定形状工具都可以绘制路径，前提是要在选项栏的工具模式列表中选择"路径"。例如，在工具箱中选择 ![钢笔工具图标] 钢笔工具，在选项栏的工具模式列表中选择"路径"，选项栏就会显示它的相关选项，如图 6-2 所示。

图 6-2　钢笔工具选项栏

　　　　每个工具都有相对应的几何选项。

钢笔工具选项说明如下：

图 6-3　路径操作菜单

* 建立：在工具模式列表中选择"路径"后，就会显示该选项，可以根据需要在其中单击【选区】、【蒙版】或【形状】按钮建立相应的选区、蒙版或形状。
* ◙（路径操作）按钮：单击【路径操作】按钮，便会显示如图 6-3 所示的菜单，可以根据需要选择【合并形状】、【减去顶层形状】、【与形状区域相交】、【排除重叠形状】等命令。
* ▣（路径对齐方式）按钮：如果在画面中选择了多条路径，单击 ▣ 按钮，弹出如图 6-4 所示菜单，利用其中的命令可以将路径按指定方向进行对齐。
* ▨（路径排列方式）按钮：在画面中选择要移动的路径，在选项栏中单击 ▨ 按钮，便会弹出一个下拉菜单，在其中可以选择所需的命令，如图 6-5 所示。

图 6-4　路径对齐的相关命令

- ⚙ (几何选项) 按钮：单击该按钮，可以在弹出的面板中选择【橡皮带】选项，以便在绘图时可以预览路径段。只有在路径定义了一个锚点后，并在图像中移动指针时，Photoshop 才会显示下一个建议的路径段。该路径段直到单击时才变成永久性的。

图 6-5　路径排列方式菜单

- 自动添加/删除：如果要在绘制路径时自动添加/删除锚点，则需在选项栏中选择【自动添加/删除】锚点选项。

1. 使用钢笔工具创建路径

上机实战　使用钢笔工具创建路径

1　新建一个 RGB 颜色的图像文件，大小自定。

2　在工具箱中选择 ✎ 钢笔工具，在选项栏中选择路径，其后便会显示它的相关选项，然后在画面上单击，再移动指针到所需的位置单击确定第二点（如果在一个指定点上按下左键进行拖动，则会绘制曲线路径），如图 6-6 所示。

3　拖移指针在所需的位置处单击得到第三点，再移动指针到第四点处单击得到第三条直线段，如图 6-7 左所示，如果需要绘制多条线段可以连续拖移指针后再单击，最后返回到起点处，当指针呈 ✎ 形状时单击，即可封闭路径（也就是完成这条路径的绘制）如图 6-7 右所示。

图 6-6　绘制路径

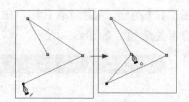

图 6-7　绘制路径

4　使用同样的方法在画面上绘制所需的封闭路径，如图 6-8 所示，【路径】面板如图 6-9 所示，再按 Ctrl 键在空白处单击取消路径的选择，如图 6-10 所示。

图 6-8　绘制路径

图 6-9　【路径】面板

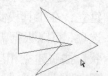

图 6-10　绘制好的路径

5　设置前景色为红色，在菜单栏中执行【窗口】→【路径】命令，在【路径】面板的底部单击 ⬛ (用前景色填充路径) 按钮，如图 6-11 所示。

6　在工具箱中设置前景色为 "#d8e50d"，再选择 ✎ 画笔工具，在选项栏中设置画笔大小为 5 像素硬边圆，接着在【路径】面板的底部单击 ⬛ (用画笔描边路径) 按钮，如图 6-12 所示。

图 6-11　用前景色填充路径

7 在【路径】面板中单击 ▣（将路径作为选区载入）按钮，将路径载入选区，如图 6-13 所示。

图 6-12 用画笔描边路径

图 6-13 将路径作为选区载入

2. 使用自由钢笔工具创建工作路径

1 新建一个 RGB 颜色的图像文件，大小自定。在工具箱中选择 ✎ 自由钢笔工具，在选项栏中选择路径，选项栏中各选项就变为它的相应选项，如图 6-14 所示。

图 6-14 自由钢笔工具选项栏

2 在画面上按下左键并拖移，此时会有一条路径尾随着指针移动，松开左键后这条工作路径即已创建，如图 6-15 所示。在菜单栏中执行【窗口】→【路径】命令，可以看到【路径】面板中已经创建了工作路径，如图 6-16 所示。

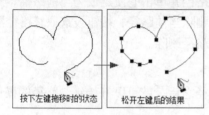

图 6-15 绘制路径

图 6-16 【路径】面板

3. 使用形状工具创建路径

利用形状工具可以创建出矩形、正方形、椭圆、圆、圆角矩形、多边形和复杂的形状等路径。

上机实战 使用形状工具创建路径

1 按 Ctrl + N 键新建一个大小为 200×200 像素，【颜色模式】为 "RGB 颜色" 的图像文件。

2 在工具箱中选择 ✎ 自定形状工具，在选项栏中选择所需的形状，如图 6-17 所示。在画面中拖移时按下 Shift 键拖出一个图形，得到所需的大小后松开左键与 Shift 键，从而得到一个路径，如图 6-18 所示。

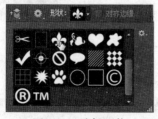

图 6-17 选择形状

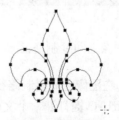

图 6-18 绘制路径

3 为了这些路径能再次利用可以把它存储起来，在【路径】面板右上角单击 按钮，弹出如图 6-19 所示的面板菜单，选择【存储路径】命令，弹出【存储路径】对话框，在其中为路径命名，也可以采用默认值，如图 6-20 所示，设置好后单击【确定】按钮，即可将临时的工作路径存储起来，如图 6-21 所示。

图 6-19 【路径】面板的面板菜单　　图 6-20 【存储路径】对话框　　图 6-21 【路径】面板

6.1.3 路径的复制与删除

1. 删除路径

删除路径是针对当前路径操作的，首先选择一个路径并单击它使之成为当前路径，然后按键盘上的 Delete 键或单击【路径】面板底部的 （删除当前路径）按钮或选取【路径】面板的面板菜单中的【删除路径】命令，都可以将所选路径删除。

2. 复制路径

选择一个路径（工作路径除外）使之成为当前路径之后，就可以开始复制路径的操作。

（1）在一个图像中复制路径

上机实战　在一个图像中复制路径

1 这里以上面我们创建的路径 1 为例，拖动路径 1 到【创建新路径】按钮上，当鼠标指针呈抓手状时，松开左键即可复制路径 1 为路径 1 拷贝，如图 6-22 所示。

2 在【路径】面板的面板菜单中选择【复制路径】命令，弹出如图 6-23 所示的对话框，在【名称】框中输入所需的路径名称（也可直接应用默认名称），确定新的路径名称后单击【确定】按钮，也可以复制一个路径，如图 6-24 所示。

图 6-22 复制路径　　　　图 6-23 【复制路径】对话框　　图 6-24 【路径】面板

（2）在图像之间复制路径

上机实战　在图像之间复制路径

1 按 Ctrl +O 键打开一个文件，激活前一个绘制有路径的文件，并激活该文件中的路径 1 拷贝 2，如图 6-25 左所示面板，可以直接拖动路径 1 拷贝 2 到打开的文件中，如图 6-25 右

所示，当鼠标指针呈抓手状时松开鼠标左键，即可将文件中的路径 1 拷贝 2 复制到打开的文件中，而且在【路径】面板中也显示了该路径，如图 6-26 所示。

图 6-25　复制路径

图 6-26　复制路径后的结果

2　执行【编辑】菜单中的【拷贝】命令，或快捷键 Ctrl + C,然后选择另一幅图像成为当前图像，再执行【编辑】菜单中的【粘贴】命令，或快捷键 Ctrl + V，也可以在当前图像中生成一个同名的路径。

6.1.4　路径的调整

可以使用添加锚点工具、删除锚点工具、转换点工具、路径选择工具、直接选择工具调整路径。

添加锚点工具▶️可以用于在路径的线段内部添加锚点。在工具箱中选择▶️添加锚点工具、钢笔工具或自由钢笔工具时，只要将指针移到线段上的非端点处，指针就会变成◥形状，单击就可以添加一个新的锚点，从而将一条线段一分为二。

2. 删除锚点工具

删除锚点工具▶️可以用于删除一个不需要的锚点。在工具箱中选择▶️删除锚点工具、钢笔工具或自由钢笔工具时，只要将指针移到线段上的某个锚点处，指针就会变成◣形状，单击就可以删除该锚点，如果该锚点为中间锚点，原来与它相邻的两个锚点将连接成一条新的线段。

3. 转换点工具

转换点工具▶️可以用于平滑点与角点之间的转换，从而实现平滑曲线与锐角曲线或直线段之间的转换。

🐭**上机实战**　使用转换点工具调整路径

1　在工具箱中选择▶️钢笔工具,在画面上绘制出一个平行四边形。

2　在按住 Ctrl 键的同时使用鼠标单击该路径以选择它，如图 6-27 左所示。

3　在工具箱中选择▶️转换点工具，在需要转换为平滑点的锚点上按下鼠标左键并向锚点的一侧拖动，如图 6-27 右所示，调整到所需的形状时即可松开鼠标左键，从而得到如图 6-28 所示的图形。

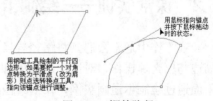

用钢笔工具绘制的平行四边形，如果要把一个对角点转换为平滑点（改为扇形）则点选转换点工具，指向该锚点进行调整。

用鼠标指向锚点并按下鼠标拖动时的状态。

图 6-27　调整路径

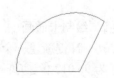

图 6-28　调整好的路径

4. 路径选择工具

使用路径选择工具可以选择一个路径或多个路径，按下鼠标左键拖动可以将整个路径移动。

在工具箱中单击 ▶ 路径选择工具，选项栏中就会显示它的相关选项，如图 6-29 所示。

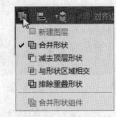

图 6-29　选项栏

- ● 按钮：在选项栏中单击该按钮，将弹出如图 6-30 所示的菜单，可以根据需要在其中选择 □ 合并形状，□ 减去顶层形状，□ 与形状区域相交或 □ 排除重叠形状命令组合选择的路径。

图 6-30　路径操作方式

5. 直接选择工具

直接选择工具 ▶ 主要用于对现有路径的选取和调整。其通过对锚点、方向点或路径段甚至整个路径的移动来改变路径的形状和位置，对路径的调整是与选取的内容和具体操作对象相关的。

🐭 **上机实战　使用直接选择工具调整路径**

1　在画面上绘制一个五边形路径，然后在工具箱上单击 ▶ 直接选择工具。

2　在图像上按下鼠标左键拖动，使产生的选取方框包围要选取的锚点，如图 6-31 所示，释放鼠标左键后，被选中的锚点将变成实心方点。

3　按 Shift 键，然后单击要选的锚点，可以逐个选取锚点或附加选取锚点。

4　按 Alt 键，当指针变成了 ▶ 形状后，单击路径上的任何地方，就选取了整个连续的路径，可以按 Delete 键将整个路径删除（或将选择的某个锚点连同所连接的路径一起删除成为开放式路径）。

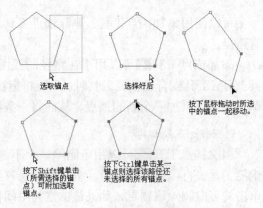

选取锚点　　选择好后

按下鼠标拖动时所选中的锚点一起移动。

按下Shift键单击（所需选择的锚点）可附加选取锚点。

按下Ctrl键单击某一锚点则选择该路径还未选择的所有锚点。

图 6-31　选择锚点或移动锚点

6.2　课堂实训——绘制卡通画

在工作中通常会遇到将路径转换为选区、对路径进行描边与填充等操作，对图形进行更加精确的绘制与处理。下面通过绘制卡通画实例，介绍路径的使用技巧。效果如图 6-32 所示。

🐭 **上机实战　绘制卡通画**

1　Ctrl + N 键新建一个文件大小为 638×531 像素，【分辨率】为 96.012 像素/英寸的空白文件，在工具箱中选择 ● 椭圆工具，在选项栏中选择路径，然后在画面中绘制

图 6-32　实例效果图

一个椭圆路径，如图 6-33 所示选择 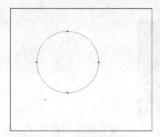钢笔工具，在选项栏中选择路径，在画面中对路径进行编辑，编辑好后的结果如图 6-34 所示。

图 6-33　绘制椭圆路径

图 6-34　用钢笔工具编辑头部结构图

    2　使用钢笔工具绘制头发，绘制好后的效果如图 6-35 所示，接着绘制眼睛、嘴、眉毛等，绘制好后的效果如图 6-36 所示。

    3　使用钢笔工具绘制脚、耳、手与兔头等，绘制好后的结果如图 6-37 所示。

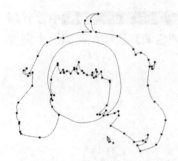　　

图 6-35　绘制头发　　　　图 6-36　绘制眼睛、嘴、眉毛等　　　图 6-37　绘制脚、耳、手与兔头

    4　显示【图层】面板，在其中单击 ▣（创建新图层）按钮，新建图层 1，如图 6-38 所示。在工具箱中选择 ▣ 路径选择工具，在画面中选择要填充皮肤颜色的子路径，如图 6-39 所示。

图 6-38　【图层】面板　　　　　图 6-39　将路径载入选区

    5　设置前景色为 "#fef9eb"，背景色为 "#fbc0b7"，在【路径】面板中单击 ▦（将路径作为选区载入）按钮，使选择的路径载入选区，再激活工作路径，以显示路径，如图 6-40 所示。在工具箱中选择 ▣ 渐变工具，在选项栏中选择 ▣ 按钮，在渐变拾色器中选择前景色到背景色渐变，如图 6-41 所示，然后在画面中拖动，为选区进行渐变颜色填充，填充颜色后的效果如图 6-42 所示。

图 6-40 将路径载入选区

图 6-41 渐变拾色器

图 6-42 填充渐变颜色后的效果

6 在工具箱中选择 减淡工具，在选项栏 中设置画笔为柔边圆，【范围】为中间调，【曝光度】为 20%，勾选【保护色调】选项，画笔大小按 [与] 键来控制，在画面中需要加亮的区域进行涂抹，将其加亮，体现出立体效果，绘制好后的效果如图 6-43 所示。

7 在工具箱中选择 加深工具，在选项栏 中设置画笔为柔边圆，【范围】为中间调，【曝光度】为 50%，勾选【保护色调】选项，在画面中需要调暗的地方进行涂抹，涂抹后的效果如图 6-44 所示。

图 6-43 用减淡工具绘制后的效果

图 6-44 用加深工具绘制暗部

8 在【图层】面板中激活背景层，单击【创建新图层】按钮新建一个图层，如图 6-45 所示，然后使用路径选择工具在画面中选择脚，再激活工作路径，以显示路径，如图 6-46 所示。选择渐变工具，在选项栏中选择 按钮，在选区上拖动，为选区进行渐变颜色填充，填充颜色后的效果如图 6-47 所示。

图 6-45 【图层】面板

图 6-46 选择路径

图 6-47 给选区进行颜色填充

9 使用减淡工具对需要调亮的地方进行涂抹，涂抹后的效果如图 6-48 所示。使用加深工具对需要调暗的地方进行涂抹，涂抹后的效果如图 6-49 所示。

图 6-48　用加深工具绘制亮部

图 6-49　用加深工具绘制暗部

10 在【图层】面板中激活图层 1，再单击【创建新图层】按钮新建一个图层 3，如图 6-50 所示。

11 设置前景色为"#Fefefe"，背景色为"# f7b3ad"，同样使用路径选择工具在画面中选择要填充颜色的路径，将其载入选区并显示路径。再选择渐变工具，在选项栏中选择█ （径向渐变）按钮，对选区进行渐变颜色填充，然后使用减淡工具与加深工具对需要加亮或加暗的区域进行涂抹，绘制出立体效果，绘制好后的效果如图 6-51 所示。

图 6-50　创建新图层

12 在【图层】面板中新建图层 4，使用路径选择工具在画面中选择要填充颜色的路径并将其载入选区，再使用渐变工具对选区进行渐变颜色填充，然后使用减淡工具与加深工具对需要加亮或加暗的区域进行涂抹，绘制出立体效果，绘制好后的效果如图 6-52 所示。

图 6-51　给小兔上色

图 6-52　选择路径与创建新图层

13 设置前景色为"# fef485"，背景色为"# f9c223"，在【图层】面板中新建图层 5，如图 6-53 所示。使用路径选择工具在画面中选择要填充颜色的路径并将其载入选区，使用渐变工具对选区进行渐变颜色填充，然后使用减淡工具与加深工具对需要加亮或加暗的区域进行涂抹，绘制出立体效果，绘制好后的效果如图 6-54 所示。

14 设置前景色为"# fedce7"，背景色为"# fdafbe"，在【图层】面板中新建图层 6，使用路径选择工具在画面中选择要填充颜色的路径，并将其载入选区，使用渐变工具对选区进行渐变颜色填充，然后使用减淡工具与加深工具对需要加亮或加暗的区域进行涂抹，绘制出立体效果，绘制好后的效果如图 6-55 所示。

图 6-53 【图层】面板

图 6-54 给裤子上色

15 设置前景色为# "fedce7"，背景色为"# fdafbe"，在【图层】面板中新建图层 6，使用路径选择工具在画面中选择要填充颜色的路径并将其载入选区，使用渐变工具对选区进行渐变颜色填充，填充渐变颜色后的效果如图 6-56 所示。

图 6-55 给头发上色

图 6-56 给睫毛上色

16 在【图层】面板中激活图层 6，再新建一个图层，如图 6-57 所示。设置前景色为白色，在【路径】面板中单击 按钮，给路径填充白色，填充颜色后的效果如图 6-58 所示。

图 6-57 【图层】面板

图 6-58 给眼睛上色

17 设置前景色为"#ffedb0"，背景色为"#5b1402"，将要填充颜色的路径选择并载入选区，再显示路径，以便查看效果。在工具箱中选择 渐变工具，在选项栏中单击 渐变条，弹出【渐变编辑器】对话框，并在其中编辑所需的渐变，如图 6-59 所示，单击【确定】按钮后在画面中选区内进行拖动，为选区进行渐变填充，依次填充渐变颜色后的效果如图 6-60 所示。

图 6-59 【渐变编辑器】对话框

图 6-60 给眼睛上色

 在【渐变编辑器】对话框中的渐变条下方 76% 的位置单击添加一个色标,设置其颜色为 "#ac5817"。

18 设置前景色为 "# ac5817",使用路径选择工具与渐变工具对其进行渐变颜色填充,填充渐变颜色后的效果如图 6-61 所示。

19 设置前景色为 "#8b3f0d",在工具箱中选择 ⬭椭圆工具,在选项栏中选择像素,然后在画面中绘制眼睛内的瞳孔,绘制好后的效果如图 6-62 所示。设置前景色为白色,在眼睛上绘制出高光点,绘制好后的效果如图 6-63 所示。

图 6-61 给眼睛上色

图 6-62 绘制眼睛内的瞳孔

图 6-63 绘制眼睛高光点

20 在【图层】面板中新建一个图层,设置前景色为 "# fecece",背景色为 "# fc94a1",使用路径选择工具与渐变工具对其进行渐变颜色填充,在选 9879 栏的渐变拾色器中选择 "前景色到背景色渐变",如图 6-64 所示,填充渐变颜色后的效果如图 6-65 所示。

21 设置前景色为白色,按 Ctrl + D 键取消选择,使用路径选择工具选择要填充颜色的路径,然后在【路径】面板中单击 ◉(用前景色填充路径)按钮,为路径进行颜色填充,填充颜色后的效果如图 6-66 所示。

图 6-64 选择渐变颜色

图 6-65 给嘴上色

图 6-66 给牙齿上色

22 在【图层】面板中将图层4拖动到图层6的上层，如图6-67所示，得到如图6-68所示的效果。

图6-67 【图层】面板

图6-68 改变顺序后的效果

23 切换前景色与背景色，再设置背景色为"#c22e49"，在【图层】面板中新建一个图层，如图6-69所示。使用路径选择工具与渐变工具对其进行渐变颜色填充，填充渐变颜色后的效果如图6-70所示。使用减淡工具与加深工具对其进行明暗调整，调整后的效果如图6-71所示。

图6-69 【图层】面板

图6-70 给蝴蝶结上色

图6-71 绘制明暗部分

24 设置前景色为"#fef9eb"，背景色为"#fbc0b7"，使用路径选择工具将路径选择再载入选区，然后使用渐变工具在画面中选区内进行拖动，为选区进行渐变颜色填充，填充颜色后的效果如图6-72所示。

25 使用减淡工具与加深工具对明暗进行绘制，绘制好后的效果如图6-73所示。

26 使用与前面相同的方法对其他几个对象进行渐变颜色填充，填充好颜色后的效果如图6-74所示。提示分别设置前景色为"#515050"，背景色为黑色；前景色为"#fdc7ca"，背景色为"#e6546a"。

图6-72 给耳朵上色

图6-73 绘制耳朵明暗部分

图6-74 给兔子眼睛与嘴上色

27 按 Ctrl + D 键取消选择，在【路径】面板中单击 按钮，弹出面板菜单，在其中选择【存储路径】命令，如图 6-75 所示，接着弹出【存储路径】对话框，如图 6-76 所示，在其中直接单击【确定】按钮，即可将临时的工作路径保存起来，结果如图 6-77 所示。

28 在【路径】面板中拖动路径 1 到【创建新路径】按钮上，当按钮呈凹下状态时松开左键，即可复制一个路径，如图 6-78 所示。再在【图层】面板中新建一个图层，如图 6-79 所示。

29 在工具箱中选择 画笔工具，在选项栏中单击 按钮，显示【画笔】面板，在其中选择所需的画笔，再设置参数，如图 6-80 所示。在【路径】面板中单击 （用画笔描边路径）按钮，为选择的路径描边，描好边后的效果如图 6-81 所示。在【路径】面板的空白区域单击隐藏路径显示，如图 6-82 所示。

图 6-75　【路径】面板

图 6-76　【存储路径】对话框

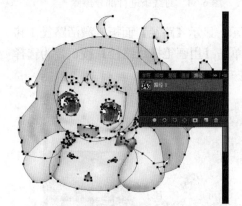

图 6-77　保存的路径

图 6-78　【路径】面板

图 6-79　【图层】面板

图 6-80　【画笔】面板

图 6-81　用画笔描边路径

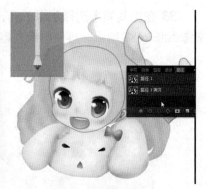

图 6-82　描边后的效果

30 在工具箱中选择 加深工具，在选项栏中设置参数为 ，

然后在画面中的线条上需要加深颜色的地方进行涂抹，将其颜色加深，加深颜色后的效果如图 6-83 所示。

31 在 工 具 箱 中 选 择 ▨ 橡 皮 擦 工 具 ， 在 选 项 栏 中 设 置 参 数 为 ，然后在画面中线条上进行擦除，将不需要的线条擦除，擦除后的效果如图 6-84 所示。

图 6-83　对线条进行加深处理　　　　　　　图 6-84　对线条进行部分擦除

32 在【图层】面板中新建图层 12，如图 6-85 所示，显示【路径】面板，激活路径 1 拷贝，使用与前面相同的方法选择路径，选择好路径后单击【用画笔描边路径】按钮，为选择的路径描边，描边后的效果如图 6-86 所示。

图 6-85　【图层】面板　　　　　　　　　　图 6-86　用画笔描边路径

33 在工具箱中选择加深工具，然后在线条上需要加深颜色的地方进行涂抹，涂抹后的效果如图 6-87 所示。再使用橡皮擦工具将多余的部分擦除，擦除后的效果如图 6-88 所示。

图 6-87　对线条进行加深处理　　　　　　　图 6-88　对线条进行部分擦除

34 在【图层】面板中新建一个图层，如图 6-89 所示，显示【路径】面板并显示路径 1 拷贝，再使用路径选择工具选择所需的路径，然后选择画笔工具，在【路径】面板中单击【用画笔描边路径】按钮，为选择的路径描边，描边后的效果如图 6-90 所示。

35 使用加深工具在线条上需要加深的地方进行绘制，加深其颜色，绘制后的效果如图 6-91 所示。

图 6-89　【图层】面板

图 6-90　用画笔描边路径

图 6-91　对线条进行加深处理

36 使用橡皮擦工具对线条的粗细进行处理，将需要改细的地方进行擦除，将其不需要的部分擦掉，擦除后的效果如图 6-92 所示。

37 在【图层】面板中将图层 9（即嘴所在图层）拖动到图层 3 的下层，如图 6-93 所示。然后选择移动工具并在选项栏中勾选【自动选择】选项并选择图层，在脸轮廓线上单击，以选择该图层，再使用橡皮擦工具将不需要的线条擦除，擦除后的效果如图 6-94 所示。

图 6-92　对线条进行部分擦除

图 6-93　改变图层顺序

38 使用钢笔工具勾画出头发的详细结构图，如图 6-95 所示。

图 6-94　对线条进行部分擦除

图 6-95　用钢笔工具勾画细部结构图

39 在【图层】面板中新建图层 14，如图 6-96 所示。设置前景色为"#fa6d81"，显示【路径】面板，使用路径选择工具结合 Shift 键在画面中选择所需的路径，在其中单击 ▣（用前景色填充路径）按钮，将选择的路径用前景色填充，填充颜色后的效果如图 6-97 所示。在【路径】面板中单击 ▣（将路径作为选区载入）按钮，将路径载入选区，如图 6-98 所示。

图 6-96 【图层】面板

图 6-97 用前景色填充路径

图 6-98 载入的选区

40 使用减淡工具在选区内进行绘制，将需要调亮的地方调亮，绘制后的效果如图 6-99 所示。按 Ctrl + D 键取消选择，画面效果如图 6-100 所示。

图 6-99 用减淡工具处理后的效果

图 6-100 取消选择

41 设置前景色为"#c54c4f"，在【图层】面板中新建一个图层，如图 6-101 所示，选择 ☑ 画笔工具，在选项栏中设置画笔为 2 像素柔边圆，如图 6-102 所示，然后在【路径】面板中激活路径 1 拷贝，使用路径选择工具结合 Shift 键在画面中选择所需的路径，单击 ▣（用画笔描边路径）按钮，为选择的路径进行描边，描边后的效果如图 6-103 所示。在【路径】面板的空白处单击隐藏路径，如图 6-104 所示。

图 6-101 【图层】面板

图 6-102 选择画笔

42 在 工 具 箱 中 点 选 橡 皮 擦 工 具 ， 并 在 选 项 栏 中 设 置 参 数 为 ，然后在画面中将不需要的线条擦除，擦除后的效果如图 6-105 所示。

图 6-103　用画笔描边路径

图 6-104　隐藏路径

图 6-105　对线条进行部分擦除

43 设置前景色为"#c54c4f"，在【图层】面板中新建一个图层，如图 6-106 所示，选择 画笔工具，在选项栏中设置画笔为 2 像素柔边圆，然后在【路径】面板中激活路径 1 拷贝，使用路径选择工具结合 Shift 键在画面中选择所需的路径，单击 按钮，为选择的路径进行描边，描边后的效果如图 6-107 所示。

44 在【路径】面板的空白处单击隐藏路径，在工具箱中选择橡皮擦工具，按 [或] 键调整画笔大小，然后在画面中将不需要的线条擦除，擦除后的效果如图 6-108 所示。

图 6-106　【图层】面板

图 6-107　用画笔描边路径

图 6-108　将不需要的线条擦除

45 在【路径】面板中新建一个中路径，如图 6-109 所示，再使用钢笔工具勾画出头发丝，如图 6-110 所示。

46 在【图层】面板中新建一个图层，再选择画笔工具，在【路径】面板中直接单击 （用画笔描边路径）按钮，为选择的路径进行描边，描边后的效果如图 6-111 所示，再按 Shift 键在【路径】面板中单击路径 2，将其隐藏。

图 6-109 【路径】面板

图 6-110 勾画出头发丝

图 6-111 用画笔描边路径

图 6-112 最终效果图

47 在工具箱中选择橡皮擦工具,按 [或] 键调整画笔大小,然后在画面中将不需要的线条擦除,擦除后的效果如图 6-112 所示。

6.3 形状工具与创建形状图形

6.3.1 创建形状图形的工具及其选项

可以使用钢笔工具、自由钢笔工具、矩形工具、圆角矩形工具、椭圆工具、多边形工具、直线工具与自定形状工具创建形状图形,如果要创建形状可以在选项栏中选择"形状"选项。

在工具箱中选择 钢笔工具,在选项栏中选择"形状"选项,便会在选项栏中显示它的相关选项,如图 6-113 所示。

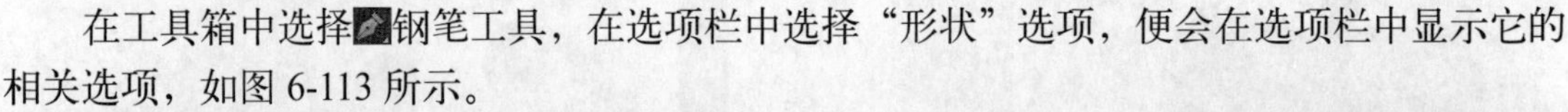

图 6-113 钢笔工具选项栏

- 填充: (填充):在画面中选择或绘制了形状后该选项成可用状态,单击【填充】后的颜色块,便会弹出如图 6-114 所示的面板,可以根据需要在其中选择填充颜色或图案。
- 描边: (描边):在画面中选择或绘制了形状后该选项成可用状态,单击【描边】后的颜色块,便会弹出如图 6-115 所示的面板,可以根据需要在其中选择描边颜色或图案。
- (新建图层):选择该选项后便可以使用钢笔工具、自由钢笔工具、矩形工具、圆角矩形工具、椭圆工具、多边形工具、直线工具或自定形状工具在绘制形状时自动创建新图层。

-  （形状描边类型）：在选项栏中单击该按钮，便会弹出如图 6-116 所示的【描边选项】面板，可以在其中选择所需的描边样式、对齐方式、端点类型与角点类型。
- W: 0像素 ⊖ H: 0像素：在其中可以调整所绘制图形的大小。

图 6-114　填充面板

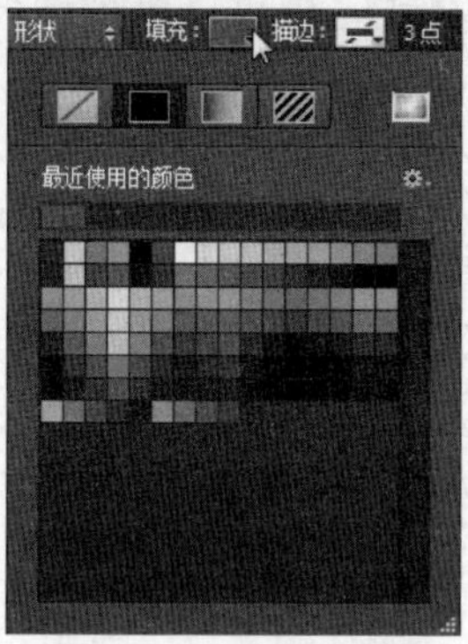

图 6-115　【描边】面板

图 6-116　【描边选项】面板

6.3.2　创建形状图形

从技术上讲，形状图形是带图层剪贴路径的填充图层。填充图层定义形状的颜色，而图层剪贴路径定义形状的几何轮廓。通过编辑形状的填充图层并对其应用图层样式，可以更改其颜色和其他属性。通过编辑形状的图层剪贴路径，可以更改形状的轮廓。

上机实战　创建形状图形

1　新建一个 RGB 图像文件，大小自定，在工具箱中选择 自定形状工具，在选项栏中选择 形状 按钮，再在【形状】弹出式面板中选择所需的形状，如图 6-117 所示。

2　在【窗口】菜单中执行【样式】命令，显示【样式】面板，在其中单击 按钮，在弹出下拉菜单中选择【KS 样式】命令，如图 6-118 所示，紧接着弹出一个警告对话框，如图 6-119 所示，在其中单击【追加】按钮，即可将选择的样式添加到样式面板中，如图 6-120 所示。

图 6-119　警告对话框

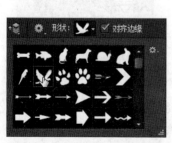

图 6-117　【形状】弹出式面板

图 6-118　选择【KS 样式】命令

图 6-120　【样式】面板

如果要对该路径进行编辑，可以移动指针到路径线段上，当指针呈 形状时单击，即可添加一个锚点，再按住 Ctrl 键在该锚点上按下鼠标左键拖动到适当位置即可。可以在【图层】面板中更改形状图层的图层样式，直接在【图层】面板中双击形状图层下面要更改的图层样式，弹出【图层样式】对话框，根据需要在其中更改参数即可。

　　3　移动指针到画面中的适当位置按下左键向对角拖移，如图 6-121 所示，得到所需的大小后松开左键即可绘制出所选的形状，如图 6-122 所示，然后在【样式】面板中选择所需的样式，即可为绘制的形状应用所选样式，如图 6-123 所示。查看【图层】面板，其中也自动添加了一个形状图层，如图 6-124 所示。

图 6-121　绘制形状图形

图 6-122　绘制形状图形

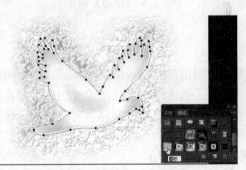

图 6-123　应用样式后的效果

图 6-124　【图层】面板

6.4　绘制像素图形

　　像素图形也就是栅格化形状，它不是矢量对象。绘制像素图形的过程与创建选区并用前景色填充该选区的过程相同。像素图形无法作为矢量对象编辑。

　　钢笔工具和自由钢笔工具无法绘制像素图形，只有矩形工具、圆角矩形工具、椭圆工具、多边形工具、自定形状工具或直线工具可以。

上机实战　绘制像素图形

　　1　设定前景色为"#3eccfb"，显示【图层】面板，在【图层】面板底部单击 （创建新图层）按钮，新建图层 1，如图 6-125 所示。

　　2　保持 自定形状工具的选择，在选项栏中选择"像素"，在【形状】弹出式面板中选择所需的形状，如图 6-126 所示，然后在画面上绘制出选择的形状，如图 6-127 所示。

图 6-125　【图层】面板

不能直接在形状图层中绘制像素图形，如果当前选择的图层为形状图层，并且要绘制像素图形时，指针会呈 状，表示当前状态无法绘制像素图形，应该新建一个图层或将该形状图层像素化（也称栅格化）。

图 6-126　【形状】弹出式面板

图 6-127　绘制图形

6.5　本章小结

本章主要学习了路径类工具与一些基本形状工具的使用方法。利用路径类工具可以绘制和选取一些复制的图形和图像，利用基本形状工具可以绘制一个基本图形（如椭圆、圆形、矩形、星形等），利用路径类工具还可以创建形状图形，从而可以通过编辑路径来调整图形的形状。同时本章还结合实例重点介绍了使用路径类工具与【路径】面板绘制卡通人物的方法。

6.6　习题

一、填空题

1. 利用形状工具可以创建矩形、_____、_____、_____、_____、_____和_____等路径。

2. 路径的调整主要用到 5 个工具（添加锚点工具、_____、_____、_____、_____）。

3. 使用钢笔工具可以创建或编辑_____、_____或_____、_____及_____。

二、选择题

1. 以下哪种工具可以用于平滑点与角点之间的转换，从而实现平滑曲线与锐角曲线或直线段之间的转换？　　　　　　　　　　　　　　　　　　　　　（　　）

　　A. 转换点工具　　　　　　　　　　B. 添加锚点工具

　　C. 删除锚点工具　　　　　　　　　　D. 直接选择工具

2. 以下哪种工具用于在路径的线段内部添加锚点？　　　　　　　　　（　　）

　　A. 直接选择工具　　　　　　　　　　B. 添加锚点工具

　　C. 转换点工具　　　　　　　　　　D. 删除锚点工具

3. 在钢笔工具的【几何选项】中勾选以下哪个选项会在绘图时可以预览路径段？

　　　　　　　　　　　　　　　　　　　　　　　　　　　　　　（　　）

A.【方形】选项   B.【磁性的】选项

C.【星形】选项   D.【橡皮带】选项

4. 以下哪种图层是带图层剪贴路径的填充图层；填充图层定义形状的颜色，而图层剪贴路径定义形状的几何轮廓？   （   ）

A. 蒙版图层   B. 调整图层   C. 形状图层   D. 剪贴图层

三、上机操作题

根据所学知识绘制如图 6-128 所示的卡通人物。

图 6-128   卡通人物效果图

提示：

本例使用了新建、钢笔工具、放大、椭圆工具、缩小、矩形工具、创建新图层、路径选择工具、用前景色填充路径、画笔工具、【画笔】面板、用画笔描边路径、渐变工具、将路径作为选区载入、清除、多边形套索工具、取消选择、吸管工具等工具或命令。

第 7 章　文字处理

教学目标

学会使用文字工具输入和编辑各种各样的文字。能够为文字添加各种效果，并将文字应用到实际工作中。

教学重点与难点

➤ 创建文字
➤ 编辑文字及文字图层
➤ 创建变形文字
➤ 创建路径文字

一般情况下为图像添加文字时，字符是由像素组成且与图像文件具有相同的分辨率，字符放大后会显示锯齿状边缘。但是，Photoshop 会保留基于矢量的文字轮廓，可以在缩放文字、调整文字大小或将图像打印到打印机时使用它们。因此，生成的文字可以带有清晰的与分辨率无关的边缘。

7.1　创建文字

在图像中的任何位置都可以创建横排文字或竖排文字。根据使用字体工具的不同，可以输入点文字或段落文字。点文字用于输入一个字或一行字符，段落文字用于以一个或多个段落的形式输入文字并设置格式。

在创建文字时，【图层】面板中会添加一个新的文字图层，还可以按文字的形状创建选框。

7.1.1　文字工具的分类

在 Photoshop 中提供了 4 种文字工具，包括横排文字工具、直排文字工具、横排文字蒙版工具和直排文字蒙版工具。

（1）横排文字工具：选择该工具时，可以在画面中创建横排文字，如图 7-1 所示。

（2）直排文字工具：选择该工具时，可以在画面中创建直排文字，如图 7-2 所示。

（3）横排文字蒙版工具：选择该工具时，可以在画面中创建横排文字选区。

（4）直排文字蒙版工具：选择该工具时，可以在画面中创建

图 7-1　横排文字效果

图 7-2　直排文字效果

直排文字选区。

7.1.2　文字工具的属性

在工具箱中单击 T 横排文字工具，选项栏中就会显示它相应的选项，如图 7-3 所示，其中各选项说明如下。

图 7-3　选项栏

- T（更改文本方向）：单击该按钮可以将横排文字改为直排文字，也可以将直排文字改为横排文字。
- Adobe 黑体 Std（字体列表）：在该列表中可以选择所需的字体。
- T 18点（字体大小）：在该列表中可以选择所需的字体大小。
- a 锐利：在该列表中可以选择消除锯齿的方法。
- Regular：如果在字体列表中选择一些字体，它为可用状态，在其列表中可以选择所需的字体样式。
- ≡（左对齐文本）/ ≡（居中对齐文本）/ ≡（右对齐文本）：分别单击这 3 个按钮，可以将选择的文字进行左对齐、居中对齐或右对齐。
- ■（文本颜色）：单击该按钮可以在弹出的【选择文本颜色】对话框中设置文本的颜色。
- ♪（创建变形文字）：单击该按钮会弹出【变形文字】对话框，可以在其中根据需要选择变形样式，如图 7-4 所示，还可以根据需要设置弯曲或扭曲的程度。
- ▤：单击该按钮，可以显示/隐藏【字符】或【段落】面板。

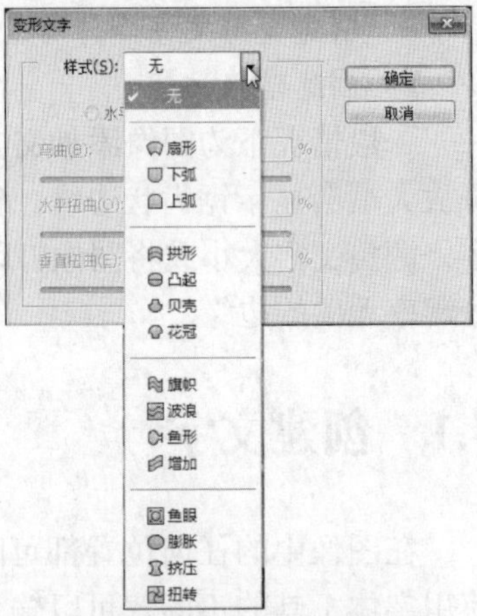

图 7-4　【变形文字】对话框

7.1.3　字符面板

在菜单中执行【窗口】→【字符】命令，可以显示/隐藏【字符】面板，【字符】面板主要用于设置文本的字体、字体大小、字间距、行距、缩放、颜色等属性。【字符】面板如图 7-5 所示，其中各选项说明如下。

图 7-5　【字符】面板

- ≝（自动）：在该下拉列表中可以为选择的文字设置行距，数值越大，行距越宽。
- T 200%：可以在该文本框中输入百分比来调整选择文字的纵向比例。
- T 150%：可以在该文本框中输入百分比来调整选择文字的横向比例。
- ♠ 0%：在该下拉列表可以选择或直接输入所需的百分比来调整选择文字之间的比例间距。
- VA 0：在该下拉列表可以选择或直接输入所需的数值来调整选择文字之间的字距。
- VA 0：在该下拉列表可以选择或直接输入所需的数值来调整两个文字之间的间距。

- **A⁰ 0点**：在该文本框中可以输入-569.35～569.35 点之间的数值设置选择文字偏离基线的距离。数值为正时，选择的文字将向上偏移，数值为负时，选择的文字将向下偏移。
- **T**（仿粗体）：选择该按钮可以将选择的文字加粗，取消选择该按钮，则将加粗的文字还原。
- **T**（仿斜体）：选择该按钮可以将选择的文字倾斜，取消选择该按钮，则将倾斜的文字还原。
- **TT**（全部大写字母）：选择该按钮可以将选择的小写字母改为大写字母，取消选择该按钮，则将大写字母还原。
- **Tr**（小型大写字母）：选择该按钮可以将选择的小写字母改为小型大写字母，取消选择该按钮，则将小型大写字母还原。
- **T¹**（上标）：选择该按钮可以将选择的文字上标，取消选择该按钮，则将上标的文字还原。
- **T₁**（下标）：选择该按钮可以将选择的文字下标，取消选择该按钮，则将下标的文字还原。
- **T**（下划线）：选择该按钮可以将选择的文字标上下划线，取消选择该按钮，则将下划线取消。
- **T̶**（删除线）：选择该按钮可以将选择的文字标上删除线，取消选择该按钮，则将删除线取消。

7.1.4　段落面板

在菜单中执行【窗口】→【段落】命令，可以显示/隐藏【段落】面板，【段落】面板主要用于设置段落文本的对齐、缩进、段前/段后间距等属性。【段落】面板如图 7-6 所示，其中各选项说明如下。

图 7-6　【段落】面板

- **▤**（左对齐文本）/**▤**（居中对齐文本）、**▤**（右对齐文本）、**▤**（最后一行左对齐）、**▤**（最后一行居中对齐）、**▤**（最后一行右对齐）/**▤**（全部对齐）：主要用于设置段落文本，如图 7-7 所示为分别单击**▤**、**▤**、**▤**与**▤**的效果对比图。
- **▸▤ 0点**（左缩进）：在该文本框中可以输入-1296～1296 点之间的数值，设置当前选择段落左边缩进的距离。输入负值文本向左移动，输入正值文本向右移动，如图 7-8 所示。
- **▤◂ 0点**（右缩进）：在该文本框中可以输入-1296～1296 点之间的数值，设置当前选择段落右边缩进的距离。输入负值文本向右移动，输入正值文本向左移动，如图 7-9 所示。
- **▤ 0点**（首行缩进）：在该文本框中可以输入-1296～1296 点之间的数值，设置当前选择段落首行缩进的距离。输入负值首行文本向左移动，输入正值首行文本向右移动，如图 7-10 所示。
- **▤ 0点**（段前添加空格）：在该文本框中可以输入-1296～1296 点之间的数值，设置所选段落向下移动的距离。输入负值所选段落及其下方的段落文本向上移动，输入正值所选段落及其下方的段落文本向下移动，如图 7-11 所示为选择第 2 段并在文本框中输入 12 点时的结果。

图 7-7　不同对齐方式的效果对比图

图 7-8　设置左缩进的效果

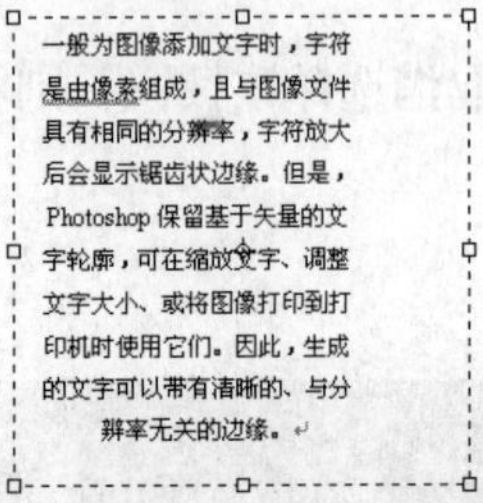

图 7-9　设置右缩进的效果 　　　图 7-10　设置首行缩进的效果

图 7-11　在段前添加空格的效果

- ▆▆▆（段后添加空格）：在该文本框中可以输入 −1296～1296 点之间的数值，设置所选段落向下移动的距离。输入负值所选段落下方的段落文本向上移动，输入正值所选段落下方的段落文本向下移动。

7.1.5　创建点文本

在输入点文字时，每行文字都是独立的，行的长度随编辑增加或缩短，但不能自动换行，可以按 Enter 键另起一行，只需将光标移至要另为一行的文字前按 Enter 键即可。

使用横排文字工具在画面中单击时会出现一个一闪一闪的光标，即将文字工具置于编辑模式。当文字工具处于编辑模式时，可以输入并编辑字符。输入完字符后，可以在选项栏中单击 ✓（提交当前编辑）按钮，完成对文字的输入和更改，也可以直接选择其他工具完成文字的输入及更改。如果要取消文字的输入或更改可单击选项栏中的 ⊘（取消当前编辑）按钮。

上机实战　创建点文本

1　设定前景色为绿色（R30、G152、B10），在工具箱中选择 **T** 横排文字工具，移动指针到在画面的适当位置单击显示光标，在选项栏中单击 ▤ 按钮，显示【字符】面板，在其中设置【字体】为 Blackoak Std，【字体大小】为 36 点，其他为默认值，如图 7-12 所示。然后再输入文字 "Green"，如图 7-13 所示，在选项栏上单击 ✓（提交当前编辑）按钮，如果要取

消可以单击按钮。

　　2　如果要创建垂直文字，在工具箱中按住![T]文字工具弹出一个工具组，在其中选择![IT]直排文字工具，在画面上单击显示一闪一闪的光标后，再在选项栏中设定【字体】为"Adobe 黑体 Std"，然后输入所需的文字（如绿色家园），如图 7-14 所示，在选项栏上单击![icon]（提交当前编辑）按钮即可。

图 7-12　【字符】面板

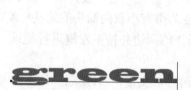

图 7-13　输入横排文字

图 7-14　输入直排文字

　　如果输入完一行后，需要输入第二行，可以移动光标至输入完的一行最后按 Enter 键进行换行。对于输入的点文字（也称美术字）可以自由设置其格式，在设置间距与换行时不受文本框大小与形状的限制。

7.1.6　创建段落文本

　　在创建段落文字时，文字基于定界框的尺寸换行。可以输入多个段落并对段落进行格式化。可以调整定界框的大小，这将使文字在调整后的矩形中重新排列。可以在输入文字时或创建文字图层后调整定界框，也可以使用定界框旋转、缩放和斜切文字。

上机实战　**创建段落文本**

　　1　在工具箱中选择![T]横排文字工具，在选项栏设置【字体大小】为 12 点，然后在画面上适当的位置按下鼠标左键并沿着对角线方向下拖移出现一个框（称为定界框），可以在框内输入相应的文字，如图 7-15 所示，这样就创建了段落文字。

图 7-15　创建的段落文字

　　如果输入完一段后，需要输入第二段，可以移动光标至输入完的一段最后按 Enter 键进行换段。

　　2　如果要调整定界框的大小，可以将指针定位在定界框的控制点上，当指针变为双向箭头（如↘、↕或↗）时，如图 7-16 所示，向所需的方向拖移可以更改定界框的大小，如果按住 Shift 键并拖移可保持定界框的比例进行缩放。

　　3　如果要旋转定界框，可以将指针定位在控制点下方或上方或旁边，当指针变为弯曲的双向箭头（如↻）时，按下鼠标左键移动即可将定界框进行旋转。如果按住 Shift 键并拖动可以将旋转角度限制为 15 度的增量，如图 7-17 所示。

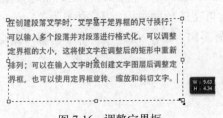

图 7-16　调整定界框

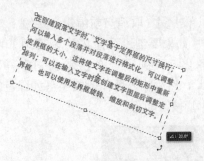

图 7-17　旋转段落文本框

4 如果要围绕一条轴（即定界框的某一边）进行水平或垂直移动（也称为斜切）时，可以按住 Ctrl + Shift 键，当指针变为带有小双向箭头的箭头或时，如图 7-18 所示，移动指针指向的控制点所在的一边和所连的两边并按下左键进行拖动，可以得到左右移动或上下移动。

5 如果要在调整定界框大小时缩放文字，可以按住 Ctrl 键并将指针移向某个控制点，当指针变成形状时，按下鼠标左键拖动，可以调整定界框大小，同时缩放文字，结果如图 7-19 所示。

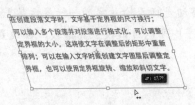

图 7-18　对文本框进行透视调整

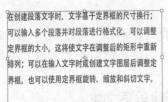

图 7-19　对文本框进行扭曲调整

7.1.7　创建与编辑文本选区

在工具箱中选择横排文字蒙版工具，在选项栏中就会显示它的相关选项，如图 7-20 所示。

图 7-20　选项栏

利用创建蒙版文字工具可以按文字的形状创建选区，而文字选区将出现在现有图层中，并可以像任何其他选区一样被移动、复制、填充或描边。

上机实战　创建与编辑文本选区

1 在工具箱中选择横排文字蒙版工具，直接在画面上单击并输入文字"平平安安"，如图 7-21 所示，如果要改变现有文字的字体和字体大小，可以按住鼠标向前拖动直接选择所需的文字（选择时成反白形式）如图 7-22 所示。

图 7-21　输入文字

图 7-22　选择文字

2 在横排文字蒙版工具选项栏的 （字体）下拉列表中选择字体，在 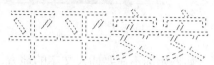（字体大小）文本框中直接输入或在下拉列表中选择字体大小。如果位置排放不好可以将指针移到文字的下方，当指针呈 形状时，如图 7-23 所示，可以拖动文字并将文字移至适当的位置，单击 （提交当前编辑）按钮，得到如图 7-24 所示文字选框。

图 7-23　移动文字　　　　　　　　　　图 7-24　创建的文字选区

3 设定前景色为红色，在菜单栏中执行【编辑】→【描边】命令，弹出如图 7-25 所示的【描边】对话框，在其中设置【宽度】为 2 像素，其他为默认值，单击【确定】按钮，得到如图 7-26 所示的效果，再按 Ctrl＋D 键取消选择，或在【选择】菜单中执行【取消选择】命令。

图 7-25　【描边】对话框　　　　　　　图 7-26　描边后的效果

7.2　编辑文字及文字图层

创建文字图层后，可以编辑文字并对其应用图层命令。可以更改文字方向、在点文字与段落文字之间转换、基于文字创建工作路径或将文字转换为形状。可以像处理正常图层一样移动、重新叠放、拷贝和更改文字图层的图层选项等。

7.2.1　编辑文本

在文字图层中可以插入新文本、更改现有文本和删除文本。

上机实战　编辑文本

1 在工具箱中选择 横排文字工具，移动指针到要编辑的文字中，当指针呈 状态时，如图 7-27 所示，单击鼠标即可出现一闪一闪的光标，如图 7-28 所示，使文字再次处于编辑状态。

图 7-27　输入的文字　　　　　　　　　图 7-28　编辑文字

2 输入所需的文字，"马上有钱马上有财"，如图 7-29 所示，输入好后单击选项栏中的 ✓ 按钮即可。

马上有钱马上|有财

图 7-29　编辑文字

3 如果光标不在要插入文字的地方，可以在键盘上单击←（向左箭头）和→（向右箭头），移动光标到所需的位置后输入文字。如果要删除文字中的某个文字或几个文字，可以将光标移到该文字的前面按 Delete 键或将光标移到该文字的后面并按 ⬅ （取消键）。

7.2.2　给文字添加图层样式

上机实战　给文字添加图层样式

1 对上节的文字图层进一步进行编辑。同样以"马上有钱马上有财"文字图层为当前图层。

2 在菜单中执行【图层】→【图层样式】→【斜面和浮雕】命令，弹出【图层样式】对话框，在其中设置【大小】为 2 像素，【角度】为 120 度，【高度】为 70 度，再勾选【投影】与【外发光】选项，其他为默认值，如图 7-30 所示，确认后单击【确定】按钮，得到如图 7-31 所示的效果。

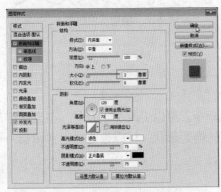

图 7-30　【图层样式】对话框

马上有钱马上有财

图 7-31　添加图层样式后的效果

7.2.3　栅格化文字图层

在 Photoshop 中，某些命令和工具不适用于文字图层，如滤镜效果和绘画工具。如果要使用这些命令工具，必须先栅格化文字。栅格化文字是指将文字图层转换为普通图层，并使其内容成为不可编辑的文本。

上机实战　栅格化文字图层

1 以上节创建的文字图层为例进行讲解。在【图层】面板中可以看到文字图层的缩略预览图标为 T ，表示现在的图层是文字图层，如图 7-32 所示。在菜单中执行【图层】→【栅格化】→【文字】命令，即可将文字图层转换为普通图层，同时图层缩览图变为 ▨ ，结果如

图 7-33 所示。

　　2　在工具箱中选择█画笔工具，在选项栏中单击█按钮，显示【画笔】面板，在其中选择【画笔笔尖形状】选项，在右边的预设栏中选择所需的画笔，然后设置【大小】为 95 像素，【间距】为 134%，如图 7-34 所示。

　　3　最后在画面中文字的下方绘制一些树叶，同时这些树叶也应用了前面为文字设置的图层样式，画面效果如图 7-35 所示。

图 7-32　【图层】面板

图 7-33　【图层】面板

图 7-34　【画笔】面板

图 7-35　绘制叶子

7.2.4　点文本与段落文本转换

　　可以将点文本转换为段落文本，在定界框中调整字符排列。也可以将段落文本转换为点文本，使各文本行彼此独立排列。

　　在【图层】面板中选择要转换为点文本或段落文本的文字图层，在菜单中执行【图层】→【文字】→【转换为点文本】命令，或在菜单中执行【图层】→【文字】→【转换为段落文本】命令即可。

7.2.5　将文字转换为形状

　　将文字转换为形状时，文字图层由包含基于矢量的图层剪贴路径的图层所替换。可以编辑图层剪贴路径并将样式应用于图层，但是，无法在图层中将字符作为文本进行编辑。

在【图层】面板中选择要转换为形状的文字图层，在菜单中执行【图层】→【文字】→【转换为形状】命令，即可将文字转换为形状，从而可以对文字进行编辑，这样就可以像编辑路径一样编辑文字了。

7.3 创建变形文字

使用文字变形功能可以制作各种形状的文字，如扇形、波浪形、凸形、贝壳等。在图像中输入文字后，在文字工具的选项栏中单击 按钮，然后在弹出的对话框中设置相关参数，即可得到所需的形状。

上机实战 创建变形文字

1 按 Ctrl + O 键从配套光盘的素材库中打开一张图片，如图 7-36 所示。在工具箱中设置前景色为"#13b1d8"，再选择 横排文字工具，在【字符】面板中设置【字体】为 Adobe 黑体 Std，【字体大小】为 36 点，其他不变，如图 7-37 所示，然后在画面上单击并输入如图 7-38 所示的文字，在选项栏上单击 按钮确认文字输入。

图 7-36 打开的图片

图 7-37 【字符】面板

图 7-38 输入文字

2 在菜单中执行【图层】→【图层样式】→【斜面和浮雕】命令，弹出【图层样式】对话框，然后在其中设置【高度】为 70 度，如图 7-39 所示，画面效果如图 7-40 所示。

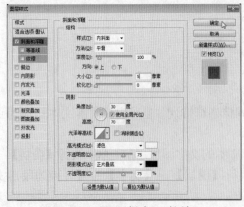
图 7-39 【图层样式】对话框

图 7-40 添加斜面和浮雕后的效果

3 在【图层样式】对话框中选择【描边】选项，设置【颜色】为白色，再勾选【投影】选项，如图 7-41 所示，单击【确定】按钮，给文字进行白色描边，以加强效果，画面效果如图 7-42 所示。

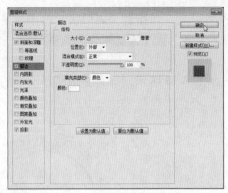

图 7-41 【图层样式】对话框

图 7-42 描边后的效果

4 在文字工具的选项栏中单击 （创建文字变形）按钮，在弹出的【变形文字】对话框中设置【样式】为扇形，【方向】为水平，【弯曲】为 30%，如图 7-43 所示，单击【确定】按钮，得到如图 7-44 所示的效果。

图 7-43 【变形文字】对话框

图 7-44 变形后的文字

7.4 路径文字

7.4.1 沿路径创建文字

使用文字沿路径进行排列的功能可以创建一些特殊形状的文字效果。

上机实战 沿路径创建文字

1 按 Ctrl + O 键从配套光盘的素材库打开一个图像文件，如图 7-45 所示。

2 显示【路径】面板，在其中单击 （创建新路径）按钮，新建路径 1，如图 7-46 所示，在工具箱中选择 椭圆工具，在选项栏中选择路径，再在画面中绘制一条路径，如图 7-47 所示。

图 7-45 打开的图像文件

图 7-46 创建新路径

图 7-47 绘制路径

3　在工具箱中选择横排文字工具，移动指针到路径上，当指针呈![icon]形状时单击，显示一闪一闪的光标，如图 7-48 所示，再在选项栏中设置参数为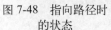，然后输入文字"美丽风景"，如图 7-49 所示。

4　在【路径】面板的灰色区域单击隐藏路径，如图 7-50 所示，即可完成路径文字的输入与编辑，得到如图 7-51 所示的路径文字。

图 7-48　指向路径时　　　图 7-49　输入文字　　　图 7-50　【路径】面板　　　图 7-51　输入好的路
　　　　　的状态　　　　　　　　　　　　　　　　　　　　　　　　　　　　　　　　径文字

7.4.2　使用文字创建工作路径

使用文字创建工作路径可以将字符作为矢量形状处理，而工作路径是出现在【路径】面板中的临时路径。文字图层创建了工作路径后，就可以像对待其他路径那样存储和处理该路径。

在【图层】面板中选择要转换为工作路径的文字图层，在菜单中执行【图层】→【文字】→【创建工作路径】命令，即可以文字的边缘创建工作路径。

下面以实例介绍编辑艺术字的方法。

实例效果如图 7-52 所示：

图 7-52　实例效果图

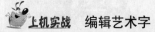　**上机实战**　编辑艺术字

1　按 Ctrl + O 键从配套光盘的素材库中打开一张背景图片，如图 7-53 所示。

2　设置前景色为黑色，在工具箱中选择 █横排文字工具，在选项栏中设置为 ，然后在画面的适当位置单击并输入文字"筑"，输入好后在选项栏中单击 ✓（提交）按钮确认文字输入，如图 7-54 所示。

3　在文字工具选项栏中将【字体大小】改为 55 点，然后在输入文字的右下方单击并输入"梦"字，如图 7-55 所示，单击【提交】按钮确认文字输入。

图 7-53　打开的图片

图 7-54　输入文字

图 7-55　输入文字

4　使用同样的方法在画面中分别输入如图 7-56 所示的文字，并使文字与文字之间连接起来。

5　在【图层】面板中选择"梦"文字图层，如图 7-57 所示，在菜单中执行【图层】→【文字】→【创建工作路径】命令，将文字轮廓转换为路径，如图 7-58 所示。

图 7-56　输入文字

图 7-57　【图层】面板

图 7-58　将文字转换为路径

6　显示【路径】面板，在其中双击工作路径，弹出如图 7-59 所示的【存储路径】对话框，直接单击【确定】按钮，将工作路径存储为路径 1，如图 7-60 所示。

7　在工具箱中选择 ▶直接选择工具，在"梦"字的轮廓上单击以选择路径，如图 7-61 所示。

图 7-59　存储路径

图 7-60　【路径】面板

图 7-61　选择路径

8　在路径上选择一个锚点，将其拖动到适当位置，如图 7-62 所示。接着再选择一个锚点，并将其拖动到适当位置，如图 7-63 所示。

9 选择锚点控制杆上的控制点，将其拖动到适当位置，如图 7-64 所示，以调整路径的形状。使用同样的方法对其他锚点与控制点进行调整，调整好后的形状如图 7-65 所示。

图 7-62 移动锚点

图 7-63 移动锚点

图 7-64 调整路径

10 显示【图层】面板，在其中选择"天"文字图层，如图 7-66 所示。同样在菜单中执行【图层】→【文字】→【创建工作路径】命令，将文字的轮廓转换路径，如图 7-67 所示。

图 7-65 调整路径

图 7-66 选择图层

图 7-67 将文字的轮廓转换路径

11 显示【路径】面板，使用与前面相同的方法将工作路径存储为路径 2，如图 7-68 所示。

12 在工具箱中选择 钢笔工具，按 Ctrl 键单击文字的路径轮廓，以选择路径，如图 7-69 所示。

13 移动指针到要删除的锚点上，当指针呈 形状时单击，如图 7-70 所示，将所单击的锚点删除，结果如图 7-71 所示。

图 7-68 【路径】面板

图 7-69 选择路径

图 7-70 指向锚点

14 使用相同的方法将其他不需要的锚点删除，删除锚点后的结果如图 7-72 所示。

15 按 Ctrl 键拖动要移动的锚点到适当位置，以调整路径的形状，如图 7-73 所示。接着使用相同的方法将另一个锚点移动到所需的位置，如图 7-74 所示。

16 使用钢笔工具在画面的适当位置绘制如图 7-75 所示的图形。如果一次无法勾画好，可以按 Ctrl 键对其形状进行调整，调整好后继续绘制。

17 按 Ctrl 键在【路径】面板中单击路径 2 的缩览图，如图 7-76 所示，使路径载入选区，如图 7-77 所示。

图 7-71 删除锚点

图 7-72 删除锚点

图 7-73 调整路径

图 7-74 调整路径

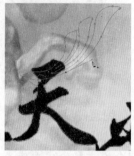

图 7-75 绘制路径

图 7-76 【路径】面板

18 显示【图层】面板，在其中单击 "天" 文字图层前面的眼睛图标，隐藏 "天" 字，再单击 🔲（创建新图层）按钮，新建图层 1，如图 7-78 所示，然后按 Alt + Delete 键填充黑色，得到如图 7-79 所示的效果。

图 7-77 使路径载入选区

图 7-78 【图层】面板

图 7-79 填充黑色

19 按 Ctrl 键在【路径】面板中单击路径 1 的缩览图，如图 7-80 所示，使路径载入选区，如图 7-81 所示。

20 显示【图层】面板，激活 "梦" 文字图层，单击前面的眼睛图标，隐藏 "梦" 字，接着单击【创建新图层】按钮，新建图层 2，如图 7-82 所示，然后按 Alt + Delete 键填充黑色，得到如图 7-83 所示的效果，按 Ctrl + D 键取消选择。

图 7-80 【路径】面板

图 7-81 使路径载入选区

图 7-82 【图层】面板

21 按 Ctrl 键并使用鼠标在【图层】面板中选择除背景外的所有图层,如图 7-84 所示,然后按 Ctrl + E 键将选择的图层合并,结果如图 7-85 所示。

图 7-83 填充黑色

图 7-84 选择图层

图 7-85 合并图层

22 在【图层】面板中设置"堂"图层的【填充】为 0%,如图 7-86 所示,在菜单中执行【图层】→【图层样式】→【渐变叠加】命令,弹出【图层样式】对话框,在其中设置所需的渐变为"橙、黄、橙渐变",【混合模式】为线性减淡,其他不变,如图 7-87 所示,画面效果如图 7-88 所示。

图 7-86 【图层】面板

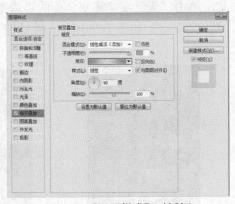

图 7-87 【图层样式】对话框

图 7-88 添加渐变叠加后的效果

23 在【图层样式】对话框的左边栏中单击【斜面和浮雕】选项,在右边栏中设置【大小】为 3 像素,【高度】为 16 度,再勾选【内发光】、【外发光】与【投影】选项,其他不变,如图 7-89 所示,画面效果如图 7-90 所示。

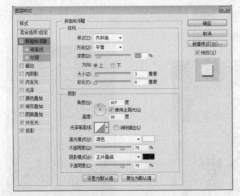

图 7-89 【图层样式】对话框

图 7-90 添加斜面和浮雕后的效果

24 在【图层样式】对话框的左边栏中单击【描边】选项，在右边栏中设置【大小】为 2 像素，【填充类型】为渐变，如图 7-91 所示，选择所需的渐变，【角度】为 66 度，其他不变，单击【确定】按钮，得到如图 7-92 所示的效果。这样，艺术字就制作完成了。

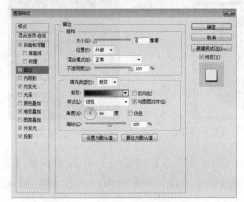

图 7-91 【图层样式】对话框

图 7-92 添加投影后的效果

7.5 课堂实训——食品盖标签设计

在制作食品盖标签时，主要应用了新建、创建新图层、椭圆工具、椭圆选框工具、描边、存储选区、矩形选框工具、载入选区、添加图层蒙版、清除、取消选择、打开、画笔工具、横排文字工具、创建新路径、参考线、全选、移动工具、复制图层等工具或命令。效果如图 7-93 所示.

图 7-93 实例效果图

上机实战 设计食品盖标签

1 按 Ctrl + N 键新建一个大小为 1000×1000 像素，【分辨率】为 150 像素/英寸，【颜色模式】为 RGB 颜色，【背景内容】为白色的文件。

2 设定前景色为 "#ba1616"，在【图层】面板中单击 (创建新图层) 按钮，新建图层 1，如图 7-94 所示，接着从标尺栏中分别拖动两条参考线来确定中心点，再在工具箱中选择 椭圆工具，在选项栏中选择 像素，然后移动指针到参考线的交叉点上，按 Alt + Shift 键向外拖出一个圆，结果如图 7-95 所示。

3 在【图层】面板中新建图层 2，如图 7-96 所示，在工具箱中选择 椭圆选框工具，移动指针到参考线的交叉点上，按 Alt + Shift 键向外拖出一个圆选框，结果如图 7-97 所示。

图 7-94 【图层】面板

图 7-95 用椭圆工具绘制椭圆

图 7-96 创建新图层

4 在菜单中执行【编辑】→【描边】命令，弹出【描边】对话框，在其中设置【宽度】为 5 像素，【颜色】为白色，【位置】为居中，其他不变，如图 7-98 所示，单击【确定】按钮，得到如图 7-99 所示的效果。

图 7-97 用椭圆选框工具绘制圆选框

图 7-98 【描边】对话框

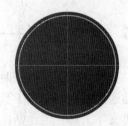

图 7-99 描边后的效果

5 在菜单中执行【选择】→【存储选区】命令，弹出【存储选区】对话框，在其中设置【名称】为 001，其他不变，如图 7-100 所示，单击【确定】按钮，将选区存储起来以备后用，再按 Ctrl + D 键取消选择。

6 在【图层】面板中新建图层 3，如图 7-101 所示，在工具箱中选择 矩形选框工具，在画面中的适当位置绘制一个矩形选框，然后在菜单中执行【编辑】→【描边】命令，弹出【描边】对话框，采用前面设置的参数，如图 7-102 所示，直接单击【确定】按钮，得到如图 7-103 所示的效果。

图 7-100 【存储选区】对话框

图 7-101 【图层】面板

图 7-102 【描边】对话框

7 在菜单中执行【选择】→【载入选区】命令，弹出【载入选区】对话框，在其中设定【通道】为 001，其他不变，如图 7-104 所示，单击【确定】按钮，将存储选区重新载入，如图 7-105 所示。

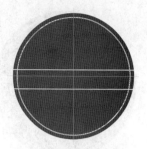

图 7-103　描边后的效果　　　图 7-104　【载入选区】对话框　　　图 7-105　载入的选区

　　8 在【图层】面板中单击 ■（添加图层蒙版）按钮，如图 7-106 所示，由选区建立蒙版，得到如图 7-107 所示的效果。

　　9 在【图层】面板中激活图层 1，再新建图层 4，如图 7-108 所示，按 Ctrl 键在【图层】面板中单击图层 3 的蒙版缩览图，如图 7-109 所示，使蒙版载入选区，结果如图 7-110 所示。

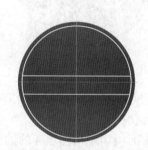

图 7-106　添加图层蒙版　　　图 7-107　添加蒙版后的效果　　　图 7-108　【图层】面板

　　10 在工具箱中选择矩形选框工具，在选项栏中选择 ■（从选区减去）按钮，然后在画面中拖出一个选框框住不需要的选区，如图 7-111 所示，松开左键后得到如图 7-112 所示的选区。

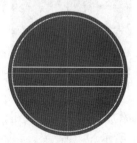
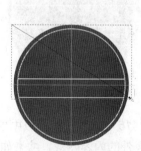

图 7-109　【图层】面板　　　图 7-110　载入的选区　　　图 7-111　减去选区

　　11 按 Alt + Delete 键将选区填充为红色，效果如图 7-113 所示，按 Ctrl+；键隐藏参考线。

　　12 按 Ctrl + O 键从配套光盘的素材库中打开一个古典图片，如图 7-114 所示，再使用移动工具将其拖动到画面的适当位置，如图 7-115 所示。

　　13 在工具箱中选择矩形选框工具或按 M 键，再在画面中框选出所需的部分，如图 7-116 所示，按 Ctrl + J 键由选区建立一个新图层，如图 7-117 所示。

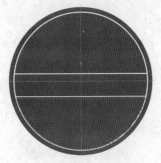
图 7-112 编辑好的选区

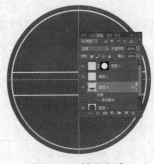
图 7-113 填充颜色

图 7-114 打开的图片

图 7-115 复制后的效果

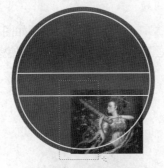
图 7-116 绘制矩形选框

图 7-117 新建一个通过拷贝的图层

14 按 Ctrl + T 键执行【自由变换】命令，将复制的内容拖大后进行适当旋转，如图 7-118 所示，调整好后在变换框中双击确认变换。

15 按 Ctrl 键用鼠标在【图层】面板中单击图层 4 的缩览图，如图 7-119 所示，使图层 4 载入选区，如图 7-120 所示。

图 7-118 变换调整

图 7-119 【图层】面板

图 7-120 载入选区

16 在【图层】面板中单击 (添加图层蒙版) 按钮，为图层 6 添加图层蒙版，即可将选区外的内容隐藏，结果如图 7-121 所示。

17 在工具箱中选择 画笔工具，设置前景色为黑色，接着在选项栏中设置参数为 ，然后在画面中不需要的内容上进行涂抹，以将其隐藏，再在【图层】面板中设置图层 6 的【不透明度】为 50%，得到如图 7-122 所示的效果。

18 在【图层】面板中激活图层 5，以图层 5 为当前图层，按住 Ctrl 键的同时使用鼠标单击图层 4 的缩览图，如图 7-123 所示，使图层 4 载入选区，再在【图层】面板中单击【添加图层蒙版】按钮，由选区建立蒙版，得到如图 7-124 所示的效果。

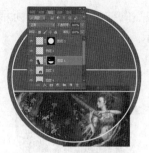 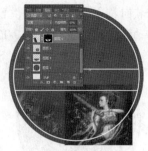 

图 7-121 添加图层蒙版　图 7-122 修改蒙版与改变不透　图 7-123 将图层4载入选区
　　　　　　　　　　　　　　　 明度后的效果

19 在【图层】面板中设置图层 5 的【不透明度】为 80%，再在画笔工具的选项栏中设置【不透明度】为 20%，然后在画面中进行涂抹，将不需要的部分隐藏，涂抹后的效果如图 7-125 所示。

20 在工具箱中选择横排文字工具，在选项栏中设置参数为 ，然后在画面中两条白色线条的中间单击并输入所需的文字，输入好后单击【提交】按钮，确认文字输入，效果如图 7-126 所示。

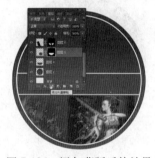  

图 7-124 添加蒙版后的效果　图 7-125 修改蒙版后的效果　图 7-126 输入文字

21 在【图层】面板中新建一个图层，显示【路径】面板，在其中单击 （创建新路径）按钮，新建路径 1，如图 7-127 所示，按 Ctrl+; 键显示参考线，再在工具箱中选择 椭圆工具，在选项栏中选择路径，然后按 Alt + Shift 键从参考线的交叉点处拖出一个圆路径，效果如图 7-128 所示。

22 再在工具箱中选择横排文字工具，移动指针到路径上，当指针呈 形状时单击并输入所需的文字，如图 7-129 所示。

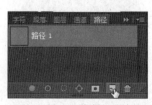  

图 7-127 【路径】面板　图 7-128 用椭圆工具绘制圆路径　图 7-129 输入路径文字

23 按 Ctrl + A 键选择文字，在【字符】面板中设置【字体】为文鼎 CS 行楷，【字体大小】为 24 点，【所选字符的字距】为 500，其他不变，如图 7-130 所示，得到如图 7-131 所示的效果。

24 按住 Ctrl 键，当指针呈▶形状时拖动文字到适当位置，调整后的结果如图 7-132 所示。使用移动工具将路径与文字向下移动到适当位置，如图 7-133 所示。

图 7-130 【字符】面板

图 7-131 调整字距后的效果

图 7-132 调整文字位置

25 在【路径】面板中激活路径 1，以显示路径，如图 7-134 所示。

26 在工具箱中选择横排文字工具，在路径上单击并输入所需的拼音字母，如图 7-135 所示。按 Ctrl + A 键全选，然后在【字符】面板中设置所需的参数，如图 7-136 所示，得到如图 7-137 所示的效果。

图 7-133 移动路径文字

图 7-134 显示路径

图 7-135 输入文字

27 按住 Ctrl 键，当指针呈▶形状时拖动文字到适当位置，调整后的结果如图 7-138 所示。

28 在选项栏中单击✔（提交）按钮，确认文字输入，得到如图 7-139 所示的效果。

29 在横排文字工具的选项栏中设置参数为 文鼎CS行楷 ▾ 🆃 50点 ▾ ，再在画面中适当位置单击并输入文字"靖州蜜饯"，输入好后单击【提交】按钮，确认文字输入，如图 7-140 所示。

图 7-136 【字符】面板

图 7-137 输入路径文字

图 7-138 拖动文字调整位置

30 按 Ctrl + O 键从配套光盘的素材库中打开一个有图案的图片，如图 7-141 所示，再使用移动工具将其拖动到画面中，然后在【图层】面板中将其拖到文字图层的下面，如图 7-142 所示，将图案排放到适当位置，如图 7-143 所示。

图 7-139　编辑好的文字

图 7-140　输入文字

图 7-141　打开的图片

图 7-142　【图层】面板

31 在【图层】面板中双击复制的图层，弹出【图层样式】对话框，在其中单击【渐变叠加】选项，再设置【混合模式】为强光，【渐变】为橙黄橙渐变，如图 7-144 所示，其他不变，单击【确定】按钮，即可得到如图 7-145 所示的效果。标签就制作完成了。

图 7-143　复制后的效果

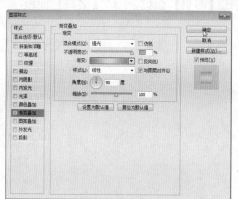
图 7-144　【图层样式】对话框

图 7-145　最终效果图

7.6　本章小结

本章主要介绍了文字工具（包括横排文字工具、直排文字工具、横排文字蒙版工具与直排文字蒙版工具）的使用方法与技巧，并结合实例重点介绍了使用文字工具创建变形文字与路径文字的方法。

7.7　习题

一、填空题

1. 在 Photoshop 中提供了 4 种文字工具，包括_____、_____、_____和直排文字蒙版工具。

2. 在创建段落文字时，文字基于_____的尺寸换行。可以输入多个段落并对段落进行_____。可以调整_____的大小，这将使文字在调整后的矩形中_____；可以在输入文字时或创建文字图层后调整_____，也可以使用_____旋转、缩放和斜切文字。

3. 根据使用字体工具的不同，可以输入_____或_____。

4.【字符】面板主要用于设置文本的_____、_____、_____、_____、_____颜色等属性。

5. 使用文字创建_____使用户得以将字符作为矢量形状处理；而_____是出现在【路径】面板中的临时路径；文字图层创建了_____后，就可以像对待其他路径那样存储和处理该路径。

二、选择题

1. 输入以下哪种文字时，每行文字都是独立的，行的长度随编辑增加或缩短，但不能自动换行。   （   ）

    A. 点文字　　　　B. 段落文字　　　　C. 路径文字　　　　D. 变形文字

2. 以下哪种面板主要用于设置段落文本的对齐、缩进、段前/段后间距等属性？（   ）

    A.【段落】面板　　B.【图层】面板　　C.【字符】面板　　D.【路径】面板

第8章　通道与蒙版

教学目标

理解通道与蒙版的含义，学习通道与蒙版的基本操作。学会应用通道与蒙版编辑与处理图像的方法，从而创建出各种艺术效果。

学习重点与难点

➤ 关于通道
➤ 通道面板
➤ 创建与编辑通道
➤ 通道与选区之间的转换
➤ 使用通道运算混合图层与通道
➤ 使用快速蒙版模式
➤ 使用图层蒙版

8.1　通道

8.1.1　关于通道

通道是保存不同颜色信息的灰度图像，每一幅位图图像都有一个或多个通道，每个通道中都存储了关于图像色素的信息。

Photoshop 采用特殊灰度通道存储图像颜色信息和专色信息。如果图像含有多个图层，则每个图层都有自身的一套颜色通道。

- 颜色信息通道：打开新图像时，自动创建颜色信息通道；所创建的颜色通道的数量取决于图像的颜色模式，而非其图层的数量。例如，RGB 图像有 4 个默认通道：红色、绿色和蓝色各有一个通道以及一个用于编辑图像的复合通道。
- Alpha 通道：将选区存储为灰度图像。可以使用 Alpha 通道创建并存储蒙版，这些蒙版户可以处理、隔离和保护图像的特定部分。
- 专色通道：指定用于专色油墨印刷的附加印版。

一个图像最多可以包含 56 个通道，所有的新通道都具有与原图像相同的尺寸和像素数目。通道所需的文件大小由通道中的像素信息决定。

8.1.2　通道面板

使用【通道】面板可以创建并管理通道以及监视编辑效果。【通道】面板列出了图像中的所有通道，首先是复合通道（对于 RGB、CMYK 和 Lab 图像），然后是单个颜色通道、专色通道，最后是 Alpha 通道。通道内容的缩览图显示在通道名称的左侧，缩览图在编辑通道时自动更新。

打开一幅 RGB 颜色模式的图像后，在【通道】面板中就会自动生成颜色信息通道，如图 8-1 所示。

打开一幅 CMYK 颜色模式的图像后，在【通道】面板中也会自动生成颜色信息通道，如图 8-2 所示。

图 8-1　打开的图像与【通道】面板

图 8-2　打开的图像与【通道】面板

【通道】面板中各按钮或选项说明如下：

- 移动指针到【通道】面板中的任一通道上单击，可以将所单击的通道选择并作为当前可用通道，用户可以对该通道进行单独调整，但是该调整会影响整个图像的效果。
- ◉（指示通道可见性）：在【通道】面板中单击该图标后眼睛图标隐藏变为▭图标，同时该通道也被隐藏，因此可以在【通道】面板中单击◉图标与▭图标来隐藏/显示通道。
- ▦（将通道作为选区载入）：在【通道】面板的底部单击该按钮，可以将当前通道中的高光区域作为选区载入。也可以在按住 Ctrl 键的同时用鼠标单击要载入选区的通道。
- ▦按钮：如果图像中有选区，则【通道】面板底部的该按钮成为▦可用状态，单击该按钮，就可将选区存储为 Alpha 通道。
- ▣（创建新通道）：单击该按钮，可以创建一个新的 Alpha 通道。
- ▤（删除当前通道）：单击该按钮，可以将当前选择的通道删除。

在【通道】面板中显示的颜色信息，主要和当前图像的颜色模式有关，要查看或更改当前图像的颜色模式，只需在菜单中执行【图像】→【模式】命令，在弹出的子菜单中选择所需的命令（也就是颜色模式）即可。

只要以支持图像颜色模式的格式存储文件即保留颜色通道。仅当以 Adobe Photoshop、PDF、PICT、TIFF 或 Raw 格式存储文件时，才保留 Alpha 通道。DCS 2.0 格式只保留专色通道；以其他格式存储文件可能会导致通道信息丢失。

8.1.3　创建通道

在【通道】面板中可以创建 Alpha 通道与专色通道。

1. 创建 Alpha 通道

方法 1　在【通道】面板中可以直接单击▣（创建新通道）按钮创建新的 Alpha 通道，并且创建的通道按照系统默认的顺序以 Alpha 1、Alpha 2、Alpha 3……Alpha n 进行命名。

　　方法 2　在【通道】面板中单击右上角的█按钮，在弹出的菜单中选择【新建通道】命令，如图 8-3 所示，弹出【新建通道】对话框，用户可根据需要在其中给通道命名、选择色彩指示方式、蒙版颜色与不透明度，如图 8-4 所示，设置好后单击【确定】按钮，即可在【通道】面板中新增一个 Alpha 1 通道，如图 8-5 所示。

图 8-3　【通道】面板的弹出式菜单

图 8-4　【新建通道】对话框

2. 创建专色通道

　　专色是特殊的预混油墨，用于替代或补充印刷四色（CMYK）油墨，每种专色在印刷时要求专用的印版。

　　在【通道】面板右上角单击█按钮，并在弹出的菜单中选择【新建专色通道】命令，弹出【新建专色通道】对话框，可以根据需要在其中给专色通道命名，选择油墨颜色与设置密度，如图 8-6 所示，设置好后单击【确定】按钮，即可在【通道】面板中新增一个专色通道，如图 8-7 所示。

- 颜色：单击【颜色】后的色块，弹出【选择专色】对话框，可以在其中选择所需的专色。选择专色后在印刷时可以更容易地提供合适的油墨以重现图像的色彩。
- 密度：可以在文本框中输入 0～100 之间的数值设置油墨的透明度。当设置为 100% 时，可以模拟完全覆盖下层油墨的油墨（如金属质感油墨），当设置为 0% 时，可以模拟完全显示下层油墨的透明油墨（如透明光油）。

图 8-5　【通道】面板

图 8-6　【新建专色通道】对话框

图 8-7　【通道】面板

8.1.4　编辑通道

　　创建好通道后，有时需要对其进行编辑，以制作更好的效果。下面就对编辑通道进行简单介绍。

上机实战　编辑通道

1　在【通道】面板中单击 Alpha 1 通道，使它为当前通道，再单击专色 1 前面的眼睛图标，隐藏专色的显示，如图 8-8 所示。

2　设置前景色为白色，在工具箱中选择 T 横排文字工具，接着在选项栏中设置【字体】为文鼎 CS 行楷，【字体大小】为 48 点，再在画面的适当位置单击并输入所需的文字，如图 8-9 所示，然后在选项栏中单击 ✔ 按钮，确认文字输入，得到如图 8-10 所示的文字选区，并且选区已经用白色进行了填充。

图 8-8　【通道】面板

图 8-9　输入文字

图 8-10　创建的文字选区

3　在菜单中执行【滤镜】→【风格化】→【凸出】命令，弹出【凸出】对话框，在其中设置【类型】为块，【大小】为 30 像素，【深底】为 30 像素，选择【随机】选项，如图 8-11 所示，设置好后单击【确定】按钮，这样就对 Alpha 1 通道的内容进行了编辑，画面效果如图 8-12 所示。

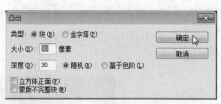
图 8-11　【凸出】对话框

图 8-12　执行【凸出】命令后的效果

8.1.5　通道与选区之间的转换

在处理图像时会经常将选区存储为通道以备用，在存储的通道再次载入选区以对其进行再次应用。

上机实战　通道与选区之间的转换

1　在【通道】面板中单击 ▣（将通道作为选区载入）按钮，也可以在按住 Ctrl 键的同时使用鼠标单击 Alpha 1 通道，即将 Alpha 1 重新载入选区，从而得到如图 8-13 所示的选区。

①　如果要将图像中原来的选区与要载入的选区相加，可以在按住 Ctrl + Shift 键的同时使用鼠标单击要载入的通道。

②　如果要将图像中原来的选区与要载入的选区相减，可以在按住 Ctrl + Alt 键的同时使

用鼠标单击要载入的通道。

③ 按住 Ctrl + Alt + Shift 键的同时使用鼠标单击要载入的通道，可以创建原来的选区与要载入的选区相交的选区。

2　按 Ctrl + C 键拷贝选区内容，在【通道】面板中单击 "RGB" 复合通道，再按 Ctrl + V 键进行粘贴，可以得到如图 8-14 所示的效果。

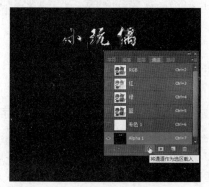

图 8-13　将 Alpha 1 载入选区

图 8-14　复制后的效果

3　显示【图层】面板，在其中双击图层 1，如图 8-15 所示，弹出【图层样式】对话框，在其中单击【描边】选项与勾选【投影】选项，再设置描边【大 5C0F】为 1 像素，其他不变，如图 8-16 所示，单击【确定】按钮，即可得到如图 8-17 所示的效果。

图 8-15　【图层】面板

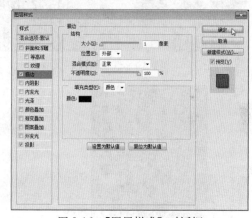

图 8-16　【图层样式】对话框

如果在图像中已经绘制好了一个选区，并且需要将其存储起来，可以使用以下两种方法进行操作。

方法 1　在菜单中执行【选择】→【存储选区】命令，并在弹出的对话框中设置所需的参数，即可将选区存储为通道。

方法 2　在【通道】面板中单击 ▣ （将选区存储为通道）按钮，则系统会直接将选区以默认的名称存储为通道。

图 8-17　添加图层样式后的效果

8.2　使用通道运算混合图层和通道

使用【应用图像】命令和【运算】命令，可以使用与图层关联的混合效果将图像内部和图像之间的通道组合成新图像。这些命令提供了【图层】面板中没有的一个附加混合模式——"相加"。当然也可以通过将通道复制到【图层】面板中的图层中创建通道的新组合。

　　【计算】命令首先在两个通道的相应像素上执行数学运算，然后在单个通道中组合运算结果。

8.2.1　应用图像

　　【应用图像】命令可以将图像的图层和通道（源）与现用图像（目标）的图层和通道混合。

上机实战　使用应用图像命令处理图像

　　1　按 Ctrl+O 键从配套光盘的素材库中打开一张如图 8-18 所示的图片。

　　2　在【通道】面板中单击 按钮，新建一个 Alpha 通道，如图 8-19 所示。在工具箱中选择 横排文字工具，并在选项栏中单击 按钮，显示【字符】面板，在其中设置【字体】为华文行楷，【字体大小】为 72 点，【字距调整】为 200，【颜色】为白色，选择 按钮，如图 8-20 所示，然后在画面中适当位置单击并输入"马到功成"文字，如图 8-21 所示，单击✔按钮确认文字输入，得到如图 8-22 所示的白色文字选区。

图 8-18　打开的图片

图 8-19　创建新通道

图 8-20　【字符】面板

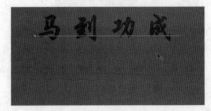

图 8-21　输入文字

　　3　在【通道】面板中拖动 Alpha 1 通道到【创建新通道】按钮上，当指针呈抓手形状时松开左键，可以复制通道 Alpha 1 为 Alpha 1 拷贝，如图 8-23 所示。

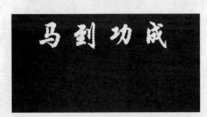

图 8-22　输入好的白色文字选区

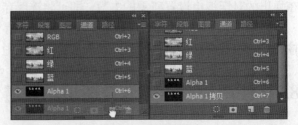

图 8-23　复制通道

4 以通道 Alpha 1 拷贝为当前通道,在菜单中执行【滤镜】→【模糊】→【高斯模糊】命令,在弹出的对话框中设置【半径】为 3 像素,如图 8-24 所示,单击【确定】按钮,可以将 Alpha 1 拷贝通道中的内容进行模糊,结果如图 8-25 所示。

图 8-24 【高斯模糊】对话框

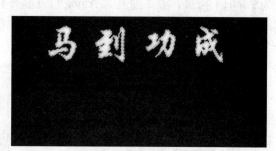

图 8-25 模糊后的效果

5 按 Ctrl + D 键取消选择,在通道面板中单击 Alpha 1,激活 Alpha 1,以它为当前通道,然后在菜单中执行【滤镜】→【模糊】→【高斯模糊】命令,在弹出的对话框中设定【半径】为 3 像素,如图 8-26 所示,单击【确定】按钮,可以将 Alpha 1 通道中的内容进行模糊,结果如图 8-27 所示。

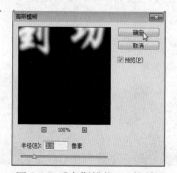

图 8-26 【高斯模糊】对话框

图 8-27 模糊后的效果

6 在菜单中执行【图像】→【应用图像】命令,在弹出的对话框中设置【通道】为 Alpha 1 拷贝,【混合】为滤色,如图 8-28 所示,单击【确定】按钮,得到如图 8-29 所示的效果。

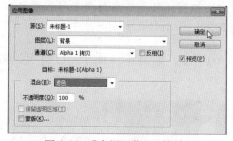

图 8-28 【应用图像】对话框

图 8-29 执行【应用图像】命令后的效果

8.2.2 计算

计算可以混合两个来自一个或多个源图像的单个通道,并可以将结果应用到新图像、新通道或现有图像的选区。不能对复合通道应用运算。

![上机实战图标] **上机实战 使用计算命令处理图像**

接着上面的实例讲解。

1 在菜单中执行【图像】→【计算】命令，并在弹出的【计算】对话框中设置源 1 通道为 Alpha 1 拷贝，源 2 通道为 Alpha 1，【混合】为滤色，【结果】为新建通道，其他不变，如图 8-30 所示，单击【确定】按钮，得到如图 8-26 所示的效果，在【通道】面板中新增了一个 Alpha 2 通道，如图 8-31 所示。

图 8-30 【计算】对话框   图 8-31 计算后的结果

2 在【通道】面板中激活 Alpha 2，单击 ![按钮]（将通道作为选区载入）按钮，将 Alpha 2 载入选区，结果如图 8-32 所示。按 Ctrl + C 键将其进行拷贝，激活 RGB 复合通道，然后按 Ctrl + V 键将选区中的内容复制到图层中，如图 8-33 所示。

图 8-32 将 Alpha 2 载入选区   图 8-33 复制后的效果

 (1)"相加"混合模式只在【应用图像】和【计算】命令中使用；"相加"模式使用缩放量除像素值的总和，然后将"位移"值添加到此和中。

(2) 用户也可以在图像之间进行运算，操作方法相同，只是需要打开另一张图片，并在源 1 或源 2 中选择所需的图像文件名称即可。

3 在【图层】面板中设置图层 1 的【混合模式】为明度，如图 8-34 所示，以得到如图 8-35 所示的效果。

图 8-34 【图层】面板   图 8-35 改变混合模式后的效果

8.3 课堂实训——应用通道制作溶化字

在制作溶化字时，主要应用了新建、横排文字工具、载入选区、将选区存储为通道、90度（顺时针）、风、90度（逆时针）、图章、石膏效果、填充、USM 锐化、曲线、色相/饱和度等工具或命令。

实例效果如图 8-36 所示：

图 8-36 实例效果图

上机实战 应用通道制作溶化字

1 按 Ctrl + N 键新建一个文件，在工具箱中设置前景色为黑色，再选择 T 横排文字工具，在画面中单击并输入 "B2B" 文字，然后在选项栏中设置【字体】为 "Arial Black"，【字体大小】为 120点，设置好后单击 ✓ 按钮确认文字输入，结果如图8-37 所示。

图 8-37 输入文字

2 在【图层】面板中单击文字图层前面的眼睛图标关闭文字图层，隐藏文字，再激活背景层，以它为当前层，然后在按住 Ctrl 键的同时使用鼠标单击文字图层的缩览图，使文字载入选区，如图 8-38 所示。

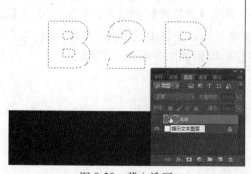

图 8-38 载入选区

图 8-39 将选区存储为 Alpha 1 通道

3 在【通道】面板中单击 ▣ 按钮，将选区存储为 Alpha 1 通道，再单击 Alpha 1 通道，使它为当前通道，如图 8-39 所示。

4 按 Ctrl + D 键取消选择，在菜单中执行【图像】→【旋转画布】→【90 度（顺时针）】命令，将画布进行旋转，旋转后的画面效果如图 8-40 所示。

5 在菜单中执行【滤镜】→【风格化】→【风】命令，弹出【风】对话框，并在其中

设定【方法】为风，【方向】为从右，如图 8-41 所示，单击【确定】按钮，得到如图 8-42 所示的效果。

图 8-40　旋转画布后的效果

图 8-41　【风】对话框

图 8-42　执行【风】命令后的效果

6　按 Ctrl + F 键重复执行两次【风】命令，得到如图 8-43 所示的效果。

7　在菜单中执行【图像】→【旋转画布】→【90 度（逆时针）】命令，将画布进行旋转，旋转后的画面效果如图 8-44 所示。

图 8-43　执行【风】命令后的效果

图 8-44　旋转画布后的效果

8　在菜单中执行【滤镜】→【滤镜库】命令，显示【滤镜库】对话框，在其中展开【素描】→【图章】滤镜，显示【图章】滤镜的相关选项，然后在其中设置【明/暗平衡】为 2，【平滑度】为 5，如图 8-45 所示，单击【确定】按钮，得到如图 8-46 所示的效果。

图 8-45　【图章】对话框

图 8-46　执行【图章】命令后的效果

9 在菜单中执行【滤镜】→【滤镜库】命令，显示【滤镜库】对话框，在其中展开【素描】→【石膏效果】滤镜，显示【石膏效果】滤镜的相关选项，然后在其中设置【图像平衡】为 3，【平滑度】为 4，如图 8-47 所示，单击【确定】按钮，得到如图 8-48 所示的效果。

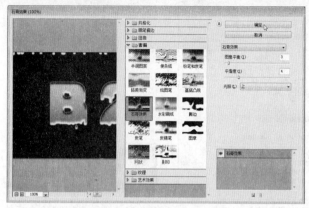

图 8-47 【石膏效果】对话框

图 8-48 执行【石膏效果】命令后的效果

10 显示【图层】面板，在其中激活背景层，如图 8-49 所示，再在菜单中执行【选择】→【载入选区】命令，弹出【载入选区】对话框，在其中的【通道】下拉列表中选择 Alpha 1，如图 8-50 所示，单击【确定】按钮，将 Alpha 1 通道载入选区。

图 8-49 【图层】面板

图 8-50 【载入选区】对话框

11 设定前景色为"#323232"，按 Alt + Delete 键填充前景色，得到如图 8-51 所示的效果。

12 按 Ctrl + D 键取消选择，在菜单中执行【滤镜】→【锐化】→【USM 锐化】命令，弹出【USM 锐化】对话框，在其中设置【数量】为 300%，【半径】为 4 像素，其他为默认值，如图 8-52 所示，单击【确定】按钮，得到如图 8-53 所示的效果。

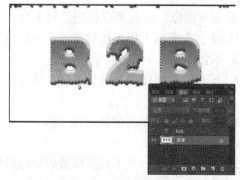

图 8-51 填充前景色后的效果

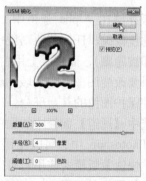

图 8-52 【USM 锐化】对话框

13 按 Ctrl＋M 键执行【曲线】命令，弹出【曲线】对话框，在其中对网格中的直线进行调整，如图 8-54 所示，调整好后单击【确定】按钮，得到如图 8-55 所示的效果。

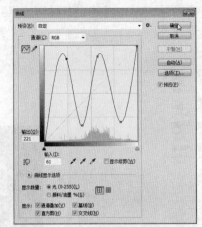

图 8-53 执行【USM 锐化】命令后的效果

图 8-54 【曲线】对话框

图 8-55 执行【曲线】命令后的效果

14 按 Ctrl＋U 键执行【色相/饱和度】命令，弹出【色相/饱和度】对话框，在其中先勾选【着色】复选框，再设置【色相】为 210，【饱和度】为 80，其他为默认值，如图 8-56 所示，单击【确定】按钮，得到如图 8-57 所示的效果。

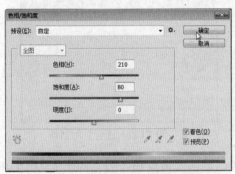

图 8-56 【色相/饱和度】对话框

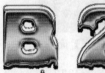

图 8-57 最终效果图

8.4 蒙版

蒙版存储在 Alpha 通道中。蒙版和通道都是灰度图像，因此可以使用绘画工具、编辑工具和滤镜像编辑任何其他图像一样对它们进行编辑。在蒙版上用黑色绘制的区域将会受到保护（即被隐藏），而蒙版上用白色绘制的区域是可编辑区域（即被显示）。

如果要改变图像某个区域的颜色，或者要对该区域应用滤镜或其他效果时，可以使用蒙版隔离并保护图像的其余部分。

在选中【通道】面板中的蒙版通道时，前景色和背景色以灰度值显示。

在 Photoshop 中，可以使用下列方式创建蒙版：

（1）快速蒙版模式用户可以创建并查看图像的临时蒙版，当不想存储蒙版供以后使用时，可以使用临时蒙版。

（2）Alpha 通道可以存储并载入用作蒙版的选区。

（3）图层蒙版和图层剪贴路径可以在同一图层上生成软硬蒙版边缘的混合。通过更改图层蒙版或图层剪贴路径，可以应用各种特殊效果。

8.4.1　使用快速蒙版模式

快速蒙版模式可以将任何选区作为蒙版进行编辑，而无须使用【通道】面板，在查看图像时也可以如此。将选区作为蒙版来编辑的优点是几乎可以使用任何 Photoshop 工具或滤镜修改蒙版。

在快速蒙版模式中工作时，【通道】面板中会出现一个临时快速蒙版通道。但是，所有的蒙版编辑都是在图像窗口中完成的。

如果画面中有选区，可以直接单击工具箱中的 ▣（以快速蒙版模式编辑）按钮，从标准模式编辑切换到快速蒙版模式编辑，可以使用任何操作对蒙版进行编辑，编辑好后单击 ▣ 按钮返回到标准模式编辑状态，即将蒙版直接转换为选区。

8.4.2　添加图层蒙版

在添加图层蒙版时，首先需要决定是要隐藏还是显示所有图层，然后在蒙版上绘制以隐藏部分图层并显示下面的图层。也可以由选区创建一个图层蒙版，使该图层蒙版可自动隐藏部分图层。

上机实战　添加图层蒙版

先在【图层】面板中选择要添加图层蒙版的图层，在【图层】面板的底部单击 ▣（添加图层蒙版）按钮，给该图层添加图层蒙版。使用画笔工具（或用其他工具）对添加的蒙版进行编辑，用黑色绘制的区域被隐藏起来，再使用白色绘制则会将隐藏的区域显示出来。如图 8-58 所示为原图像与添加图层蒙版后处理过的效果对比图。

图 8-58　原图像与添加图层蒙版后处理过的效果对比图

在图像窗口中将需要保留显示的区域勾选出来，再在【图层】面板的底部单击 ▣（添加图层蒙版）按钮，由选区给该图层添加图层蒙版，可以直接得到所需的效果。

8.5　课堂实训——使用图层蒙版制作风景画

本例主要是介绍如何使用图层蒙版处理图像。先使用【打开】命令打开要勾画的图像，再使用【添加图层蒙版】、画笔工具、【放大】、【缩小】等工具与命令将图像中的蝴蝶勾画出来，然后使用【打开】、移动工具、【自由变换】、【通过拷贝的图层】、【水平翻转】等工具与命令将蝴蝶复制到打开的背景图像中进行排列、调整与复制以组合出一幅美丽的风景画实例效果如图 8-59 所示。

上机实战　使用图层蒙版制作风景画

1　按 Ctrl + O 键从配套光盘的素材库中打开一个图像文件，如图 8-60 所示。

2　在【图层】面板中单击 ■（添加图层蒙版）按钮，给图层 1 添加图层蒙版，如图 8-61 所示。

3　在工具箱中设置前景色为黑色，选择 画笔工具，在选项栏的【画笔】弹出式面板中选择硬边圆，设置【大小】

图 8-59　实例效果图

为 19 像素，如图 8-62 所示，然后在画面中蝴蝶的周围进行涂抹，将不需要的部分隐藏，隐藏后的效果如图 8-63 所示。

图 8-60　打开的图像文件

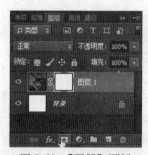

图 8-61　【图层】面板

图 8-62　设置画笔

4　在画面中右击弹出【画笔】面板，在其中将【大小】设置为 42 像素，如图 8-64 所示，将画笔加大，然后在画面中不需要的区域进行涂抹，可以将其隐藏，隐藏后的效果如图 8-65 所示。

图 8-63　在蝴蝶的周围进行涂抹

图 8-64　【画笔】面板

图 8-65　在蝴蝶的周围进行涂抹

5　在画面中右击弹出【画笔】面板，在其中将【大小】设置为 13 像素，如图 8-66 所示，将画笔缩小，然后在画面中不需要的区域进行涂抹，将其隐藏，隐藏后的效果如图 8-67、图 8-68 所示。

6　按 Ctrl + + 键将画面放大到 300%，再在画面中右击弹出【画笔】面板，在其中将【大小】设置为 3 像素，如图 8-69 所示，以将画笔大小缩小，然后在画面中不需要的区域进行涂

抹，将其隐藏，隐藏后的效果如图 8-70 所示。

图 8-66 【画笔】面板

图 8-67 在蝴蝶的周围进行涂抹

图 8-68 在蝴蝶的周围进行涂抹

7 在胡须处进行精细涂抹，将不需要的区域隐藏，涂抹后的效果如图 8-71 所示。

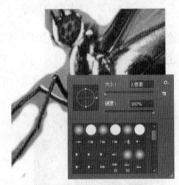
图 8-69 【画笔】面板

图 8-70 在蝴蝶的周围进行涂抹

图 8-71 精细涂抹蝴蝶的边缘

8 由于一些区域被隐藏了，因此需要将其显示出来。设置前景色为白色，然后在画面中再次进行涂抹，将被隐藏的区域显示出来，涂抹后的效果如图 8-72 所示。

9 按 Ctrl + - 键将画面缩小到 100%，得到如图 8-73 所示的效果，其【图层】面板中的图层蒙版缩览图也随之更新，如图 8-74 所示。

图 8-72 将被隐藏的区域显示出来

图 8-73 涂抹后的效果

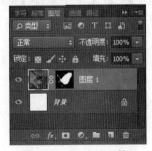
图 8-74 【图层】面板

10 按 Ctrl + O 键从配套光盘的素材库中打开一个图像文件，如图 8-75 所示。

11 将两个文件从文档标题栏中拖出变成浮停状态，然后以有蝴蝶的文件为当前文件，使用移动工具将蝴蝶所在图层拖动到刚打开的文件中，如图 8-76 所示。

12 按 Ctrl + T 键执行【自由变换】命令，显示变换框，再拖动右上角的控制柄向内至适当位置，调整蝴蝶大小，如图 8-77 所示，然后将指针移至控制柄旁，当指针呈弯曲箭头时按下左键进行拖移，将蝴蝶进行适当旋转，如图 8-78 所示，旋转到所需的位置后在变换框中双击确认变换，得到如图 8-79 所示的效果。

图 8-75　打开的图像　　　　图 8-76　复制蝴蝶时的状态　　　　图 8-77　自由变换调整

13 按 Ctrl + J 键复制一个副本，再使用移动工具将其向上拖动到适当位置，按 Ctrl + T 键将蝴蝶缩小，如图 8-80 所示，调整好后在变换框中双击确认变换。

图 8-78　自由变换调整　　　　图 8-79　调整后的结果　　　　图 8-80　复制并调整蝴蝶

14 在菜单中执行【编辑】→【变换】→【水平翻转】命令，将蝴蝶进行水平翻转，翻转后的效果如图 8-81 所示。

图 8-81　翻转后的效果

8.6 本章小结

本章介绍了 Photoshop 中的通道与蒙版功能，利用通道可以存储与载入选区，从而制作各种艺术效果。利用蒙版可以保护被屏蔽的图像区域，使其不被编辑，从而可以进行各种图像合成，可以制作出优美艺术作品。

8.7 习题

一、填空题

1. 一个图像最多可包含_____个通道，所有的新通道都具有与原图像相同的_____和_____。通道所需的文件大小由通道中的_____决定。

2. 专色是特殊的_____，用于替代或补充印刷_____，每种专色在印刷时要求专用的印版。

二、选择题

1. 蒙版和通道都是什么图像，因此可以使用绘画工具、编辑工具和滤镜像编辑任何其他图像一样对它们进行编辑？　　　　　　　　　　　　　　　　　　　　（　　）

    A. 灰度图像　　　　B. CMYK 图像　　　C. RGB 图像　　　D. Lab 图像

2. 以下哪种混合模式只在【应用图像】和【计算】命令中使用？　　　　　（　　）

    A. 相加　　　　　　B. 减去　　　　　　C. 叠加　　　　　　D. 加深

3. 以下哪种命令首先在两个通道的相应像素上执行数学运算，然后在单个通道中组合运算结果？　　　　　　　　　　　　　　　　　　　　　　　　　　　　（　　）

    A.【混合通道】命令　　　　　　　　　B.【应用图像】命令

    C.【图像大小】命令　　　　　　　　　D.【计算】命令

4. 蒙版上用什么颜色绘制的区域是可编辑区域（即被显示）？　　　　　　（　　）

    A. 白色　　　　　　B. 黑色　　　　　　C. 黄色　　　　　　D. 红色

第9章 任务自动化

教学目标

学习动作、快捷批处理的创建与应用方法，了解动作与自动命令的工作原理并熟练掌握其使用方法。

学习重点与难点

- ➤ 动作面板
- ➤ 应用预设动作
- ➤ 创建动作与动作组
- ➤ 自动化任务

9.1 动作

在实际处理图像的过程中，经常需要对大量的图像采用同样的操作，如果一个一个地进行处理，不仅速度十分慢，而且许多参数的设置往往会发生错误，从而影响整体的效果，此时可以使用【动作】命令批处理文件。【动作】就是对单个文件或一批文件回放的一系列命令。

大多数命令和工具操作都可以记录在动作中。动作可以包含停止，使用户可以执行无法记录的任务（如使用绘画工具等）。动作也可以包含模态控制，使用户可以在播放动作时在对话框中输入值。动作是快捷批处理的基础，快捷批处理是可以自动处理拖移到其图标上的所有文件的小应用程序。

Photoshop 中的【动作】面板具有下列主要功能：

（1）可以将一系列命令组合为单个动作，从而使执行任务自动化的这个动作，可以在以后的应用中反复使用。

（2）可以创建一个动作，该动作应用一系列滤镜效果重现用户所喜爱的效果，或者组合命令以备后用，动作可被编组为序列，可以帮助用户更好地组织动作。

（3）可以同时处理批量的图片，可以在一个文件或一批文件位于同一文件夹中的多个文件上使用相同的动作。

（4）使用【动作】面板可以记录播放编辑和删除动作，还可以存储载入和替换动作。

9.1.1 【动作】面板

在菜单中执行【窗口】→【动作】命令，可以显示或隐藏【动作】面板，【动作】面板如图 9-1 所示，其中各选项说明如下：

- ● 切换对话开关：如果在面板上的动作的左边有该图标的话，则在执行该动作时，会暂

时停在有对话框的位置，在对弹出对话框的参数
进行设置之后单击【确定】按钮，动作继续往下
执行。如果没有图标，动作按照设置的过程逐步
进行操作，直至到达最后一个操作完成动作。仔
细观察会发现有的图标是红色的，那表示该动作
中只有部分动作是可执行的。如果在该图标上单
击的话，它会自动将动作中所有不可执行的操作
全部变成可执行的操作。

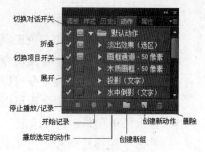

图 9-1　【动作】面板

- 展开/折叠：单击这两个按钮可以显示展开或折叠相关的选项。
- 单击小三角形按钮将会弹出【动作】面板的下拉菜单。
- 停止播放/记录：它只有在录制动作时才是可用的。
- 开始记录：单击该按钮时 Photoshop 开始录制一个新的动作，处于录制状态时图标呈现红色，此时这个按钮是不可用的，录制好后需单击 ■ 按钮。
- 播放选定的动作：动作回放或执行动作。在做好一个动作时可以用这个选项观看制作的效果，单击图标则自动执行动作。如果中间要停下来看一下，可以单击 ■（停止播放/记录）图标停止。
- 创建新组：单击该按钮可以新建一个动作组。
- 创建新动作：单击该按钮可以在面板上新建一个动作。
- 删除：单击该按钮可以将当前的动作、序列或者操作删除。

9.1.2　【动作】面板的弹出菜单

单击【动作】面板右上角的小三角形按钮，将弹出如图
9-2 所示的菜单，其中各选项说明如下。

- 按钮模式：选择该命令可以将【动作】面板切换到按钮模式，如图 9-3 所示，再次选择该命令则返回标准模式。
- 新建动作：选择该命令将弹出【新建动作】对话框，在其中可以根据需要设置动作名称、动作所在序列、功能键、颜色等，设置好后单击【记录】按钮，即可开始记录。
- 新建组：选择该命令将弹出【新建组】对话框，在其中可以设置所需的名称，也可以采用默认名称，设置好后单击【确定】按钮，即可新建一个组。
- 复制：可以复制当前所选的动作或序列。
- 删除：可以删除当前所选的序列、动作或操作。
- 播放：当选择动作时该命令才可用，选择它即可以播放所选动作。
- 开始记录：选择该命令可以开始记录动作。
- 再次记录：选择该命令可以对一些需要进行再次设置的操作重新记录。

图 9-2　【动作】面板的弹出菜单

图 9-3　【动作】面板

- 插入菜单项：当在录制一些命令时，将会发现所执行的命令并没有被录制下来。这些命令包括绘画和上色工具、工具选项、视图命令和窗口命令。
- 播放：当选择动作时该命令才可用，选择它即可以播放所选动作。
- 开始记录：选择该命令可以开始记录动作。
- 再次记录：选择该命令可以对一些需要进行再次设置的操作重新记录。
- 插入菜单项：当在录制一些命令时，将会发现所执行的命令并没有被录制下来。这些命令包括绘画和上色工具、工具选项、视图命令和窗口命令。
- 插入停止：在执行动作播放时，如果希望停止，以便可以执行不能被记录的操作（例如使用绘画工具），或希望查看当前的工作进度，实现这一功能的方法就是选取插入停止命令。
- 插入路径：在动作录制过程中，如果绘制了路径，而 Photoshop 却无法将路径录制到动作中，遇到这种情况时就需执行【插入路径】命令。
- 动作选项：可以对动作名称、功能键和颜色进行重新命令或选取。
- 回放选项：有时一个长的、复杂的动作不能正常播放，但是很难找出问题出现在哪里。所以 Photoshop 提供了【回放选项】功能，并且提供了 3 种速度（如"加速"、"逐步"和"暂停"），从而可以根据需要设置速度来观察动作的执行。
- 清除全部动作：如果【动作】面板中的所有动作不再需要，则可以执行【清除全部动作】命令，将所有的动作清除。
- 复位动作：选择该命令可以将默认组开启到【动作】面板中，或只显示默认组。
- 替换动作：选择该选项可以用载入的动作组替代现有面板上的动作组。
- 载入动作/存储动作：可以将创建的动作存储在一个单独的动作文件中，以便在必要时可恢复它们。也可以载入与 Photoshop 一起提供的多个动作组。
- 命令/画框/图像效果/LAB-黑白技术/制作/流星/文字效果/纹理/视频动作：选择这些命令，则可以在【动作】面板中显示一些预设的动作。

9.1.3 应用预设动作

从配套光盘的素材库中打开一张图片，如图 9-4 所示，在【动作】面板中单击【木质画框】动作，再单击 ▶ （播放选定的动作）按钮，如图 9-5 所示，播放完后得到如图 9-6 所示的效果。

图 9-4　打开的图片　　　　图 9-5　选择动作　　　　图 9-6　添加画框后的效果

9.1.4 创建动作与动作组

1. 创建动作组

显示【动作】面板，在其中单击底部的 ▢ 按钮，或单击面板右上角的 ▤ 按钮，在弹出的菜单中选择【新建组】命令，弹出如图 9-7 所示的【新建组】对话框，可以根据需要为组命名，也可以采用默认值直接单击【确定】按钮，即可新建一个动作组。

图 9-7　【新建组】对话框

2. 创建动作

上机实战　创建动作

1　按 Ctrl + O 键从配套光盘的素材库中打开一张要调整的图像文件，如图 9-8 所示，在【动作】面板中单击■（创建新动作）按钮，弹出【新建动作】对话框，在其中根据需要设置参数，如图 9-9 所示，设置好后单击【记录】按钮，即可创建一个新动作并开始记录后面将要进行的操作，如图 9-10 所示。

图 9-8　打开的图像

图 9-9　【新建动作】对话框

图 9-10　【动作】面板

- 名称：在其中可以输入要创建的动作名称。
- 组：在该下拉列表中可以选择要存放动作的组。
- 功能键：在该下拉列表中可以选择要执行该动作的快捷键。
- 颜色：在该下拉列表中可以选择此动作以按钮模式显示时的颜色。

2　在菜单中执行【图像】→【调整】→【曲线】命令或按 Ctrl + M 键，弹出【曲线】对话框，并在其中网格中的直线上单击添加一点，再将拖动到左上方适当位置，如图 9-11 所示，以调亮图像，单击【确定】按钮，同时【动作】面板中也记录了该操作，如图 9-12 所示。

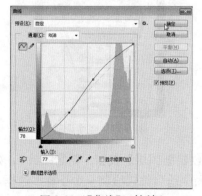

图 9-11　【曲线】对话框

图 9-12　曲线调整后的效果

3 在菜单中执行【文件】→【存储为】命令，按 Shift + Ctrl + S 键，弹出【另存为】对话框，在其中给文件另外命名，如图 9-13 所示，命好名后单击【保存】按钮，接着在弹出的对话框中单击【确定】按钮，如图 9-14 所示，以将调整过的图像保存到另一个文件夹中，再在【动作】面板中单击█按钮，如图 9-15 所示，停止动作记录，这样该动作就创建完成了。

图 9-13 【另存为】对话框

图 9-14 【JPEG 选项】对话框

图 9-15 【动作】面板

9.2 课堂实训——应用动作命令制作手表时刻点

上机实战 应用动作命令制作手表时刻表

1 按 Ctrl + O 键从配套光盘的素材库中打开一个手表文件，在其中激活图层 1，如图 9-16 所示。

2 按 Ctrl + T 键执行【自由变换】命令，显示变换框，按 Ctrl + R 键显示标尺栏，从标尺栏中拖出两条参考线到变换框的中心点上，以确定中心点，如图 9-17 所示，然后在选项栏中单击█按钮，取消自由变换调整。

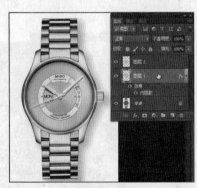
图 9-16 打开的文件

图 9-17 变换调整

3 设置前景色为白色，在【图层】面板中单击【创建新图层】按钮，新建图层 3，如图 9-18 所示。在工具箱中选择█多边形套索工具，在画面中适当位置绘制一个小梯形选框，如图 9-19 所示，然后按 Alt + Delete 键填充白色，得到如图 9-20 所示的效果。

图 9-18 【图层】面板

图 9-19 绘制小梯形选框

图 9-20 填充白色

4 按 Ctrl + D 键取消选择，再双击图层 3，弹出【图层样式】对话框，在其中单击【投影】选项，再设置【不透明度】为 60%，【距离】为 0 像素，【大小】为 1 像素，如图 9-21所示，其他不变，单击【确定】按钮，即可得到如图 9-22 所示的效果。

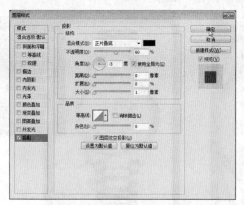

图 9-21 【图层样式】对话框

图 9-22 添加投影后的效果

5 显示【动作】面板，在其中单击【创建新动作】按钮，弹出【新建动作】对话框，在其中设置所需的参数，也可以采用默认值，如图 9-23 所示，单击【记录】按钮，开始记录动作，如图 9-24 所示。

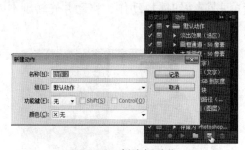

图 9-23 创建新动作

图 9-24 【动作】面板

6 按 Ctrl + J 键执行【通过拷贝的图层】命令，复制图层 3 为图层 3 拷贝，如图 9-25所示。按 Ctrl + T 键执行【自由变换】命令，再按 Ctrl + + 键放大画面，如图 9-26 所示。

7 在选项栏的 中单击确定参考点位置（因为在变换框中很难拖动参考点），如图 9-27所示。然后将参考点拖动到参考线的交叉点上，如图 9-28 所示。

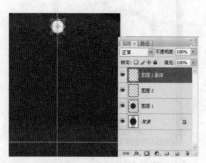

图 9-25　新建一个通过拷贝
　　　　 的图层

图 9-26　进行变换调整

图 9-27　移动中心点

　　8　在选项栏的 △ 30 度 中输入 30 后按 Enter 键，将小白圆点旋转 30 度，如图 9-29 所示，然后单击 ✔ 按钮确认变换，再按 Ctrl + - 键缩小画面，如图 9-30 所示。

图 9-28　移动中心点

图 9-29　旋转梯形

图 9-30　确认变换后的效果

　　9　在【动作】面板中单击 ■ 按钮，停止动作记录，即可创建一个所需的动作，如图 9-31 所示。

　　10　在【动作】面板中选择动作 2，然后单击 ▶ 按钮播放动作，移动并旋转副本内容，效果如图 9-32 所示。

图 9-31　【动作】面板

图 9-32　【动作】面板

11 使用同样的方法，在【动作】面板中单击▶按钮播放动作，直到得到所需的效果为止，如图 9-33 所示。

12 按 Ctrl + R 键隐藏参考线，结果如图 9-34 所示。

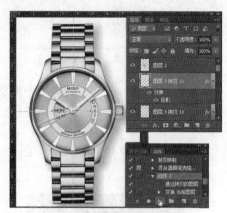

图 9-33　播放动作后的效果

图 9-34　隐藏参考线后的效果

9.3　自动化任务

通过使用 Photoshop 中的【自动】命令可以将任务组合到一个或多个对话框中，【自动】命令可以简化复杂的任务，提高工作效率。

9.3.1　批处理

使用【批处理】命令可以在包含多个文件和子文件夹的文件夹上播放动作，也可以对多个图像文件执行同一个动作的操作，从而实现操作的自动化。

当批处理文件时，可以打开、关闭所有文件并存储对原文件的更改，或将更改后的文件存储到新位置（原文件保持不变）。如果要将处理过的文件存储到新的位置，可以在批处理开始前先为处理过的文件创建一个新文件夹。

上机实战　批处理文件

1 准备好要进行批处理的文件，将要处理的文件放到一个文件夹（如 20140310）中，然后新建一个文件夹（20140310a）用来存放批处理后的文件，如图 9-35 所示。

2 按 Ctrl + O 键从光盘的素材库中打开 20140310 文件夹中的一张要调整的图像文件，如图 9-36 所示，在【动作】面板中单击 （创建新动作）按钮，弹出【新建动作】对话框，在其中根据需要设置参数，如图 9-37 所示，设置好后单击【记录】按钮，即可创建一个新动作并开始记录后面将要进行的操作，如图 9-10 所示。

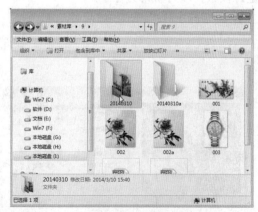

图 9-35　文件夹窗口图

图 9-36　打开的图像

图 9-37　【新建动作】对话框

3　按 Ctrl + M 键执行【曲线】命令，弹出【曲线】对话框，在其中的网格中调整直线为如图 9-38 所示的曲线，调整好后单击【确定】按钮，以加强图片的对比度，调整后的效果如图 9-39 所示。

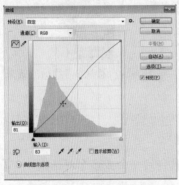

图 9-38　【曲线】对话框

图 9-39　调整后的效果

4　在【图像】菜单中执行【图像大小】命令或按 Alt + Ctrl + I 键，弹出【图像大小】对话框，在其中将【单位】改为像素，再设置【宽度】为 1000，其他参数随机，如图 9-40 所示，单击【确定】按钮，即可将图像大小改小。

5　在【文件】菜单中执行【存储为】命令或按 Shift + Ctrl + S 键，弹出【另存为】对话框，并在其中选择另一个文件夹（如 20140310Aa），如图 9-41 所示，单击【保存】按钮，接着会弹出一个【JPEG 选项】对话框，在其中可以设置图片的压缩品质，如果要将图片压缩得很小，可以设置【品质】为 9 或 10，这里就采用最佳品质，如图 9-42 所示，单击【确定】按钮，即可将其另存了。

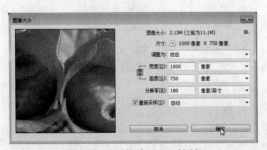

图 9-40　【图像大小】对话框

图 9-41　【另存为】对话框

6 将该文件关闭，在【动作】面板中就会看到刚才所有的操作都已经记录下来了，如图 9-43 所示，单击█按钮停止记录。

图 9-42 【JPEG 选项】对话框

图 9-43 【动作】面板

7 在菜单中执行【文件】→【自动】→【批处理】命令，弹出【批处理】对话框，在其中设置【组】为默认动作，【动作】为动作 3，在【源】栏中单击【选择】按钮选择要进行批处理的源文件夹，再在【目标】栏中单击【选择】按钮选择要存放批处理后文件的目标文件夹，如图 9-44 所示，其他不变，单击【确定】按钮，即可在 Photoshop CC 程序窗口中进行处理，如图 9-45 所示，处理完后再查看"20140310a"文件夹，就可以看到已经将"20140310"文件夹中的文件进行了处理并存放到"20140310a"文件夹中了，如图 9-46 所示。

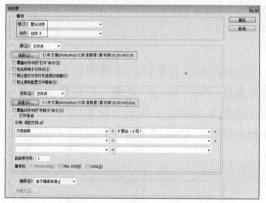

图 9-44 【批处理】对话框

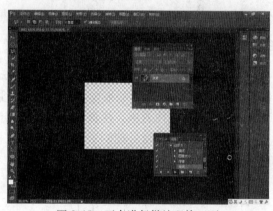

图 9-45 正在进行批处理的画面

【批处理】对话框中的选项说明如下：

● 播放：在该栏的【组】下拉列表中可以选择要应用的组名称或默认动作，然后在【动作】下拉列表中可以选择要应用的动作。

● 源：在【源】下拉列表中可以选择所需的选项。如果选择"文件夹"选项，可以对已存储在计算机中的文件播放动作。单击【选择】按钮可以查找并选择文件夹。如果选择【导入】选项则用于对来自数码相机或扫描仪的图像导入和播放动作。如果选择"打开的文件"选项则用于对所有已打开的文件播放动作。如果选择"Bridge"选项则用于在Bridge 窗口中选定的文件播放动作。

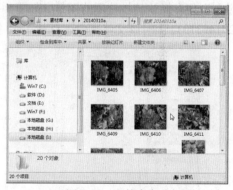

图 9-46 文件夹窗口

➢ 覆盖动作中的"打开"命令：在指定的动作中，如果包含打开命令，批处理就会忽略该命令。

➢ 包含所有子文件夹：处理子文件夹中的文件。

➢ 禁止显示文件打开选项对话框：选择该选项时可以隐藏【文件打开选项】对话框。当对相机原始图像文件的动作进行批处理时，这是很有用的。将使用默认设置或以前指定的设置。

➢ 禁止颜色配置文件警告：选择该项时则关闭颜色方案信息的显示。

● 目标：在【目标】下拉列表中可以选择处理文件的目标。如果在【目标】列表中选择文件夹，则其下的【选择】按钮呈活动可用状态，单击其下的【选择】按钮可以选择目标文件所在的文件夹。

➢ 【覆盖动作中的存储为】：如果选择该命令，可以使动作中【存储为】命令引用批处理的文件，而不是动作中指定的文件名和位置。如果要选择此选项，则动作必须包含一个【存储为】命令，因为【批处理】命令不会自动存储源文件。

● 错误：在【错误】下拉列表中可以选择处理错误的选项。

➢ 由于错误而停止：由于错误而停止进程，直到用户确认错误信息为止。

➢ 将错误记录到文件：将每个错误记录在文件中而不停止进程。如果有错误记录到文件中，则在处理完毕后将出现一条信息。如果要查看错误文件，可以单击其下的【存储为】按钮并在弹出的对话框中命名错误文件。

9.3.2 创建快捷批处理

【快捷批处理】是一个小应用程序，它将动作应用在拖移到快捷批处理图标上的一个或多个图像，其图标为 ． 如果要高频率地对大量图像进行同样的动作处理，应用快捷批处理可以大幅度提高工作效率。快捷批处理可以存储在桌面上或磁盘上的某个位置。

动作是创建快捷批处理的基础，在创建快捷批处理前，必须在【动作】面板中创建所需的动作。

上机实战　创建快捷批处理

1　为了不再创建新动作，先将前面处理过的图片所在的文件夹（20140310a）中的图片删除，以便存储快捷批处理的图片，如图 9-47 所示。再选择存放生成的快捷批处理的文件夹（如20140310），同时该文件夹中还存放了大量要处理的图片或图片所在的文件夹，如图 9-48 所示。

图 9-47　文件夹窗口

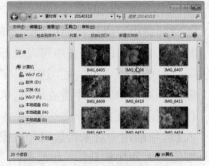

图 9-48　文件夹窗口

2　在菜单中执行【文件】→【自动】→【创建快捷批处理】命令，弹出如图 9-49 所示的对话框，在【将快捷批处理存储为】栏中单击【选择】按钮，在弹出的对话框中选择前面

定义好的文件夹（如 20140310），紧接着在弹出的对话框中直接单击【保存】按钮。在【播放】栏中设置【动作】为动作 3，该动作是刚创建的动作；在【目标】下拉列表中选择文件夹，单击其下的【选择】按钮，在弹出的对话框中选择前面定义好的用于存放快捷批处理过图片的文件夹（如 20140310a），其他为默认值，在【创建快捷批处理】对话框中单击【确定】按钮，快捷批处理将被保存到指定文件夹（如 20140310）中，如图 9-50 所示。说明如下：

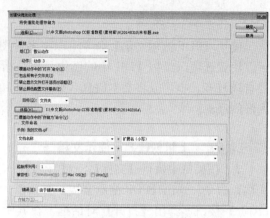

图 9-49 【创建快捷批处理】对话框

创建快捷批处理对话框中的选项：
- 将快捷批处理存储为：选择一个地址或位置来保存生成的快捷批处理。
- 播放：选择所需的序列或动作。
- 目标：在其下拉列表中可以选择以何种方式保存处理过的文件。

3 应用快捷批处理的方法很简单，只要将准备处理的文件或文件夹拖动到快捷批处理图标上即可，如图 9-51 所示，松开鼠标左键后，即可在 Photoshop 中自动进行处理图片，同时在【动作】面板中会显示快捷批处理集，如图 9-52 所示。

图 9-50 文件夹窗口

图 9-51 文件夹窗口

4 处理完成后用于存放处理过的图片文件夹（如 20140310a）中就有了被处理过的图片，如图 9-53 所示。

图 9-52 快捷处理过程

图 9-53 文件夹窗口

9.3.3 PDF 演示文稿

使用【PDF 演示文稿】命令可以将多种图像创建为多页面文档或放映幻灯片演示文稿。可以设置选项以维护 PDF 中的图像品质、指定安全性设置以及将文档设置为作为放映幻灯片自动打开，也可以将文本信息（如文件名和选定的元数据）添加到 PDF 演示文稿中每个图像的底部。

上机实战　上机创建 PDF 演示文稿

1　在菜单中执行【文件】→【自动】→【PDF 演示文稿】命令，弹出【PDF 演示文稿】对话框，在其中单击【浏览】按钮，弹出【打开】对话框，在其中选择要创建为演示文稿的图片（这里以进行快捷批处理后的 20140310a 文件夹中的图片为例），单击【打开】按钮，将这些文件排放到源文件栏中，如图 9-54 所示。

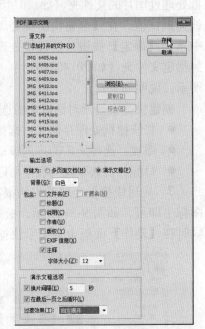

图 9-54　【PDF 演示文稿】对话框

PDF 演示文稿对话框中的选项说明如下：

- 浏览：用户在【PDF 演示文稿】对话框中，单击【浏览】添加打开的文件：浏览并向 PDF 演示文稿中添加文件。可以添加已经在 Photoshop 中打开的文件。
- 可以根据需要移去不需要的文件，在【源文件】窗口中选择该文件，然后单击【移去】按钮即可。
- 【源文件】窗口：其中的文件用于生成 PDF 演示文稿中的页面，文件列表中最上面的文件生成第一页，它下面的文件生成后续页面。要更改顺序，可以在【源文件】窗口中选择一个文件并将其拖动到新的位置。
- 多页面文档：选择该选项可以创建图像在不同页面上的 PDF 文档。
- 演示文稿：选择该选项可以创建 PDF 放映幻灯片演示文稿。
- 换片间隔：如果在【输出选项】栏中选择了【演示文稿】选项，则该选项成可用状态，可以在其中设置演示文稿在播放时图像停留的时间长度。
- 在最后一页之后循环：如果在【输出选项】栏中选择了【演示文稿】选项，则该选项成为可用状态。选择该选项可以在演示文稿播放完后自动重新开始。
- 过渡效果：如果在【输出选项】栏中选择了【演示文稿】选项，则该选项成为可用状态。可以在其下拉列表中选择在播放演示文稿时从上一幅图像到下一幅图像之间的转换方式。

2　在【输出选项】栏中选择【演示文稿】选项，在【过渡】下拉列表中选择向左揭开，勾选【在最后一页之后循环】选项，其他为默认值，单击【存储】按钮，弹出【另存为】对话框，选择要保存的文件夹，然后在【文件名】文本框中输入所需的名称，如图 9-55 所示，单击【保存】按钮。

3　可以根据需要在弹出的【存储 Adobe PDF】对话框其中设置参数，如图 9-56 所示，单击【存储 PDF】按钮，即可在 Photoshop CC 中进行处理，处理好后就创建好了 PDF 演示文稿。

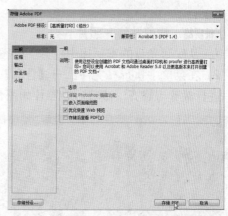

图 9-55　【另存为】对话框　　　　　　　　图 9-56　【存储 Adobe PDF】对话框

存储 Adobe PDF 对话框中的选项说明如下：

- 说明：显示选择预设中的说明，并提供一个地方供用户编辑说明。可以从剪贴板中粘贴说明。
- 保留 Photoshop 编辑功能：在 PDF 中保留 Photoshop 数据，如图层、Alpha 通道和专色。只能在 Photoshop CS2 和更高版本中打开带有此选项的 Photoshop PDF 文档。
- 嵌入页面缩览图：创建图片的缩览图像。
- 优化快速 Web 预览：优化 PDF 文件，以便在 Web 浏览器中更快地进行查看。
- 存储后查看 PDF：在默认 PDF 查看应用程序中打开新创建的 PDF 文件。

　4　如果要打开创建的演示文稿，需要安装 Adobe Reader 程序。打开保存演示文稿的文件夹，在其中找到创建的演示文稿，如图 9-57 所示，双击该演示文稿，即可用 Adobe Reader 程序打开并进行一页一页的演示，如图 9-58 所示。

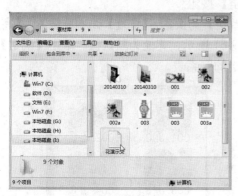

图 9-57　文件夹窗口　　　　　　　　图 9-58　在 Adobe Reader 程序中演示文稿

直接在程序窗口中打开这些文件，然后在对话框中勾选【添加打开的文件】选项，也可以将打开的文件添加到源文件栏中。

9.3.4　裁剪并修齐照片

　利用【裁剪并修齐照片】命令可以对照片进行裁剪与修齐。

上机实战 裁剪并修齐照片

1 从配套光盘的素材库中打开一张图片，如图 9-59 所示。

2 在菜单中执行【文件】→【自动】→【裁剪并修齐】命令，Photoshop CC 就自动对照片进行裁剪与修齐，裁剪后的照片如图 9-60 所示。

图 9-59 打开的图片   图 9-60 裁剪后的图片

9.3.5 联系表 II

联系表使用户可以方便地预览图像和将图像编为目录。使用【联系表 II】命令，可以自动创建缩览图并将其放在页面上。

上机实战 创建联系表 II

1 在菜单执行【文件】→【自动】→【联系表 II】命令，弹出【联系表 II】对话框，在【源图像】栏中单击【选取】按钮，弹出【浏览文件夹】对话框，在其中选择要生成缩览图图像所在的文件夹（如 002），选择好后单击【确定】按钮。

2 返回【联系表 II】对话框中并在其中设置【单位】为像素，【宽度】为 600 像素，【高度】为 800 像素，【列数】为 2，【行数】为 4，如图 9-61 所示，其他为默认值，单击【确定】按钮，经过一段时间处理，就可以得到如图 9-62 所示的联系表。

 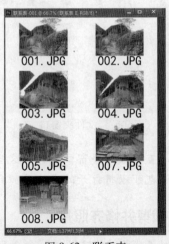

图 9-61 【联系表 II】对话框   图 9-62 联系表

联系表 II 选项说明如下：

- 源图像：在该栏中单击【选取】按钮，可以选择图像源文件所在的文件夹。如果勾选其下的【包含子文件夹】，则可以对该文件夹内的所有子文件夹中的图像执行同样的操作。
- 文档：在该栏中可以设置联系表的大小、分辨率、模式和是否拼合所有图层。
- 缩览图：在该栏中可以设置缩览图排放的位置、列数、行数。
- 将文件名用作题注：可以设置是否用文件名作为联系表中图像的说明文字。在【字体】和【字体大小】下拉列表中将选择说明文字的字体和字体大小。

9.3.6　Photomerge

利用【Photomerge】命令可以将两个或更多的文件创建成全景合成图。

 **上机实战　使用 Photomerge 命令创建全景图**

1　从配套光盘的素材库中打开要创建为全景图的图像，如图 9-63 所示。

图 9-63　打开的文件

2　在菜单中【文件】→【自动】→【Photomerge】命令，弹出【照片合并】对话框，在其中单击【添加打开的文件】按钮与选择【调整位置】选项，即可将打开的文件添加到中间的方框中，如图 9-64 所示，单击【确定】按钮，即可在 Photoshop 中进行处理，经过一段时间处理后得到如图 9-65 所示的全景图。

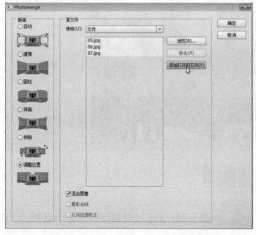

图 9-64　【Photomerge】对话框

图 9-65　创建的全景图

9.3.7 合并到 HDR

可以使用【合并到 HDR】命令将拍摄同一人物或场景的多幅图像（曝光度不同）合并在一起，在一幅 HDR 图像中捕捉场景的动态范围。可以选择将合并后的图像存储为 32 位/通道的 HDR 图像。

上机实战　使用合并到 HDR 图像命令合并图像

　1　按 Ctrl＋O 键从配套光盘的素材库中打开同一个场景拍摄的两张图片，如图 9-66 所示。

　2　在菜单中执行【文件】→【自动】→【合并到 HDR Pro】命令，弹出如图 9-70 所示的对话框，在其中单击【添加打开的文件】按钮，将其添加到使用的列表中，如图 9-67 所示。

图 9-66　打开的两张图片　　　　　　图 9-67　【合并到 HDR Pro】对话框

　3　在【合并到 HDR Pro】对话框中单击【确定】按钮，会弹出【手动设置曝光值】对话框，在其中选择第 1 张图像的 "f-Stop:f/" 为 8，如图 9-68 所示，再选择第 2 张图像，并设置所需的 "f-Stop:f/" 值，直到【确定】按钮成可用状态就行了，如图 9-69 所示，选择好后单击【确定】按钮。

　4　在弹出的【合并到 HDR Pro】对话框的【预设】列表中选择超现实高对比度，如图 9-70 所示，然后设置所需的参数，如图 9-71 所示，设置好后单击【确定】按钮，经过一段时间的处理后得到如图 9-72 所示的效果。

图 9-68　【手动设置曝光值】对话框

图 9-69　【手动设置曝光值】对话框

图 9-70　【合并到 HDR Pro】对话框

图 9-71　【合并到 HDR Pro】对话框

图 9-72　合并的图像

9.3.8　条件模式更改

使用【条件模式更改】命令可以根据图像原来的模式将图像的颜色模式更改为用户指定的模式，如图 9-73 所示。

- 源模式：选择与当前文件相匹配的源模式。
- 目标模式：在下拉列表中可以选择需要转换的目标模式。

图 9-73　【条件模式更改】对话框

9.3.9　限制图像

【限制图像】命令可以将当前图像限制为用户指定的宽度和高度，但不改变长宽比。在菜单中执行【文件】→【自动】→【限制图像】命令后弹出如图 9-74 所示的对话框。

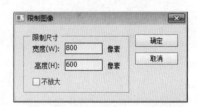

图 9-74　【限制图像】对话框

9.4　本章小结

本章主要学习了动作与自动命令的操作，学会使用这两个命令可以为工作带来很大的帮助，从而提高工作效益。

9.5　习题

一．填空题

1. 使用【PDF 演示文稿】命令可以将多种图像创建为_____或_____。

2. 使用【限制图像】命令可以将当前图像限制为用户指定的_____和_____，但不改变_____。

二．选择题

1. 以下哪个功能是对单个文件或一批文件回放的一系列命令？ （ ）

    A. 动作　　　　　　B. 批处理　　　　　C. 图层　　　　　　D. 路径

2. 以下哪个命令使用户可以在包含多个文件和子文件夹的文件夹上播放动作？ （ ）

    A. 快捷批处理　　　B. 批处理　　　　　C. 动作　　　　　　D. PDF 演示文稿

3. 利用以下哪个命令可以对照片进行裁剪与修齐？ （ ）

    A.【裁剪】命令　　　　　　　　　　B.【裁剪并修齐照片】命令

    C.【限制图像】命令　　　　　　　　D.【合并到 HDR】命令

4. 以下哪个命令是一个小应用程序，它将动作应用于拖移到快捷批处理图标上的一个或多个图像。 （ ）

    A. 快捷批处理　　　B. 批处理　　　　　C. 动作　　　　　　D. PDF 演示文稿

第 10 章 色彩与色调调整

教学要点

学会使用【调整】菜单中的各命令调整图像的色彩与色调。

学习重点与难点

➢ 颜色和色调校正
➢ 使用色阶、曲线和曝光度来调整图像
➢ 校正图像的色相/饱和度和颜色平衡
➢ 调整图像的阴影/高光
➢ 匹配、替换和混合颜色
➢ 快速调整图像
➢ 对图像进行特殊颜色处理

10.1 颜色和色调校正

10.1.1 颜色调整命令

Photoshop CC 提供了以下 10 种用于颜色调整的命令。

- 【自动颜色】命令：使用它可以快速校正图像中的色彩平衡。
- 【色阶】命令：使用它可以通过为单个颜色通道设置像素分布来调整色彩平衡。
- 【曲线】命令：对于单个通道，为高光、中间调和阴影调整最多提供 14 个控制点。
- 【照片滤镜】命令：使用它可以通过模拟在相机镜头前安装 Kodak Wratten 或 Fuji 滤镜时所达到的摄影效果来调整颜色。
- 【色彩平衡】命令：使用它可以更改图像中所有的颜色混合。
- 【色相/饱和度】命令：使用它可以调整整个图像或单个颜色分量的色相、饱和度和亮度值。
- 【匹配颜色】命令：使用它可以将一张照片中的颜色与另一张照片相匹配，将一个图层中的颜色与另一个图层相匹配，将一个图像中选区的颜色与同一图像或不同图像中的另一个选区相匹配。该命令还调整亮度和颜色范围并中和图像中的色痕。
- 【替换颜色】命令：使用它可以将图像中的指定颜色替换为新颜色值。
- 【可选颜色】命令：使用它可以调整单个颜色分量的印刷色数量。
- 【通道混合器】命令：使用它可以修改颜色通道并进行使用其他颜色调整工具不易实现的色彩调整。

10.1.2 色调调整方法

可以采用以下 4 种不同方式来设置图像的色调范围。

（1）在【色阶】对话框中沿直方图拖移滑块，如图 10-1 所示。

（2）在【曲线】对话框中调整图形的形状。此方法允许在 0～255 色调范围中调整任何点，并可以最大限度地控制图像的色调品质，如图 10-2 所示。

图 10-1　原图与调整色阶后的效果

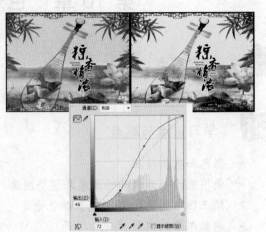

图 10-2　原图与曲线调整后的效果

（3）使用【色阶】或【曲线】对话框为高光和阴影像素指定目标值。对于正发送到印刷机或激光打印机的图像来说，这可以保留重要的高光和阴影细节。在锐化之后，可能还需要微调目标值。

（4）使用【阴影/高光】命令调整阴影和高光区域中的色调。它对于校正强逆光使主体出现黑色影像，或者由于靠近照相机闪光灯而导致主体曝光稍稍过度的图像特别有用，如图 10-3 所示。

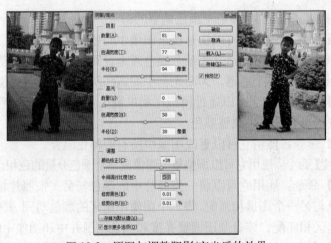

图 10-3　原图与调整阴影/高光后的效果

10.2　使用色阶、曲线和曝光度调整图像

10.2.1　色阶

【色阶】调整命令允许用户通过调整图像的暗调、中间调和高光等强度级别，校正图像的色调范围和色彩平衡。【色阶】直方图可以用作调整图像基本色调的直观参考。

在菜单中执行【图像】→【调整】→【色阶】命令，将弹出如图 10-4 所示的【色阶】对话框，其中的选项说明如下。

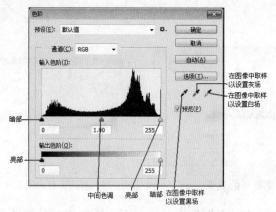

图 10-4　【色阶】对话框

- 通道：在其下拉列表中可以选择要进行色调调整的颜色通道。
  - 输入色阶：在【输入色阶】的文本框中可以输入所需的数值或拖移直方图下方的滑块分别设置图像的暗调、中间调和高光。可以将【输入色阶】的黑部和亮部滑块拖移到直方图的任意一端的第一组像素的边缘，或直接在第一个和第三个【输入色阶】文本框中输入值来调整暗调和高光。

从配套光盘的素材库中打开一张图片，接着执行【色阶】命令，弹出【色阶】对话框，在其中拖移暗部滑块向右至适当的位置或在输入色阶的第一个文本框中输入所需的数值，即可将图像调暗，如图 10-5 所示。

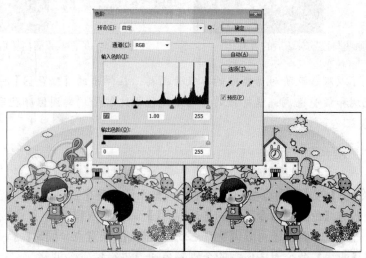

图 10-5　原图与调暗后的效果

如果图像需要校正中间调，可以将【输入色阶】的中间色调滑块向右或向左拖移使中间调变暗或变亮。也可以直接在【输入色阶】的中间文本框中输入所需的数值。

  - 输出色阶：拖移【输出色阶】的黑部和亮部滑块或在文本框中输入数值可以定义新的暗调和高光值。拖动输出色阶的亮部滑块向右到适当位置，即可将图像整体调亮，如图 10-6 所示。

- ✐设置黑场：选择它时在图像中单击一下，则会将图像中最暗处的色调值设置为单击处的色调值，所有比它更暗的像素都将成为黑色，如图 10-7 所示。

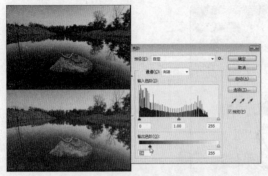

图 10-6　原图与调亮后的效果

图 10-7　原图与设置黑场后的效果

- ✐设置灰点：选择它时在图像中单击一下，则单击处的颜色亮度将成为图像的中间色调范围的平均亮度，如图 10-8 右所示为按 Ctrl + Z 键撤消黑场设置再用设置灰场吸管在画面中适当位置单击的效果。
- ✐设置白场：选择它时在图像中单击一下，则会将图像中最亮处的色调值设置为单击处的色调值，所有色调值比它大的像素都将成为白色，如图 10-9 所示。

图 10-8　原图与设置灰场后的效果

图 10-9　原图与设置白场后的效果

用户也可以双击色阶对话框中的各吸管工具，在弹出的【拾色器】中设置所需的最暗色调和最亮色调，这样做的目的是使色调比较平均的图像颜色有较好的暗调和高光。

10.2.2　曲线

【曲线】命令与【色阶】命令类似，都可以调整图像的整个色调范围，是应用非常广泛的色调调整命令。与【色阶】命令不同的是，【曲线】命令不仅仅使用 3 个变量（高光、暗调、中间调）进行调整，而且还可以调整 0～255 范围内的任意点，同时保持 15 个其他值不变。也可以使用【曲线】命令对图像中的个别颜色通道进行精确的调整。

在菜单中执行【图像】→【调整】→【曲线】命令，将弹出如图 10-10 所示的曲线对话框，其中的选项说明如下。

- 通道：在其下拉列表中可以选择需要调整色调的通道。如在处理某一通道色明显偏重的 RGB 图像或 CMYK 图像时，就可以只选择这个通道进行调整，而不会影响到其他颜色通道的色调分布。

● 调整区：水平色带代表横坐标，表示原始图像中像素的亮度分布，也就是输入色阶。垂直色带代表纵坐标，表示调整后图像中像素亮度分布，也就是输出色阶，其变化范围均在 0～255 之间。对角线用来显示当前输入和输出数值之间的关系，调整前的曲线是一条角度为 45 度的直线，也就是说明所有的像素的输入与输出亮度相同。用曲线调整图像色阶的过程，也就是通过调整曲线的形状来改变输入输出亮度，从而达到更改整个图像的色阶。

如果选择 RGB 复合通道，则对整个图像进行调整。

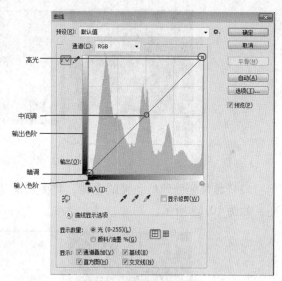

图 10-10 【曲线】对话框

上机实战 使用曲线命令调整图像色调

1 按 Ctrl＋O 键从配套光盘的素材库中打开一张图片，如图 10-11 所示。

2 按 Ctrl＋M 键执行【曲线】命令，选择 RGB 复合通道，在网格中的直线上单击添加一个点并向上拖到适当的位置，如图 10-12 所示，即可将图像调亮，如图 10-13 所示。

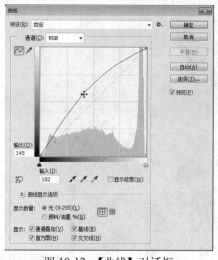

图 10-11 打开的图片　　　　图 10-12 【曲线】对话框　　　　图 10-13 图像调亮后的效果

如果在【曲线】对话框中将中间添加的点向下拖则将图像调暗。

TIPS▶

10.2.3 利用【曲线】命令纠正常见的色调问题

（1）如果要处理平均色调的图像，将曲线调为 S 型，可以使暗区更暗，亮区更亮，使图像明暗对比明显，如图 10-14 所示。

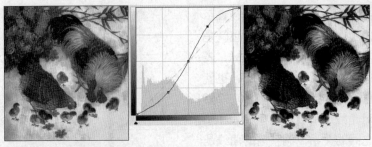

图 10-14　原图与曲线调整后的效果

（2）如果要处理低色调的图像，将曲线调为向上凸型，可以使图像各色调区按比例被加亮，如图 10-15 所示。

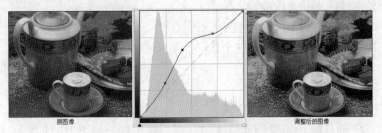

图 10-15　原图与曲线调整后的效果

（3）如果要处理高亮度的图像，将曲线调为向下凹型，可以使图像各色调区按一定比例被调暗，如图 10-16 所示。

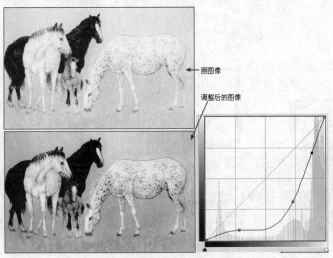

图 10-16　原图与曲线调整后的效果

10.2.4　曝光度

使用【曝光度】对话框可以调整 HDR 图像的色调，但它也可以用于 8 位和 16 位图像。曝光度是通过在线性颜色空间（灰度系数 1.0）而不是图像的当前颜色空间执行计算而得出的。

上机实战　使用曝光度命令调整图像色调

1　从配套光盘的素材库中打开一张要处理的图片，如图 10-17 所示。

2　在菜单中执行【图像】→【调整】→【曝光度】命令，弹出【曝光度】对话框，在其中设置【曝光度】为+0.74，【位移】为-0.0079，【灰度系数校正】为1.03，如图 10-18 所示，单击【确定】按钮，即可将图像的曝光度调好，效果如图10-19 所示。

图 10-17　打开的图片

曝光度对话框中各选项说明如下：

- 曝光度：调整色调范围的高光端，对极限阴影的影响很轻微。
- 位移：使阴影和中间调变暗，对高光的影响很轻微。
- 灰度系数校正：使用简单的乘方函数调整图像灰度系数。负值会被视为它们的相应正值（也就是说，这些值仍然保持为负，但仍然会被调整，就像它们是正值一样）。
- 吸管工具：可以调整图像的亮度值（与影响所有颜色通道的【色阶】吸管工具不同）。
  - ➢ 　（设置 z 黑场）：可以设置"偏移量"，同时将用户单击的像素改变为零。
  - ➢ 　（设置白场）：可以设置"曝光度"，同时将用户单击的点改变为白色（对于 HDR图像为 1.0）。
  - ➢ 　（设置灰场）：可以设置"曝光度"，同时将用户单击的值变为中度灰色。

图 10-18　【曝光度】对话框

图 10-19　调整后的图像

 Radiance（HDR）是一种 32 位/通道文件格式，用于高动态范围的图像。HDR 图像的动态范围超出了标准计算机显示器的显示范围。在 Photoshop 中打开 HDR 图像时，图像可能会非常暗或出现褪色现象。Photoshop 提供了预览调整功能，可以使显示器显示的 HDR 图像的高光和阴影不会太暗或出现褪色现象。

10.3　校正图像的色相/饱和度和颜色平衡

10.3.1　色相/饱和度

使用【色相/饱和度】命令可以调整整个图像或图像中单个颜色成分的色相、饱和度和明度。

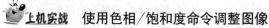 **上机实战**　使用色相/饱和度命令调整图像

1　从配套光盘的素材库中打开一张图片，如图 10-20 所示。

图 10-20　打开的图片

2　在菜单中执行【图像】→【调整】→【色相/饱和度】命令，弹出【色相/饱和度】对话框，在其中设置所需的参数，如图 10-21 所示，单击【确定】按钮，得到如图 10-22 所示的效果。

色相/饱和度对话框中的选项说明如下：

- 预设：在该下拉列表中可以选择要调整的颜色。
  - ➤ 全图：选择全图可以一次性调整所有颜色。
  - ➤ 如果选择其他的单色（如红色），则会在下方的两个颜色条之间出现几个滑块，同时吸管工具也成为活动显示。

图 10-21　【色相/饱和度】对话框

图 10-22　调整后的图像

- 色相：也就是常说的颜色，如红、橙、黄、绿、青、蓝、紫。在【色相】的文本框中输入一个数值（数值范围为−180～+180），或拖移滑块，可以显示所需的颜色。
- 饱和度：也就是一种颜色的纯度，颜色越纯，饱和度越大，否则相反。
- 明度：也就是指色调，即图像的明暗度。将【明度】滑块向右拖移增加明度，向左拖移减少明度，也可以在文本框中输入−100～+100 之间的数值。
- 着色：勾选【着色】复选框则图像被转换为当前前景色的色相，如果前景色不是黑色或白色，每个像素的明度值不改变。

10.3.2　色彩平衡

利用【色彩平衡】命令可以更改图像的总体颜色混合，它适用于普通的色彩校正，而且要确保选中了复合通道。

上机实战　使用色彩平衡命令调整图像

1　从配套光盘的素材库中打开一张图片，如图 10-23 所示。

2　在菜单中执行【图像】→【调整】→【色彩平衡】命令，弹出【色彩平衡】对话框，在其中设置所需的参数，如图 10-24 所示，单击【确定】按钮，得到如图 10-25 所示的效果。

色彩平衡对话框中各选项说明如下：

- 色阶：在 3 个文本框中输入所需的数值或拖动滑杆上的滑块，可以增加或减少图像中的颜色。

图 10-23　打开的图片

- 色调平衡：在该栏中可以选择阴影、中间调与高光选项控制校正图像的范围。其中的【保持明度】选项，默认情况下是勾选的，可以防止更改颜色时同时亮度值会发生变化。

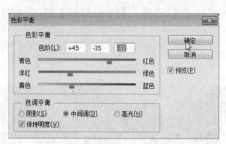

图 10-24 【色彩平衡】对话框

图 10-25 调整后的效果

10.3.3 照片滤镜

使用【照片滤镜】命令可以模仿在相机镜头前面加彩色滤镜，以便调整通过镜头传输的光的色彩平衡和色温，使胶片曝光。

上机实战 使用照片滤镜命令调整图像

1 从配套光盘的素材库中打开一张图片，如图 10-26 所示。

2 在菜单中执行【图像】→【调整】→【照片滤镜】命令，弹出【照片滤镜】对话框，在【滤镜】下拉列表中选择冷却滤镜（80），其他不变，如图 10-27 所示，单击【确定】按钮，即可得到如图 10-28 所示的效果。

图 10-26 打开的图片

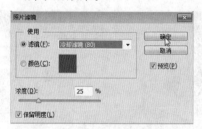

图 10-27 【照片滤镜】对话框

图 10-28 调整后的效果

照片滤镜对话框中各选项说明如下：

- 使用：在该栏中可以选择滤镜颜色，包括：自定滤镜或预设值。
- 浓度：可以拖动【浓度】滑块或者在【浓度】文本框中输入一个百分比，浓度越高，颜色调整幅度就越大。
- 保留明度：选中该选项可以在添加颜色滤镜时不使图像变暗。

10.4 调整图像的阴影/高光

【阴影/高光】命令适用于校正由强逆光而形成剪影的照片，或者校正由于太接近相机闪光灯而有些发白的焦点。在用其他方式采光的图像中，这种调整也可用于使阴影区域变亮。【阴影/高光】命令不是简单地使图像变亮或变暗，它基于阴影或高光中的周围像素（局部相邻像素）增亮或变暗。正因为如此，阴影和高光都有各自的控制选项。默认值设置为修复具有逆光问题的图像。【阴影/高光】命令还有【中间调对比度】滑块、【修剪黑色】选项和【修剪白色】选项，用于调整图像的整体对比度。

上机实战 调整图像的阴影和高光

1 从配套光盘的素材库中打开一张图片，如图 10-29 所示。

2 在菜单中执行【图像】→【调整】→【阴影/高光】命令，弹出【阴影/高光】对话框，在其中设置所需的参数，如图 10-30 所示，单击【确定】按钮，得到如图 10-31 所示的效果。

阴影/高光对话框中各选项说明如下：

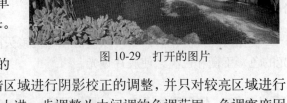

图 10-29 打开的图片

● 色调宽度：控制阴影或高光中色调的修改范围。较小的值会限制只对较暗区域进行阴影校正的调整，并只对较亮区域进行【高光】校正的调整。较大的值会增大进一步调整为中间调的色调范围。色调宽度因图像而异。值太大可能会导致非常暗或非常亮的边缘周围出现色晕。

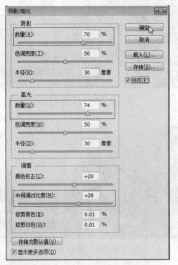

图 10-30 【阴影/高光】对话框

图 10-31 调整后的效果

● 半径：控制每个像素周围的局部相邻像素的大小。相邻像素用于确定像素是在阴影还是高光中。向左移动滑块会指定较小的区域，向右移动滑块会指定较大的区域。局部相邻像素的最佳大小取决于图像。最好通过调整进行试验。如果【半径】太大，则调整倾向于使整个图像变亮（或变暗），而不是只使主体变亮。最好将半径设置为与图像中所关注主体的大小大致相等。

● 颜色校正：允许在图像的已更改区域中微调颜色。此调整仅适用于彩色图像。通常，增大这些值倾向于产生饱和度较大的颜色，而减小这些值则会产生饱和度较小的颜色。

由于【颜色校正】滑块只影响图像中发生更改的部分，因此颜色的变化量取决于应用了多少阴影或高光。阴影和高光的校正幅度越大，可用颜色校正的范围也就越大。【颜色校正】滑块对图像中变暗或变亮的颜色应用精细的控制。如果想要更改整个图像的色相或饱和度，可以在应用【阴影/高光】命令之后使用【色相/饱和度】命令。

- 亮度：当图像为灰度图像时，【颜色校正】选项就变为【亮度】选项，拖动【亮度】滑块可调整灰度图像的亮度。向左移动【亮度】滑块会使灰度图像变暗，向右移动该滑块会使灰度图像变亮。
- 中间调对比度：调整中间调中的对比度。向左移动滑块会降低对比度，向右移动会提高对比度。也可以在【中间调对比度】文本框中输入一个值。负值会降低对比度，正值会提高对比度。增大中间调对比度会在中间调中产生较强的对比度，同时倾向于使阴影变暗并使高光变亮。
- 修剪黑色/修剪白色：指定在图像中会将多少阴影和高光剪切到新的极端阴影（色阶为 0）和高光（色阶为 255）颜色。值越大，生成的图像的对比度越大。如果剪贴值太大就会减小阴影或高光的细节（强度值会被作为纯黑或纯白色剪切并渲染）。

10.5 匹配、替换和混合颜色

10.5.1 匹配颜色

使用【匹配颜色】命令可以匹配不同图像之间、多个图层之间或者多个颜色选区之间的颜色。它还允许通过更改亮度和色彩范围以及中和色痕来调整图像中的颜色。【匹配颜色】命令仅适用于 RGB 模式。

在使用【匹配颜色】命令时，指针将变成吸管工具。在调整图像时，使用吸管工具可以在【信息】面板中查看颜色的像素值。此面板会在用户使用【匹配颜色】命令时提供有关颜色值变化的反馈。

【匹配颜色】命令可以将一个图像（源图像）的颜色与另一个图像（目标图像）中的颜色相匹配。除了匹配两个图像之间的颜色以外，【匹配颜色】命令还可以匹配同一个图像中不同图层之间的颜色。

上机实战　在不同图像中匹配颜色

1　从配套光盘的素材库中打开两张图片，并以 "014jpg" 文件为当前可用文件，如图 10-32 所示。

图 10-32　打开的文件

2 在菜单中执行【图像】→【调整】→【匹配颜色】命令，弹出如图 10-33 所示对话框，在其中的【图像统计】栏的【源】下拉列表中选择"013.jpg"，再设置【颜色强度】为 114，【渐隐】为 17，其他为默认值，单击【确定】按钮，即可使"013.jpg"文件与"014.jpg"文件中的颜色相匹配，如图 10-34 所示。

图 10-33 【匹配颜色】对话框

图 10-34 匹配颜色后的效果

匹配颜色对话框中各选项说明如下：

● 明亮度：可以拖动滑块或在文本框中输入所需的数值来调整图像的亮度。
● 颜色强度：可以拖动滑块或在文本框中输入所需的数值来调整图像的颜色浓度。
● 渐隐：可以拖动滑块或在文本框中输入所需的数值来调整图像颜色的混合程度。
● 中和：选择该选项可以将需要匹配的目标图像和与之进行匹配的来源图像的颜色进行中性混合，以产生更加柔和且颜色相对较丰富的混合色。

10.5.2 替换颜色

利用【替换颜色】命令可以在图像中基于特定颜色创建一个临时的蒙版，然后替换图像中的那些颜色。也可以设置由蒙版标识的区域的色相、饱和度和明度。

上机实战 使用替换颜色命令调整图像

1 从配套光盘的素材库中打开一张图片，如图 10-35 所示。

2 在菜单中执行【图像】→【调整】→【替换颜色】命令，弹出如图 10-36 所示对话框，使用吸管工具在画面中吸取要改变的颜色，再在【替换】栏中设置所需的颜色，其他为默认值，单击【确定】按钮，即可将选择的颜色替换，效果如图 10-37 所示。

替换颜色对话框中各选项说明如下：

● 选区：在此栏中可以设置颜色容差、选区颜色和显示选项。
  ➢ 吸管工具：选择一种吸管工具，在图像中单击，可以确定以何种颜色建立蒙版。吸管可以用于增大蒙版（即选区），也可以用于去掉多余的蒙版区域。
  ➢ 选区：选择【选区】单选框，即可在预览框中显示蒙版。被蒙版区域是黑色，不被蒙版区域是白色。部分被蒙版区域（覆盖有半透明蒙版）会根据它的不透明度不同而显示不同的灰色色阶。
  ➢ 图像：选择【图像】单选框，可以在预览框中显示图像。在处理放大的图像或屏幕空间不够时，该选项非常有用。

> ➢ 颜色容差：通过拖移【颜色容差】滑块或在文本框中输入一个数值来调整蒙版的容差。先用吸管工具在图像中吸取一种颜色以建立蒙版，拖动颜色容差滑块向右添加蒙版区域，向左拖移滑块减少蒙版区域。

- 替换：可以通过拖移色相、饱和度和明度的滑块变换图像中所选区域的颜色。

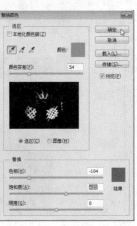

图 10-35　打开的图片　　　　　图 10-36　【替换颜色】　　　　图 10-37　替换颜色后的效果
　　　　　　　　　　　　　　　　　　　　对话框

10.5.3　通道混合器

利用【通道混合器】命令可以使用当前颜色通道的混合修改颜色通道。但在使用该命令时要选择复合通道。使用该命令可以完成下列操作：

（1）进行富有创意的颜色调整，所得的效果是用其他颜色调整工具不易实现的。

（2）从每个颜色通道选取不同的百分比，来创建高品质的灰度图像。

（3）创建高品质的棕褐色调或其他彩色图像。

（4）在替代色彩空间（如数字视频中使用的 YCbCr）中转换图像。

（5）交换或复制通道。

上机实战　使用通道混合器命令调整图像

1　从配套光盘的素材库中打开一张图片，如图 10-38 所示。

2　在菜单中执行【图像】→【调整】→【通道混合器】命令，弹出【通道混合器】对话框，在其中设置【红色】为+81%，【绿色】为+39%，【蓝色】为−26%，其他不变，如图 10-39 所示，单击【确定】按钮，即可得到如图 10-40 所示的效果。

图 10-38　打开的图片

通道混合器中各选项说明如下：

- 输出通道：在该下拉列表中可以选取要在其中混合一个或多个现有（或源）通道的通道。
- 源通道：向左或向右拖动任何源通道的滑块可以减小或增加该通道在输出通道中所占的百分比，或在文本框中输入一个介于−200%～+200% 之间的数值来达到同种效果。

使用负值可以使源通道在被添加到输出通道之前反相。

- 常数：该选项可以添加具有各种不透明度的黑色或白色通道，负值表示黑色通道，正值表示白色通道。可以通过拖移滑块或在【常数】文本框中输入数值来达到目的。
- 单色：勾选【单色】可以将相同的设置应用于所有输出通道，从而创建出只包含灰色值的图像。

图 10-39　【通道混合器】对话框

图 10-40　调整后的效果

如果先勾选【单色】复选框，然后取消它的勾选，则可以单独修改每个通道的混合，这将创建一种手绘色调的外观。

10.5.4　可选颜色

可选颜色校正是高端扫描仪和分色程序使用的一项技术，它在图像中的每个加色和减色的原色图素中增加和减少印刷色的量。【可选颜色】使用 CMYK 颜色校正图像，也可以用于校正 RGB 图像以及将要打印的图像。在校正图像时需要确保选择了复合通道。

上机实战　使用可选颜色命令调整图像

1　从配套光盘的素材库中打开一张图片，如图 10-41 所示。

2　在菜单中执行【图像】→【调整】→【可选颜色】命令，弹出【可选颜色】对话框，在其中设置【颜色】为蓝色，再设置【青色】为 100%，【洋红】为–16%，【黄色】为 100%，其他不变，如图 10-42 所示，单击【确定】按钮，即可得到如图 10-43 所示的效果。

可选颜色对话框中各选项说明如下：

图 10-41　打开的图片

- 颜色：在【颜色】下拉列表中可以选择要调整的颜色。
- 方法：在此可以选择调整颜色的方法，如相对或绝对。
  - ➤ 相对：按照总量的百分比更改现有的青色、洋红、黄色或黑色的量。例如，如果从 50% 洋红的像素开始添加 20%，则 10%（50%×20% = 10%）将添加到洋红，结果为 60% 的洋红。该选项不能调整纯反白光，因为它不包含颜色成分。

> ➢ 绝对：按绝对值调整颜色。例如，如果从 50%的洋红的像素开始添加 20%，则洋红油墨的总量将设置为 70%。

图 10-42　【可选颜色】对话框　　　　　　　图 10-43　调整颜色后的效果

10.6　快速调整图像

10.6.1　亮度/对比度

利用【亮度/对比度】命令可以对图像的色调范围进行简单的调整。它与【曲线】和【色阶】不同，它对图像中的每个像素进行同样的调整。【亮度/对比度】命令对单个通道不起作用，建议不要用于高端输出，因为它会引起图像中细节的丢失。

在菜单中执行【图像】→【调整】→【亮度/对比度】命令，将弹出如图 10-44 所示的对话框，为了增加图像的亮度和对比度，可以将亮度和对比度滑块分别向右拖动到适当位置。

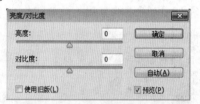

图 10-44　【亮度/对比度】对话框

- 亮度/对比度：向左或向右拖移降低亮度和对比度，可以在【亮度】文本框中输入–150～+150之间的数值来调整明亮度，也可以在【对比度】文本框中输入–50～+100 之间的数值来调整对比度。
- 使用旧版：如果勾选【使用旧版】复选框，则可以使用以前版本的参数，如在【亮度】或【对比度】文本框中输入–100～+100 之间的数值来调整亮度与对比度。

10.6.2　自动色阶

利用【自动色阶】命令可以自动调整图像的明暗度。可以自定义每个通道中最亮和最暗的像素作为白和黑，然后按比例重新分布中间像素值。因为【自动色阶】单独调整每个颜色通道，所以可能会消除或引入色偏。

在像素值平均分布的图像需要简单的对比度调或在图像有总体色偏时，【自动色阶】会得到较好的效果。但是，手动调整【色阶】或【曲线】控制会更精确。

10.6.3　自动对比度

利用【自动对比度】命令可以自动调整 RGB 图像中颜色的总体对比度和混合。因为【自动对比度】不个别调整通道，所以不会引入或消除色偏。它将图像中的最亮和最暗像素映射为白色和黑色，使高光显得更亮而暗调显得更暗。

利用【自动对比度】命令可以改进许多摄影或连续色调图像的外观，但不能改进单色图像。

10.6.4 自动颜色

利用【自动颜色】命令可以通过搜索实际图像（而不是通道的用于暗调、中间调和高光的直方图）来调整图像的对比度和颜色。

10.6.5 变化

【变化】命令通过显示替代物的缩览图，使用户可以直观对图像进行色彩平衡、对比度和饱和度调整。该命令对于不需要精确色彩调整的平均色调图像最为适用，但不能用在索引颜色图像上。

上机实战　使用变化命令调整图像

1　从配套光盘的素材库中打开一张图片，如图 10-45 所示。

2　在菜单中执行【图像】→【调整】→【变化】命令，弹出【变化】对话框，在其中单击【加深红色】两次，再单击【加深黄色】一次，如图 10-46 所示，其他不变，单击【确定】按钮，即可得到如图 10-47 所示的效果。

图 10-45　打开的图片

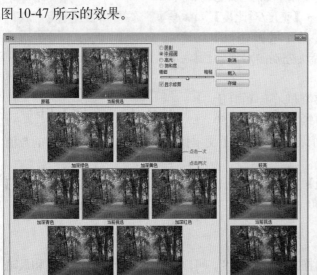

图 10-46　【变化】对话框

图 10-47　调整颜色后的效果

变化对话框中各选项说明如下：

● 原稿/当前挑选：对话框左上角的两个缩览图为【原稿】和【当前挑选】，显示原始图像或选区和当前所选图像（或选区）调整后的图像。当第一次打开【变化】对话框时，这两个缩览图是一样的，进行调整时，【当前挑选】图像就会随着调整的进行发生变化。通过这两个缩览图可以直观地对比调整前与调整后的效果。如果在【原稿】缩览图上单击，则会将【当前挑选】（即调整后的缩览图），恢复为原图像一样的效果。

- 缩览图：在对话框的左下方有 7 个缩览图，中间的【当前挑选】与左上角的【当前挑选】的作用相同，用于显示调整后的效果。其周围的 6 个缩览图分别用来改变图像的 6 种颜色，只要单击其中任一缩览图，即可将该颜色添加到当前挑选缩览图中，单击其相反的缩览图，则会减去一种颜色。对话框右下方的 3 个缩览图，主要是用于调整图像的明暗度，调整后的效果显示在【当前挑选】缩览图中。
  - ➢ 阴影/中间色调或高光：选择其中任一种作为调整的色调区，它们分别调整较暗区域、中间区域还是较亮区域。
  - ➢ 饱和度：更改图像中的色相的饱和度数。如果超出了最大的颜色饱和度，则颜色可能被剪切。
  - ➢ 粗细/粗糙：可以拖移【精细/粗糙】滑块确定每次调整的量。将滑块移动一格可以使调整量双倍增加。如果将滑块拖动到【精细】端点处，则每次单击缩览图调整时的变化很微妙。如果将滑块拖动到【粗糙】端点处，则每次单击缩览图调整时的变化很明显。
- 显示修剪：选择该选项，可以在图像中显示由调整功能剪切（转换为纯白或纯黑）的区域的预览效果。剪贴会产生用户不想要的颜色变化，因为原图像中截然不同的颜色被映射为相同的颜色。调整中间调时不会发生剪贴。

10.6.6　色调均化

　　利用【色调均化】命令可以重新分布图像中像素的亮度值，以便使它们更均匀地呈现所有范围的亮度级。在应用此命令时，Photoshop 会查找复合图像中最亮和最暗的值并重新映射这些值，以使最亮的值表示白色，最暗的值表示黑色。然后对亮度进行色调均化处理，即在整个灰度范围内均匀分布中间像素值。

　　当扫描的图像显得比原稿暗，并且想产生较亮的图像时，可以使用【色调均化】命令。配合使用【色调均化】命令和【直方图】命令，可以看到亮度的前后比较。

10.7　对图像进行特殊颜色处理

10.7.1　去色

　　利用【去色】命令可以将彩色图像转换为相同颜色模式下的灰度图像，每个像素的明度值不改变。例如，它给 RGB 图像中的每个像素指定相等的红色、绿色和蓝色值，使图像表现为灰度。在处理多图层图像时，【去色】命令只转换所选图层。

　　【去色】命令与在【色相/饱和度】对话框中将【饱和度】设为 −100 具有相同的效果。

10.7.2　反相

　　利用【反相】命令可以反转图像中的颜色。在反相图像时，通道中每个像素的亮度值将转换为 256 级颜色值刻度上相反的值。可以使用此命令将一个正片黑白图像变成负片，或从扫描的黑白负片得到一个正片。

10.7.3 阈值

利用【阈值】命令可以将灰度或彩色图像转换为高对比度的黑白图像。可以指定某个色阶作为阈值，而所有比阈值亮的像素转换为白色，所有比阈值暗的像素转换为黑色。【阈值】命令对确定图像的最亮和最暗区域很有用。

10.7.4 色调分离

利用【色调分离】命令可以指定图像中每个通道的色调级（或亮度值）的数目，然后将像素映射为最接近的匹配色调。如在 RGB 图像中指定两个色调级，就可以产生 6 种颜色，即两种红色、两种绿色、两种蓝色。

在照片中创建特殊效果，如创建大的单调区域时，此命令非常有用。在减少灰度图像中的灰色色阶数时，它的效果最为明显，但它也可以在彩色图像中产生一些特殊效果。

上机实战　使用色调分离命令调整图像

1　从配套光盘的素材库中打开一张图片，如图 10-48 所示。

2　在菜单中执行【图像】→【调整】→【色调分离】命令，弹出【色调分离】对话框，在其中设置【色阶】为 5，如图 10-49 所示，单击【确定】按钮，即可得到如图 10-50 所示的效果。

图 10-48　打开的图片

图 10-50　色调分离后的效果

图 10-49　【色调分离】对话框

10.7.5 渐变映射

利用【渐变映射】命令可以将相等的图像灰度范围映射到指定的渐变填充色。如果指定双色渐变填充，则图像中的暗调将被映射到渐变填充的一个端点颜色，高光映射到另一个端点颜色，中间调映射到两个端点间的层次。

上机实战　使用渐变映射命令调整图像

1　从配套光盘的素材库中打开一张图片，如图 10-51 所示。

图 10-51　打开的图片

2　在菜单中执行【图像】→【调整】→【渐变映射】命令，弹出【渐变映射】对话框，在其中选择所需的渐变颜色，如图 10-52 所示，单击【确定】按钮，即可得到如图 10-53 所示的效果。

图 10-52　【渐变映射】对话框　　　　　　图 10-53　调整颜色后的效果

渐变映射对话框中各选项说明如下：

● 灰度映射所用的渐变：可以单击渐变色条并在弹出的【渐变拾色器】中选择所需的渐变。默认情况下，图像的暗调、中间调和高光分别映射到渐变填充的起始（左端）颜色、中点和结束（右端）颜色。

● 渐变选项：在此栏中可以选择一个选项或两个选项或不选任何一个。

➢ 仿色：勾选该项可以添加随机杂色以平滑渐变填充的外观并减少带宽效果。

➢ 反向：切换渐变填充的方向以反向渐变映射。

10.7.6　黑白

使用【黑白】命令可以将彩色图像转换为灰度图像，同时保持对各颜色的转换方式的完全控制。也可以通过对图像应用色调来为灰度着色，如创建棕褐色效果。【黑白】命令与【通道混合器】的功能相似，也可以将彩色图像转换为单色图像，并允许用户调整颜色通道输入。

上机实战　使用黑白命令将彩色图像转换为灰度图像

1　从配套光盘的素材库中打开一张图片，如图 10-54 所示。

2　在菜单中执行【图像】→【调整】→【黑白】命令，弹出如图 10-55 所示的【黑白】对话框，单击【确定】按钮，即可得到如图 10-56 所示的效果。

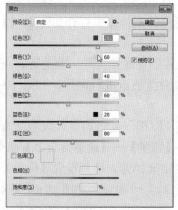

图 10-54　打开的图片　　　　图 10-55　【黑白】对话框　　　　图 10-56　调整颜色后的效果

黑白对话框中各选项说明如下：

- 预设：在该下拉列表中可以选择预定义的灰度混合或以前存储的混合。如果要存储混合，可以在【黑白】对话框中单击 ≡ 按钮，再在弹出的【面板】菜单中选择【存储预设】命令。
- 自动：单击该按钮可以设置基于图像的颜色值的灰度混合并使灰度值的分布最大化。【自动】混合通常会产生极佳的效果，并可以用作使用颜色滑块调整灰度值的起点。
- 颜色滑块：调整图像中特定颜色的灰色调。将滑块向左拖动或向右拖动分别可以使图像的原色的灰色调变暗或变亮。
- 预览：取消选择此选项，可以在图像的原始颜色模式下查看图像。
- 色调：如果要对灰度应用色调，可以选择【色调】选项并根据需要调整【色相】滑块和【饱和度】滑块。【色相】滑块可以更改色调颜色，而【饱和度】滑块可以提高或降低颜色的集中度。单击色块可以打开拾色器并进一步微调色调颜色。

10.8　课堂实训——调整照片的颜色

在调整照片的颜色时，主要应用了打开、通道混合器、曲线、USM 锐化、阴影/高光、亮度/对比度、减少杂色等工具或命令。原图像与效果如图 10-57、图 10-58 所示。

图 10-57　原图像

图 10-58　处理后的效果

上机实战　调整照片的颜色

1　按 Ctrl + O 键从配套光盘的素材库中打开如图 10-59 所示的图片。

2　显示【通道】面板，在其中查看红、绿、蓝通道，可以查看到蓝通道比较暗，因此需要对蓝通道进行调整，如图 10-60 所示。

3　在【通道】面板中单击"RGB"复合通道，以激活复合通道，在菜单中执行【图像】→【调整】→【通道混合器】命令，在其中的【输出通道】下拉列表中选择蓝，接着设置【红色】为 −11%，【绿色】为+14%，【蓝色】为+180%，如图 10-61 所示，其他不变，单击【确定】按钮，得到如图 10-62 所示的效果。

图 10-59　打开的图片

图 10-60　查看通道　　　　　　图 10-61　【通道混合器】对话框　　　图 10-62　调整后的效果

4　在菜单中执行【图像】→【调整】→【曲线】命令或按 Ctrl + M 键，在弹出的对话框的网格中将直线调为如图 10-63 所示的曲线，以调亮图像，调整好后单击【确定】按钮，可以得到如图 10-64 所示的效果。

5　在菜单中执行【滤镜】→【锐化】→【USM 锐化】命令，弹出【USM 锐化】对话框，在其中设定【数量】为 60%，【半径】为 30.6 像素，其他不变，如图 10-65 所示，单击【确定】按钮，得到如图 10-66 所示的效果。

6　在菜单中执行【图像】→【调整】→【阴影/高光】命令，弹出【阴影/高光】对话框，设置阴影【数量】为 40%，其他为默认值，如图 10-67 所示，单击【确定】按钮，可以调整图像中的阴影与高光，调整后的效果如图 10-68 所示。

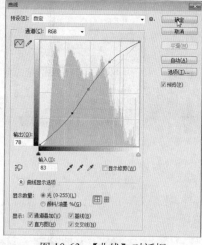

图 10-63　【曲线】对话框

图 10-64　调整后的效果　　　　图 10-65　【USM 锐化】对话框　　　图 10-66　锐化后的效果图

7　在菜单中执行【图像】→【调整】→【亮度/对比度】命令，弹出【亮度/对比度】对话框，在其中设置【亮度】为 12，其他不变，如图 10-69 所示，单击【确定】按钮，可以调亮画面，调整后的效果如图 10-70 所示。

8　如果画面中存在杂色，可以在菜单中执行【滤镜】→【杂色】→【减少杂色】命令，弹出【减少杂色】对话框，在其中设置【强度】为 3，【保留细节】为 3%，【减少杂色】为 7%，【锐化细节】为 58%，不勾选【移去 JPEG 不自然感】复选框，如图 10-71 所示，单

击【确定】按钮，可以将画面中的杂色去除，调整后的画面效果如图 10-72 所示。这样，图像就修复好了。

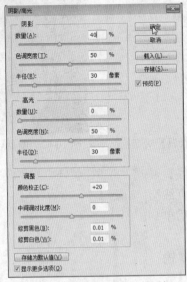

图 10-67 【阴影/高光】对话框

图 10-68 调整后的效果

图 10-69 【亮度/对比度】对话框

图 10-70 调整后的效果

图 10-71 【减少杂色】对话框

图 10-72 最终效果图

10.9　本章小结

本章主要介绍了【图像】菜单中的【调整】命令的使用方法，熟练掌握【调整】命令下的各个命令可以对图像进行快速而准确的处理。

10.10　习题

一、填空题

1.【色阶】调整命令允许用户通过调整图像的_____、_____和_____等强度级别，校正图像的_____和_____。

2. 可选颜色校正是高端扫描仪和分色程序使用的一项技术，它在图像中的每个加色和减色的原色图素中_____和_____印刷色的量。

二、选择题

1. 使用以下哪个命令可以自动调整 RGB 图像中颜色的总体对比度和混合？　　（　　）

   A.【自动对比度】命令　　　　　　　　B.【自动颜色】命令

   C.【自动色阶】命令　　　　　　　　　D.【亮度/对比度】命令

2. 使用以下哪个命令可以在图像中基于特定颜色创建一个临时的蒙版，然后替换图像中的那些颜色？　　（　　）

   A.【可选颜色】命令　　　　　　　　　B.【替换颜色】命令

   C.【混合通道器】命令　　　　　　　　D.【色彩平衡】命令

3. 使用以下哪个命令可以将相等的图像灰度范围映射到指定的渐变填充色？　　（　　）

   A.【曲线】命令　　　　　　　　　　　B.【色彩平衡】命令

   C.【自动颜色】命令　　　　　　　　　D.【渐变映射】命令

4.【曲线】命令与以下哪个命令类似，都可以调整图像的整个色调范围，是应用非常广泛的色调调整命令？　　（　　）

   A.【色阶】命令　　　　　　　　　　　B.【自动色阶】命令

   C.【自动对比度】命令　　　　　　　　D.【自动颜色】命令

5. 使用以下哪个命令可以模仿在相机镜头前面加彩色滤镜，以便调整通过镜头传输的光的色彩平衡和色温，使胶片曝光？　　（　　）

   A.【照片滤镜】命令　　　　　　　　　B.【黑白】命令

   C.【曝光度】命令　　　　　　　　　　D.【阴影/高光】命令

第 11 章　滤镜特效应用

 教学要点

通过【滤镜】菜单中的各种滤镜命令来完成 6 种特殊效果的制作，理解滤镜对话框中各参数的含义，能够做到融会贯通、灵活运用，并能够制作出其他的特殊效果。

 学习重点与难点

➢ 制作奇幻世界特效
➢ 制作腾云驾雾特效
➢ 制作开始风化的千年石狮特效
➢ 制作奔驰特效
➢ 制作彩色浮雕效果
➢ 为图像制作虚幻背景

11.1　奇幻世界

在制作奇幻世界时，主要应用了渐变工具与【滤镜】菜单中的【波浪】、【极坐标】、【铬黄渐变】、【径向模糊】等命令以及色相/饱和度调整图层与图层蒙版。实例效果图如图 11-1 所示。

图 11-1　实例效果图

上机实战　制作奇幻世界效果

1　按 Ctrl＋N 键新建一个大小为 500×500 像素，【分辨率】为 150 像素/英寸，【颜色模式】为 RGB 颜色，【背景内容】为白色的文件。

2　在工具箱中设置前景色为白色,背景色为黑色,再选择 渐变工具,并在选项栏中右击工具图标 ,接着在弹出的快捷菜单中选择【复位工具】命令,将渐变工具的参数复位,然后在画面中拖动鼠标,为画面进行渐变填充,填充后的效果如图 11-2 所示。

图 11-2　填充渐变后的效果

3　在菜单中执行【滤镜】→【扭曲】→【波浪】命令,弹出【波浪】对话框,在其中设置【生成器数】为 2,波长【最小】为 180、【最大】为 181,波幅【最小】为 100、【最大】为 200,【类型】为三角形,其他为默认值,如图 11-3 所示,设置好后单击【确定】按钮,得到如图 11-4 所示的效果。

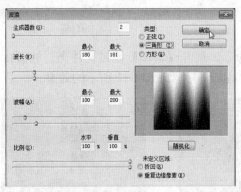

图 11-3　【波浪】对话框

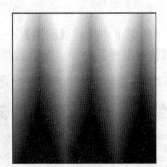

图 11-4　执行【波浪】命令后的效果

4　在菜单中执行【滤镜】→【扭曲】→【极坐标】命令,弹出【极坐标】对话框,在其中选择【平面坐标到极坐标】单选框,如图 11-5 所示,选择好后单击【确定】按钮,得到如图 11-6 所示的效果。

图 11-5　【极坐标】对话框

图 11-6　执行【极坐标】命令后的效果

5　在菜单中执行【滤镜】→【滤镜库】命令,展开【素描】滤镜文件夹,然后在其中选择【铬黄渐变】命令并设置【细节】为 1,【平滑度】为 10,如图 11-7 所示,设置好后单击【确定】按钮,得到如图 11-8 所示的效果。

6　在菜单中执行【滤镜】→【模糊】→【径向模糊】命令,弹出【径向模糊】对话框,在其中设置【数量】为 100,【模糊方法】为缩放,【品质】为好,如图 11-9 所示,设置好后单击【确定】按钮,得到如图 11-10 所示的效果。

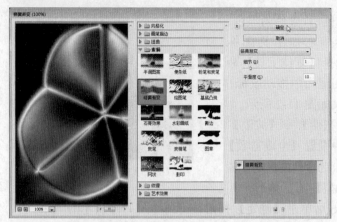

图 11-7 【铬黄渐变】对话框　　　　　　图 11-8　执行【铬黄渐变】命令后的
　　　　　　　　　　　　　　　　　　　　　　　　　　效果

7 在菜单中执行【滤镜】→【滤镜库】命令，展开【素描】滤镜文件夹，然后在其中选择【铬黄渐变】命令，再直接单击【确定】按钮，得到如图 11-11 所示的效果。

图 11-9 【径向模糊】对话框　　　图 11-10　执行【径向模糊】　　图 11-11　执行【铬黄渐变】
　　　　　　　　　　　　　　　　　　　命令后的效果　　　　　　　命令后的效果

8 在菜单中执行【滤镜】→【模糊】→【径向模糊】命令，在弹出的【径向模糊】对话框中直接单击【确定】按钮，得到如图 11-12 所示的效果。

9 在菜单中执行【滤镜】→【滤镜库】命令，在【素描】滤镜文件夹中选择【铬黄渐变】命令，单击【确定】按钮，得到如图 11-13 所示的效果。

图 11-12　执行【径向模糊】命令后的效果　　　　　图 11-13　执行【铬黄渐变】命令后的效果

10 显示【图层】面板，在其中单击 ▣ （创建新图层）按钮，新建图层 1，如图 11-14 所示。按 G 键选择渐变工具，在选项栏设置相关参数，如图 11-15 所示，然后在画面中拖动鼠标，为画面进行渐变填充，填充后的效果如图 11-16 所示。

图 11-14 创建新图层

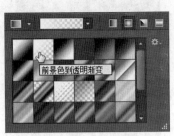

图 11-15 选择渐变

图 11-16 填充渐变颜色

11 在【图层】面板中单击 ○. （创建新的填充或调整图层）按钮，在弹出的菜单中选择【色相/饱和度】命令，如图 11-17 所示，显示【属性】面板，在其中先勾选【着色】复选框，设置【色相】为 5，【饱和度】为 51，其他为默认值，如图 11-18 所示，单击【确定】按钮，得到如图 11-19 所示的效果。

图 11-17 选择【色相/饱和度】命令

图 11-18 【色相/饱和度】对话框

图 11-19 调整后的效果

12 按 Ctrl + O 键从配套光盘的素材库中打开一个图像文件，如图 11-20 所示。按 Ctrl 键将其拖动到画面中并排放到适当位置，其【图层】面板如图 11-21 所示。

图 11-20 打开的图像文件

图 11-21 【图层】面板

13 在【图层】面板中单击 ▣ （添加图层蒙版）按钮，为图层 2 添加图层蒙版，如图 11-22 所示，再按 G 键选择渐变工具，设置前景色为黑色，并在选项栏中选择【反向】复选框，然后在画面中人物的鼻子上向卡通图片的边缘拖动，为蒙版进行渐变填充，修改蒙版后的效果如图 11-23 所示。

14 按 Ctrl + J 键复制图层 2 为图层 2 副本，以加强效果，结果如图 11-24 所示。这样，我们的作品就制作完成了。

图 11-22　添加图层蒙版　　　图 11-23　修改蒙版后的效果　　　图 11-24　最终效果图

11.2　腾云驾雾

在制作腾云驾雾时，主要应用了移动工具、矩形选框工具、羽化、图层蒙版、画笔工具、复制图层、混合模式等工具与命令，以及【滤镜】菜单中的【水波】、【云彩】、【分层云彩】命令。原图像与效果图如图 11-25 所示。

图 11-25　原图像与实例效果图

上机实战　制作腾云驾雾效果

1　按 Ctrl＋O 键从配套光盘的素材库中打开两个图像文件，如图 11-26、图 11-27 所示。

2　在工具箱中选择移动工具，将龙拖动到风景图像中并排放到适当位置，结果如图 11-28 所示。

图 11-26　打开的图像文件　　　图 11-27　打开的图像文件　　　图 11-28　复制图像后的效果

3　在【图层】面板中拖动背景层到【创建新图层】按钮上，当按钮呈凹下状态时松开

左键，即可复制一个副本图层，然后将其拖动到图层 1 的上层，如图 11-29 所示。

4 按 Shift + M 键选择 矩形选框工具，在画面中框选出所需的区域，如图 11-30 所示。

5 按 Shift+F6 键弹出【羽化选区】对话框，在其中设置【羽化半径】为 20 像素，如图 11-31 所示，单击【确定】按钮，可以将选区进行羽化，结果如图 11-32 所示。

6 在菜单中执行【滤镜】→【扭曲】→【水波】命令，弹出【水波】对话框，在其中设置【数量】为 50，【起伏】为 7，【样式】为水池波纹，如图 11-33 所示，设置好后单击【确定】按钮，得到如图 11-34 所示的效果。

图 11-29 复制图层

图 11-30 绘制矩形选框   图 11-31 【羽化选区】对话框   图 11-32 羽化后的选区

7 显示【图层】面板，在其中单击 （添加图层蒙版）按钮，给"背景 拷贝"图层添加图层蒙版，如图 11-35 所示，接着在工具箱中选择 画笔工具并设置前景色为黑色，在选项栏中设置画笔为 ，然后在画面中不需要的部分进行涂抹，以将其隐藏，涂抹后的效果如图 11-36 所示。

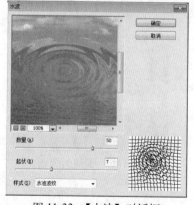  

图 11-33 【水波】对话框   图 11-34 创建水波后的效果   图 11-35 添加图层蒙版

8 设置前景色为黑色，背景色为白色，接着在【图层】面板中单击 （创建新图层）按钮，新建图层 2，如图 11-37 所示。在菜单中执行【滤镜】→【渲染】→【云彩】命令，得到如图 11-38 所示的效果。

9 在菜单中执行【滤镜】→【渲染】→【分层云彩】命令，得到如图 11-39 所示的效果。然后按 Ctrl + F 键 8 次，执行 8 次【分层云彩】命令，得到如图 11-40 所示的效果。

图 11-36　修改蒙版后的效果

图 11-37　【图层】面板

图 11-38　创建云彩后的效果

图 11-39　执行【分层云彩】
命令后的效果

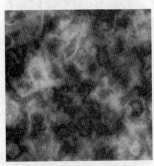

图 11-40　执行【分层云彩】
命令后的效果

图 11-41　【图层】面板

　　10 在【图层】面板中设置图层 2 的【混合模式】为滤色，如图 11-41 所示，可以得到如图 11-42 所示的效果。

　　11 在【图层】面板中单击 ■（添加图层蒙版）按钮，给图层 2 添加图层蒙版，如图 11-43 所示。在画笔工具的选项栏中设置【不透明度】为 50%，然后在画面中不需要的云彩上进行涂抹，以将其隐藏，涂抹后的效果如图 11-44 所示。这样，腾云驾雾就制作完成了。

图 11-42　改变混合模式后的效果

图 11-43　【图层】面板

图 11-44　最终效果图

11.3　开始风化的千年石狮

　　在制作开始风化的千年石狮时，主要应用了【滤镜】菜单中的【添加杂色】、【动感模糊】、【纹理化】、【干画笔】、【玻璃】等命令以及色相/饱和度、色阶调整图层制作纹理，然后应用钢笔工具、将路径作为选区载入、载入选区、通过拷贝的图层、添加图层蒙版、混合模式、【色阶】等工具命令将纹理融入石狮中。原图像与效果图如图 11-45 所示。

图 11-45　原图像与实例效果图

上机实战　制作开始风化的千年石狮效果

1　设置背景色为黑色，按 Ctrl + N 键新建一个大小为 550×350 像素，【分辨率】为 300 像素/英寸，【颜色模式】为 RGB 颜色，【背景内容】为背景色的文件，如图 11-46 所示。

2　在菜单中执行【滤镜】→【杂色】→【添加杂色】命令，弹出【添加杂色】对话框，在其中设置【数量】为 120%，【分布】为平均分布，勾选【单色】选项，如图 11-47 所示，设置好后单击【确定】按钮，得到如图 11-48 所示的效果。

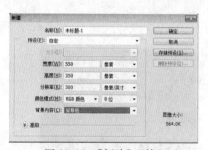

图 11-46　【新建】面板

图 11-47　【添加杂色】对话框

图 11-48　添加杂色后的效果

3　在菜单中执行【滤镜】→【模糊】→【动感模糊】命令，弹出【动感模糊】对话框，在其中设置【角度】为 40，【距离】为 550，如图 11-49 所示，设置好后单击【确定】按钮，得到如图 11-50 所示的效果。

图 11-49　【动感模糊】对话框

图 11-50　执行【动感模糊】命令后的效果

图 11-51　选择【色相/饱和度】命令

4　在【图层】面板中单击 （创建新的填充或调整图层）按钮，在弹出的菜单中选择【色相/饱和度】命令，如图 11-51 所示，显示【属性】面板，在其中设置所需的参数，如图

11-52 所示，设置好后的效果如图 11-53 所示。

图 11-52 【属性】面板

图 11-53 设置【色相/饱和度】后的效果

图 11-54 【图层】面板

5 按 Ctrl + Shift + Alt + E 键将所有可见图层合并为一个图层，如图 11-54 所示。

6 在菜单中执行【滤镜】→【滤镜库】命令，再选择【纹理】文件夹中的【纹理化】滤镜，在其中设置【纹理】为画布，【缩放】为 110，【凸现】为 4，【光照】为上，如图 11-55 所示，设置好后单击【确定】按钮，得到如图 11-56 所示的效果。

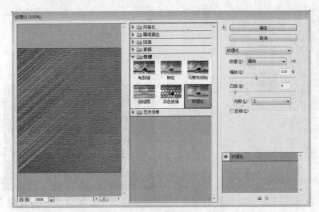

图 11-55 【纹理化】对话框

图 11-56 执行【纹理化】命令后的效果

7 在菜单中执行【滤镜】→【滤镜库】命令，再选择【艺术效果】文件夹中的【干画笔】滤镜，在其中设置【画笔大小】为 3，【画笔细节】为 8，【纹理】为 1，如图 11-57 所示，设置好后单击【确定】按钮，得到如图 11-58 所示的效果。

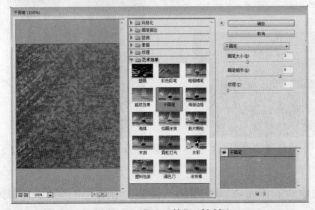

图 11-57 【干画笔】对话框

图 11-58 执行【干画笔】命令后的效果

8 在菜单中执行【滤镜】→【滤镜库】命令，选择【扭曲】文件夹中的【玻璃】滤镜，在其中设置【扭曲度】为 5，【平滑度】为 3，【纹理】为磨砂，【缩放】为 100%，如图 11-59所示，设置好后单击【确定】按钮，得到如图 11-60 所示的效果。

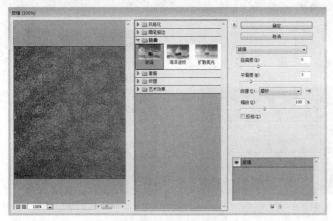

图 11-59 【玻璃】对话框   图 11-60 执行【玻璃】命令后的效果

9 按 Ctrl + O 键从配套光盘的素材库中打开一个图像文件，如图 11-61 所示，将它拖到画面中。

10 显示【路径】面板，在其中单击  （创建新路径）按钮，新建路径 1，接着在工具箱中选择 钢笔工具，在选项栏中选择 （路径）按钮，然后在画面中沿着石狮的边缘进行勾画，以勾选出石狮，如图 11-62 所示。

11 在【路径】面板单击 （将路径作为选区载入）按钮，如图 11-63 所示，将路径 1载入选区，可以得到如图 11-64 所示的选区。

图 11-61 打开的图像   图 11-62 绘制路径   图 11-63 【路径】面板

12 按 Ctrl + J 键由选区建立新图层，如图 11-65 所示，再拖动图层 1 到图层 3 的上层，结果如图 11-66 所示。

图 11-64 将路径作为选区载入   图 11-65 新建一个通过拷贝的图层   图 11-66 改变图层顺序

13 按 Ctrl 键在【图层】面板中单击图层 3 的缩览图，如图 11-67 所示，使图层 3 载入选区，可以得到如图 11-68 所示的选区。

14 在【图层】面板中单击 ⬜ （添加图层蒙版）按钮，由选区建立图层蒙版，如图 11-69 所示，可以将选区外的内容隐藏，画面效果如图 11-70 所示。

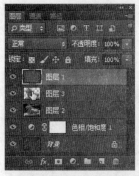
图 11-67 【图层】面板

图 11-68 载入的选区

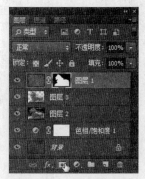
图 11-69 添加图层蒙版

15 在【图层】面板中设置图层 1 的【混合模式】为柔光，如图 11-71 所示，可以得到如图 11-72 所示的效果。

图 11-70 添加图层蒙版后的效果

图 11-71 【图层】面板

图 11-72 改变混合模式后的效果

16 在【图层】面板中单击 ⬤ （创建新的填充或调整图层）按钮，在弹出的菜单中选择【色阶】命令，显示【属性】面板，在其中设置所需的参数，如图 11-73 所示，设置好后的效果如图 11-74 所示。作品就制作完成了。

图 11-73 【属性】面板

图 11-74 最终效果图

11.4　奔驰特效

在制作奔驰特效时，主要应用钢笔工具、将路径作为选区载入、载入选区、通过拷贝的图层等工具与命令将主题对象勾选出来，接着使用【滤镜】菜单中的【动感模糊】命令模糊整体对象，然后使用添加图层蒙版与画笔工具命令来修改画面。原图像与效果图如图 11-75 所示。

图 11-75　原图像与处理后的图像对比图

上机实战　制作奔驰特效

1　按 Ctrl＋O 键从配套光盘的素材库中打开一个要处理的图像文件，如图 11-76 所示。

2　显示【路径】面板，在其中单击 ▣（创建新路径）按钮，新建路径 1，如图 11-77 所示，接着在工具箱中选择 ✐钢笔工具，在选项栏中选择 ✐·﹎路径﹎ 路径，然后在画面中沿着小汽车的边缘进行勾画，以勾选出汽车，如图 11-78 所示。

图 11-76　打开的图像　　　　图 11-77　【路径】面板　　　　图 11-78　绘制路径

3　在【路径】面板单击 ▣（将路径作为选区载入）按钮，如图 11-79 所示，将路径 1 载入选区，可以得到如图 11-80 所示的选区。

图 11-79　【路径】面板　　　　图 11-80　载入的选区　　　　图 11-81　新建一个通过拷贝的图层

4 按 Ctrl＋J 键由选区建立新图层，如图 11-81 所示，再拖动背景层到 （创建新图层）按钮上，当按钮呈凹下状态时松开左键，即可复制一个副本图层，结果如图 11-82 所示。

5 在菜单中执行【滤镜】→【模糊】→【动感模糊】命令，弹出【动感模糊】对话框，在其中设置【角度】为 0，【距离】为 80 像素，如图 11-83 所示，单击【确定】按钮，得到如图 11-84 所示的效果。

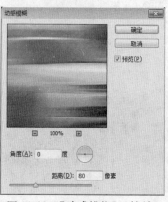

图 11-82　复制图层　　　　图 11-83　【动感模糊】对话框　　　　图 11-84　动感模糊效果

6 在【图层】面板中单击 （添加图层蒙版）按钮，给图层 1 添加图层蒙版，如图 11-85 所示，接着按 G 键选择渐变工具，在选项栏中选择黑、白渐变，如图 11-86 所示，然后在画面中进行拖动，显示出下层的部分内容，修改蒙版后的效果如图 11-87 所示。

图 11-85　【图层】面板　　　　图 11-86　选择渐变　　　　图 11-87　修改蒙版后的效果

7 在【图层】面板中单击 （添加图层蒙版）按钮，给"背景 拷贝"添加图层蒙版，如图 11-88 所示，接着在工具箱中选择 画笔工具并设置前景色为黑色，在选项栏中设置画笔为 ，【不透明度】为 30%，然后在画面中需要显示下层内容的地方进行涂抹，显示出下层的内容，涂抹后的效果如图 11-89 所示。作品就制作完成了。

图 11-88　【图层】面板　　　　图 11-89　最终效果图

11.5　彩色浮雕效果

在制作彩色浮雕效果时，主要应用【色阶】、【通过拷贝的图层】、混合模式、【浮雕效果】、【照亮边缘】等命令制作出彩色浮雕效果，接着使用移动工具、画笔工具与添加图层蒙版等工具与命令为画面添加一些纹理。原图像与效果图如图 11-90 所示。

图 11-90　原图像与实例效果对比图

上机实战　制作彩色浮雕效果

1　按 Ctrl＋O 键从配套光盘的素材库中打开一个要处理的图像文件，如图 11-91 所示。

2　按 Ctrl＋J 键两次复制背景层为图层 1 与图层 1 拷贝，如图 11-92 所示，接着将图层 1 拷贝关闭并单击图层 1，如图 11-93 所示。

图 11-91　打开的图像文件

图 11-92　复制图层

图 11-93　选择图层

3　在菜单中执行【滤镜】→【风格化】→【浮雕效果】命令，弹出【浮雕效果】对话框，在其中设置【角度】为−15 度，【高度】为 2 像素，【数量】为 100%，如图 11-94 所示，单击【确定】按钮，得到如图 11-95 所示的效果。

4　在【图层】面板中设置图层 1 的【混合模式】为线性光，如图 11-96 所示，可以得到如图 11-97 所示的效果。

5　在【图层】面板中先单击图层 1 拷贝前的方框，以显示该图层，再激活该图层，使它为当前可用图层，如图 11-98 所示。

图 11-94　【浮雕效果】对话框

6 在菜单中执行【滤镜】→【滤镜库】命令，选择【风格化】文件夹中的【照亮边缘】滤镜，在其中设置【边缘宽度】为 2，【边缘亮度】为 6，【平滑度】为 5，如图 11-99 所示，单击【确定】按钮，得到如图 11-100 所示的效果。

图 11-95　浮雕效果

图 11-96　【图层】面板

图 11-97　改变混合模式后的效果

7 按 Ctrl＋L 键弹出【色阶】对话框，在其中设置【输入色阶】为 41、1.00、154，其他不变，如图 11-101 所示， 单击【确定】按钮，以加强明暗对比，得到如图 11-102 所示的效果。

图 11-98　【图层】面板

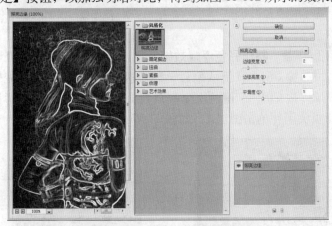

图 11-99　【照亮边缘】对话框

8 在【图层】面板中设置图层 1 拷贝的【混合模式】为柔光，【不透明度】为 50%，如图 11-103 所示，可以得到如图 11-104 所示的效果。

图 11-100　照亮边缘效果

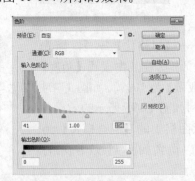

图 11-101　【色阶】对话框

图 11-102　调整色阶后的效果

9 按 Ctrl＋O 键从配套光盘的素材库中打开一个图像文件，如图 11-105 所示。使用移动工具将其拖动到画面中，再排放到适当位置，排放好后的效果如图 11-106 所示。

图 11-103　【图层】面板

图 11-104　改变混合模式后的效果

图 11-105　打开的图像

10 在【图层】面板中设置图层 2 的【混合模式】为叠加，如图 11-107 所示，可以得到如图 11-108 所示的效果。

图 11-106　复制图像

图 11-107　【图层】面板

图 11-108　改变混合模式后的效果

11 在【图层】面板中单击 ▦ （添加图层蒙版）按钮，给图层 2 添加图层蒙版，如图 11-109 所示，在工具箱中选择 ✐ 画笔工具并设置前景色为黑色，再在选项栏中设置画笔为 ▰ ，然后在画面中不需要的部分进行涂抹，以将其隐藏，涂抹后的效果如图 11-110 所示。这样，作品就制作完成了。

图 11-109　【图层】面板

图 11-110　最终效果图

11.6　为图像制作虚幻背景

在为图像制作虚幻背景时，主要应用【滤镜】菜单中的【镜头光晕】、【风】、【极坐标】等命令以及通过拷贝的图层、垂直翻转来制作虚幻背景，然后使用移动工具、画笔工具与图层蒙版、混合模式等工具与命令将图像融入背景中。本例最终效果如图 11-111 所示。

图 11-111　实例效果图

上机实战　为图像制作虚幻背景

1　设置背景色为黑色，按 Ctrl＋N 键新建一个大小为 500×500 像素，【分辨率】为 150 像素/英寸，【颜色模式】为 RGB 颜色，【背景内容】为背景色的文件。

2　在菜单中执行【滤镜】→【渲染】→【镜头光晕】命令，弹出【镜头光晕】对话框，在其中设置【亮度】为 100%，【镜头类型】为 50～300 毫米变焦，如图 11-112 所示，设置好后单击【确定】按钮，得到如图 11-113 所示的效果。

3　在菜单中执行【滤镜】→【风格化】→【风】命令，弹出【风】对话框，在其中设置【方法】为风，【方向】为从右，如图 11-114 所示，设置好后单击【确定】按钮，得到如图 11-115 所示的效果。

图 11-112　【镜头光晕】对话框

图 11-113　添加镜头光晕后的效果

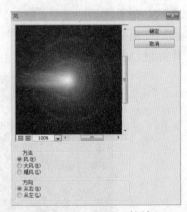

图 11-114　【风】对话框

4　在菜单中执行【滤镜】→【风格化】→【风】命令，弹出【风】对话框，在其中设置【方向】为从左，如图 11-116 所示，设置好后单击【确定】按钮，得到如图 11-117 所示的效果。

5　按 Ctrl＋J 键复制背景层为图层 1，结果如图 11-118 所示，再单击图层 1 前面的眼睛图标，使它不可见，然后激活背景层，如图 11-119 所示。

6　在菜单中执行【滤镜】→【扭曲】→【极坐标】命令，弹出【极坐标】对话框，在其中选择【极坐标到平面坐标】选项，如图 11-120 所示，选择好后单击【确定】按钮，得到如图 11-121 所示的效果。

图 11-115 风效果　　　　　图 11-116 【风】对话框　　　　　图 11-117 风效果

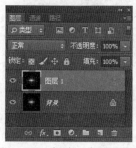

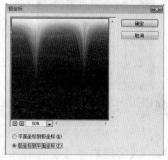

图 11-118 新建一个通过拷贝　　图 11-119 选择图层　　　图 11-120 【极坐标】对话框
　　　　的图层

7 按 Ctrl + J 键复制背景层为背景拷贝图层，结果如图 11-122 所示，接着在菜单中执行【编辑】→【变换】→【垂直翻转】命令，再设置背景副本图层的【混合模式】为滤色，如图 11-123 所示，可以得到如图 11-124 所示的效果。

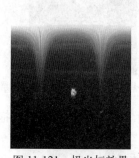

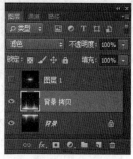

图 11-121 极坐标效果　　　图 11-122 新建一个通过拷贝的图层　　　图 11-123 选择图层

8 在【图层】面板中单击图层 1 前面的眼睛图标，再单击图层 1，以图层 1 为当前可用图层，如图 11-125 所示。

9 在菜单中执行【滤镜】→【扭曲】→【极坐标】命令，弹出【极坐标】对话框，在其中选择【平面坐标到极坐标】选项，如图 11-126 所示，选择好后单击【确定】按钮，得到如图 11-127 所示的效果。

10 在【图层】面板中设置图层 1 的【混合模式】为滤色，如图 11-128 所示，可以得到如图 11-129 所示的效果。

图 11-124　垂直翻转后的效果

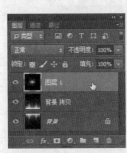

图 11-125　【图层】面板

图 11-126　【极坐标】对话框

图 11-127　极坐标效果

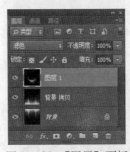

图 11-128　【图层】面板

图 11-129　改变混合模式后的效果

11 按 Ctrl＋J 键复制图层 1 为图层 1 拷贝，结果如图 11-130 所示，在菜单中执行【编辑】→【变换】→【垂直翻转】命令，可以得到如图 11-131 所示的效果。

12 按 Ctrl＋Shift＋Alt＋E 键将所有可见图层合并为一个新图层，如图 11-132 所示。

图 11-130　新建一个通过拷贝的图层

图 11-131　垂直翻转后的效果

图 11-132　合并所有图层为新图层

13 从配套光盘的素材库中打开一个图像文件，如图 11-133 所示。使用移动工具将其拖动到画面中并排放到适当位置，如图 11-134 所示。

图 11-133　打开的图像文件

图 11-134　复制图像后的效果

14 在【图层】面板中单击 (添加图层蒙版) 按钮, 给图层 3 添加图层蒙版, 如图 11-135 所示。在工具箱中选择 画笔工具并设置前景色为黑色, 再在选项栏中设置参数为 (图), 然后在画面中需要显示下层内容的地方进行涂抹, 以显示出下层的内容, 涂抹后的效果如图 11-136 所示。

15 从配套光盘的素材库中打开一个图像文件, 如图 11-137 所示。使用移动工具将其拖动到画面中并排放到适当位置, 如图 11-138 所示。

图 11-135 添加图层蒙版

图 11-136 修改蒙版后的效果

图 11-137 打开的图像

16 在【图层】面板中单击 (添加图层蒙版) 按钮, 给图层 4 添加图层蒙版, 如图 11-139 所示, 在工具箱中选择 画笔工具并设置前景色为黑色, 然后在画面中需要显示下层内容的地方进行涂抹, 以显示出下层的内容, 涂抹后的效果如图 11-140 所示。

图 11-138 拖动并复制图像

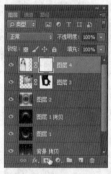
图 11-139 【图层】面板

图 11-140 修改蒙版后的效果

17 在【图层】面板中将图层 2 拖到最上面并设置图层 2 的【混合模式】为柔光, 如图 11-141 所示, 可以得到如图 11-142 所示的效果。

图 11-141 【图层】面板

图 11-142 最终效果图

11.7　本章小结

　　本章通过 6 个典型范例制作介绍了 Photoshop 中常用的【滤镜】命令的综合使用方法与技巧。利用不同的【滤镜】命令可以制作各种各样的艺术效果。希望通过本章的学习用户能够制作出自己的特效作品。

11.8　本章习题

上机实训题

1. 制作如图 11-143 所示的爆炸效果，其制作流程图如图 11-144 所示。

图 11-143　实例效果

图 11-144　实例制作流程图

2. 制作如图 11-145 所示的下雪效果，其制作流程图如图 11-146 所示。

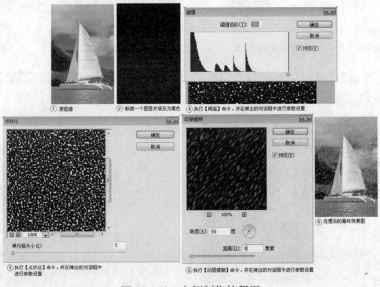

图 11-145　实例效果

图 11-146　实例制作流程图

第 12 章　综合应用

 教学要点

本章通过介绍 15 个综合实例的制作过程，巩固我们前面所学的知识，加深对 Photoshop 程序中功能的理解，做到举一反三，活学活用，从而能创作出优美的作品。

 学习重点与难点

➢ 空中燃烧效果——数字财富
➢ 立体光泽字——水晶之恋
➢ 穿透效果字
➢ 立体玻璃花纹效果——环保文字
➢ 组合文字效果
➢ 游戏界面——加勒比海盗
➢ 房屋建筑后期效果图处理
➢ 按钮
➢ 水岸银都——网站设计
➢ 绘制手提袋平面图
➢ 手提袋立体包装效果图
➢ 酒类的包装设计
➢ 婚纱摄影设计
➢ 杂志封面设计
➢ 度假村——网站设计

12.1　空中燃烧效果——数字财富

在制作空中燃烧效果——数字财富时，先做背景纹理并输入文字选区，再用文字选区进行变换调整，然后用滤镜功能将画面处理为火焰效果，最后用色相/饱和度与混合模式等命令为火焰添加色彩。实例效果图如图 12-1 所示。

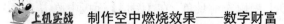**上机实战** **制作空中燃烧效果——数字财富**

1 按 Ctrl＋N 键，弹出【新建】对话框，在其中设置所需的参数，如图 12-2 所示，设置好后单击【确定】按钮，即可新建一个空白的图像文件。

图 12-1　空中燃烧效果——数字财富效果

2 按 D 键将前景色与背景色设置为默认值，在菜单中执行【滤镜】→【渲染】→【云彩】命令，得到如图 12-3 所示的效果。

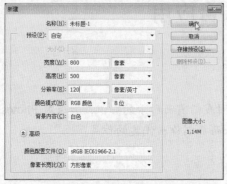

图 12-2 【新建】对话框

图 12-3 执行【云彩】命令后的效果

3 在工具箱中选择 横排文字蒙版工具，在画面的中上部单击，显示光标后在选项栏中设置参数为 ，然后输入文字"数字财富"，如图 12-4 所示，输入好后选择 移动工具确认文字输入，得到如图 12-5 所示的选区。

图 12-4 输入文字

图 12-5 创建好的文字选区

4 在【编辑】菜单中执行【变换】→【扭曲】命令，显示变换框，按 Shift 键拖动对角控制柄来调整文字的透视效果，如图 12-6 所示，调整好后在变换框中双击确认变换，如图 12-7 所示。

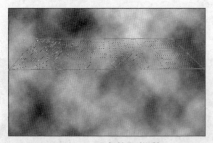

图 12-6 【变换】调整

图 12-7 调整后的选区

5 设置前景色为"#b5b3b3"，再按 Alt + Del 键填充前景色，在【图层】面板中单击【创建新图层】按钮，新建一个图层，同样按 Alt + Del 键填充前景色并关闭该图层，激活背景层，如图 12-8 所示，然后按 Ctrl + D 键取消选择。

6 在菜单中执行【图像】→【图像旋转】→【90 度（顺时针）】命令，将图像进行旋转，旋转后的效果如图 12-9 所示。

图 12-8 填充颜色后的效果   图 12-9 执行【90 度（顺时针）】命令后的效果

7 在菜单中执行【滤镜】→【风格化】→【风】命令，弹出【风】对话框，在其中设置【方法】为风，如图 12-10 所示，设置好后单击【确定】按钮，即可得到如图 12-11 所示的效果。

8 按 Ctrl + F 键 3 次重复执行【风】命令，得到如图 12-12 所示的效果。

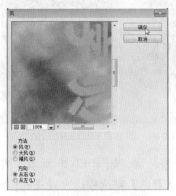

图 12-10 【风】对话框   图 12-11 执行【风】命令后的   图 12-12 执行【风】命令后的
效果   效果

9 在菜单中执行【图像】→【图像旋转】→【90 度（逆时针）】命令，将图像还原，还原后的效果如图 12-13 所示。

10 按 Ctrl + I 键将图像反相，反相后的效果如图 12-14 所示。

图 12-13 执行【90 度（逆时针）】命令后的效果   图 12-14 执行【反相】命令后的效果

11 在菜单中执行【图像】→【锐化】→【USM 锐化】命令，弹出【USM 锐化】对话框，在其中设置【数量】为 273%，【半径】为 9.5 像素，其他不变，如图 12-15 所示，设置好后单击【确定】按钮，可以得到如图 12-16 所示的效果。

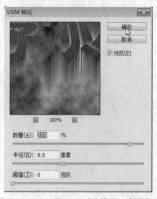

图 12-15 【USM 锐化】对话框

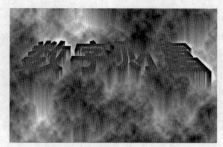

图 12-16 执行【USM 锐化】命令后的效果

12 按 Ctrl+J 复制一个副本。如图 12-66 所示，按 Ctrl+U 键，弹出【色相/饱和度】对话框，在其中先勾选【着色】复选框，再设置【色相】为 40，【饱和度】为 58，【明度】为-15，如图 12-17 所示，设置好后单击【确定】按钮，即可得到如图 12-18 所示的效果。

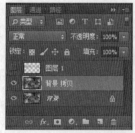

图 12-17 【图层】面板

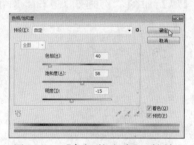

图 12-18 【色相/饱和度】对话框

图 12-19 调整色相/饱和度后的效果

13 在【图层】面板中关闭"背景拷贝"图层，再激活"背景"层，如图 12-20 所示，然后按 Ctrl + U 键，弹出【色相/饱和度】对话框，在其中先勾选【着色】复选框，设置【色相】为 5，【饱和度】为 60，【明度】为-8，如图 12-21 所示，设置好后单击【确定】按钮，即可得到如图 12-22 所示的效果。

图 12-20 【图层】面板

图 12-21 【色相/饱和度】对话框

图 12-22 调整色相/饱和度后的效果

14 在【图层】面板中单击"背景拷贝"图层前面的方框，以显示眼睛图标，从而显示"背景拷贝"图层中的内容，设置其【混合模式】为线性光，如图 12-23 所示，画面效果如图 12-24 所示。

15 设置前景色为黑色，在【图层】面板中单击"图层 1"图层前面的方框，以显示眼睛图标并锁定图层 1 的透明像素，如图 12-25 所示，按 Alt + Del 键填充黑色。在菜单中执行【图层】→【图层样式】→【内发光】命令，弹出【图层样式】对话框，在其中设置【颜色】为红色，【大小】为 10，其他不变，如图 12-26 所示，添加了内发光的效果如图 12-27 所示。

图 12-23　【图层】面板

图 12-24　更改混合模式后的效果

图 12-25　【图层】面板

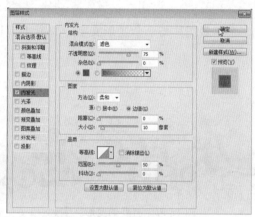

图 12-26　【图层样式】对话框

图 12-27　添加内发光后的效果

　　16 在【图层样式】对话框的左边栏中单击【描边】选项，再在右边栏中设置【大小】为 2 像素，其他不变，如图 12-28 所示，设置好后单击【确定】按钮，即可得到如图 12-29 所示的效果。空中燃烧效果就制作完成了。

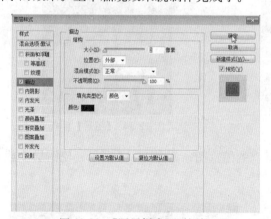

图 12-28　【图层样式】对话框

图 12-29　描边后的效果

12.2　立体光泽字——水晶之恋

　　在制作立体光泽字——水晶之恋时，先打开所需的素材，然后用图层样式直接给文字添加效果。实例效果如图 12-30 所示。

图 12-30　实例效果图

上机实战　制作立体光泽字——水晶之恋

1　按 Ctrl+O 键从配套光盘的素材库打开一个背景图片与一个变形文字，如图 12-31、图 12-32 所示。

图 12-31　打开的背景图片

图 12-32　打开的变形文字

2　在工具箱中选择 移动工具，然后将变形文字拖动到背景图片中并排放到适当位置，如图 12-33 所示，在【图层】面板中自动生成图层 1，如图 12-34 所示。

图 12-33　拖动并复制后的效果

图 12-34　【图层】面板

3　按 Ctrl 键在【图层】面板中单击图层 1 的缩览图，如图 12-35 所示，使图层 1 载入选区，如图 12-36 所示。

图 12-35　【图层】面板

图 12-36　载入的选区

4 在【图层】面板中单击图层 1 的眼睛图标，隐藏图层 1，再激活背景层，以背景层为当前图层，如图 12-37 所示，画面效果如图 12-38 所示。

图 12-37 【图层】面板

图 12-38 隐藏图层 1 后的效果

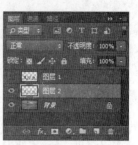

图 12-39 【图层】面板

5 按 Ctrl + J 键由选区拷贝一个新图层，如图 12-39 所示，在菜单中执行【图层】→【图层样式】→【描边】命令，弹出【图层样式】对话框，在其中设置【大小】为 1 像素，【不透明度】为 74%，【颜色】为黑色，如图 12-40 所示，其他不变，设置好后的画面效果如图 12-41 所示。

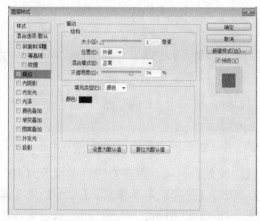

图 12-40 【图层样式】对话框

图 12-41 添加描边后的效果

6 在【图层样式】对话框的左边栏中选择【光泽】选项，再在右边栏中设置【混合模式】为滤色，颜色为白色，【不透明度】为 100%，【角度】为 135 度，【距离】为 4 像素，【大小】为 4 像素，其他参数如图 12-42 所示，此时的画面效果如图 12-43 所示。

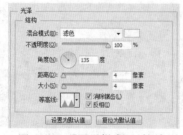

图 12-42 【图层样式】对话框

图 12-43 添加光泽效果

7 在【图层样式】对话框的左边栏中选择【颜色叠加】选项，在右边栏中设置【混合模式】为强光，颜色为 R20、G75、B255，其他不变，如图 12-44 所示，此时的画面效果如图 12-45 所示。

图 12-44 【图层样式】对话框   图 12-45 颜色叠加效果

8 在【图层样式】对话框的左边栏中选择【斜面和浮雕】选项，再在右边栏中设置【大小】为 4 像素，其他参数如图 12-46 所示，此时的画面效果如图 12-47 所示。

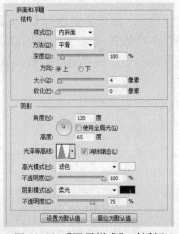

图 12-46 【图层样式】对话框   图 12-47 添加斜面与浮雕后的效果

9 在【图层样式】对话框的左边栏中选择【内发光】选项，再在右边栏中设置【混合模式】为正片叠底，颜色为黑色，【不透明度】为 50%，【阻塞】为 5 像素，【大小】为 3 像素，其他不变，如图 12-48 所示，此时的画面效果如图 12-49 所示。

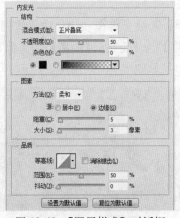

图 12-48 【图层样式】对话框   图 12-49 添加内发光后的效果

10 在【图层样式】对话框的左边栏中选择【外发光】选项，再在右边栏中设置【混合模式】为正常，颜色为白色，【扩展】为 10%，【大小】为 10 像素，其他不变，如图 12-50 所示，此时的画面效果如图 12-51 所示。

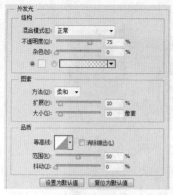

图 12-50　【图层样式】对话框

图 12-51　添加外发光后的效果

11 在【图层样式】对话框的左边栏中选择【内阴影】选项，再在右边栏中设置【混合模式】为叠加，颜色为黑色，【角度】为 120 度，【距离】为 2 像素，【大小】为 4 像素，其他不变，如图 12-52 所示，此时的画面效果如图 12-53 所示。

图 12-52　【图层样式】对话框

图 12-53　添加内阴影后的效果

12 在【图层样式】对话框的左边栏中选择【投影】选项，再在右边栏中设置【距离】为 3 像素，【大小】为 4 像素，其他不变，如图 12-54 所示，单击【确定】按钮，得到如图 12-55 所示的效果。

图 12-54　【图层样式】对话框

图 12-55　添加投影后的效果

12.3　穿透效果字

在制作穿透效果字时，先打开一张背景图片，再输入文字，然后使用移动选区、减去选区、羽化、曲线、扩展、图层样式等工具与命令制作出文字特效。实例效果如图 12-56 所示。

图 12-56 实例效果图

上机实战 制作穿透效果字

1 按 Ctrl+O 键从配套光盘的素材库打开一个有风景的图像文件，如图 12-57 所示。

2 在工具箱中选择 ▦ 横排文字蒙版工具，在选项栏中设置参数为 ，然后在画面中单击并输入文字"风和日丽"，如图 12-58 所示，输入好后在选项栏中单击 ✔（提交）按钮确认文字输入，得到如图 12-59 所示的文字选区。

图 12-57 打开的图像

图 12-58 输入文字

3 按 Ctrl + J 键由选区建立一个新图层，如图 12-60 所示。再按 Ctrl 键单击图层 1 的缩览图，使图层 1 的内容载入选区，然后激活背景层，单击↑（向上）键与←（向左）键各 5 次，如图 12-61 所示。

图 12-59 创建好的文字选区

图 12-60 【图层】面板

4 按住 Ctrl + Alt 键的同时单击"图层 1"的缩览图，从选区中减去原文字选区，得到

如图 12-62 所示的选区。

图 12-61 激活背景层后移动选区

图 12-62 修减选区

5 按 Shift + F6 键执行【羽化】命令，弹出【羽化选区】对话框，在其中设置【羽化半径】为 2 像素，如图 12-63 所示，单击【确定】按钮，得到如图 12-64 所示的选区。

图 12-63 【羽化选区】对话框

6 按 Ctrl + M 键弹出【曲线】对话框，在其中将网格中的直线调为如图 12-65 所示的曲线，以将选区调亮，调整好后单击【确定】按钮，得到如图 12-66 所示的效果。

图 12-64 羽化后的选区

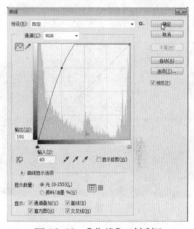

图 12-65 【曲线】对话框

7 按住 Ctrl 键的同时单击 "图层 1" 图层缩览图，使图层 1 的内容载入选区，得到如图 12-67 所示的选区。

图 12-66 调亮后的效果

图 12-67 载入选区

8 单击↓（向下）键与→（向右）键各5次，得到如图12-68所示的选区。再按 Ctrl +
Alt 键单击"图层1"图层缩览图，从选区中减去原文字选区，得到如图12-69所示的选区。

图 12-68　移动选区

图 12-69　修减选区

9 按 Shift + F6 键执行【羽化】命令，弹出【羽化选区】对话框，设置【羽化半径】为
2 像素，单击【确定】按钮，得到如图12-70所示的选区。

10 按 Ctrl + M 键弹出【曲线】对话框，在其中将网格中的直线调为如图12-71所示的曲
线，以将选区调暗，调整好后单击【确定】按钮，再按 Ctrl + D 键取消选择，得到如图12-72
所示的效果。

图 12-70　羽化选区

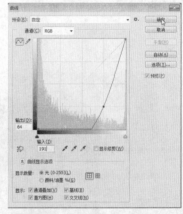

图 12-71　【曲线】对话框

11 按 Ctrl 键单击"图层1"图层缩览图，使图层1载入选区，得到如图12-73所示的
选区。

图 12-72　调暗选区内容

图 12-73　使图层1载入选区

12 在菜单中执行【选择】→【修改】→【扩展】命令，弹出【扩展选区】对话框，在

其中设置【扩展量】为 5 像素，如图 12-74 所示，单击
【确定】按钮，可以将选区扩宽，结果如图 12-75 所示。

图 12-74　【扩展选区】对话框

13 按 Ctrl+J 键由选区复制一个新图层，如图 12-76
所示。

图 12-75　扩展后的选区

图 12-76　复制图层

14 在【图层】面板中双击图层 2，弹出【图层样式】对话框，在其中勾选【投影】选项
并单击【描边】选项，设置描边【大小】为 2 像素，如图 12-77 所示，设置好后单击【确定】
按钮，得到如图 12-78 所示的效果。

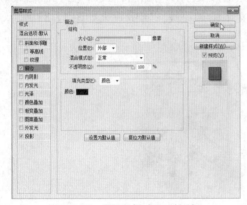

图 12-77　【图层样式】对话框

图 12-78　描边后的效果

15 在【图层】面板中设置图层 1 的【填充】为 0%，如图 12-79 所示，再双击图层 1，
弹出【图层样式】对话框，在其中单击【斜面和浮雕】选项，设置【大小】为 4 像素，选择
所需的光泽等高线，如图 12-80 所示。

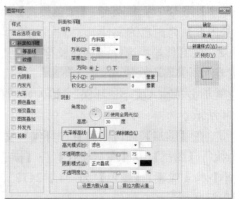

图 12-79　【图层】面板

图 12-80　【图层样式】对话框

16 在【图层样式】对话框中勾选【投影】和【外发光】选项并单击【描边】选项，然后在右边栏中设置【大小】为1像素，【颜色】为白色，如图 12-81 所示，设置好后单击【确定】按钮，得到如图 12-82 所示的效果。穿透效果字就制作完成了。

图 12-81 【图层样式】对话框

图 12-82 最终效果图

12.4 立体玻璃花纹效果——环保文字

在制作立体玻璃花纹效果——环保文字时，先输入文字并用图层样式命令为文字添加效果，然后打开并复制一张图片，再用图层蒙版为文字添加花纹。实例效果如图 12-83 所示。

图 12-83 实例效果图

上机实战 制作立体玻璃花纹效果——环保文字

1 按 Ctrl + N 键新建一个大小为 620×330 像素，【分辨率】为 150 像素/英寸，【颜色模式】为 RGB 颜色，【背景内容】为白色的文件。

2 在工具箱中选择 T 横排文字工具，在选项栏中设置参数为 [文鼎特粗黑简] [T 115 点]，然后在画面的适

图 12-84 输入文字

当位置单击并输入文字"环保"，输入好后在选项栏中单击 ✓ 按钮，确认文字输入，结果如图 12-84 所示。

3 在【图层】面板中设置"环保"文字图层的【填充】为 0%，如图 12-85 所示。在菜单中执行【图层】→【图层样式】→【描边】命令，弹出【图层样式】对话框，在其中设置【大小】为 2 像素，【颜色】为"# 112472"，其他不变，如图 12-86 所示，此时的画面效果如图 12-87 所示。

图 12-85　【图层】面板

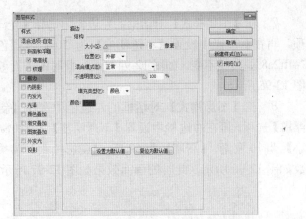

图 12-86　【图层样式】对话框

4　在【图层样式】对话框的左边栏中选择【投影】选项，在右边栏中设置【不透明度】为 40%，【距离】为 13 像素，【大小】为 20 像素，其他不变，如图 12-88 所示，此时的画面效果如图 12-89 所示。

5　在【图层样式】对话框的左边栏中选择【内阴影】选项，再在右边栏中设置【不透明度】为 30%，【距离】为 5 像素，【大小】为 10 像素，其他不变，如图 12-90 所示，此时的画面效果如图 12-91 所示。

图 12-87　描边后的效果

图 12-88　【图层样式】对话框

图 12-89　添加投影后的效果

6　在【图层样式】对话框的左边栏中选择【内发光】选项，再在右边栏中设置【混合模式】为正片叠底，【不透明度】为 30%，【颜色】为 "#2e697a"，【大小】为 10 像素，【范围】为 45%，其他不变，如图 12-92 所示，此时的画面效果如图 12-93 所示。

图 12-90　【图层样式】对话框

图 12-91　添加内阴影后的效果

图 12-92　【图层样式】对话框

7 在【图层样式】对话框的左边栏中选择【光泽】选项，再在右边栏中设置【不透明度】为 50%，【颜色】为"#fff2a8"，其他不变，如图 12-94 所示，此时的画面效果如图 12-95 所示。

图 12-93　添加内发光后的效果

8 在【图层样式】对话框的左边栏中选择【斜面和浮雕】选项，再在右边栏中设置【不透明度】为110%，【大小】为 10 像素，【高度】为 60 度，【阴影模式】为柔光，阴影【不透明度】为 10%，其他参数如图 12-96 所示，此时的画面效果如图 12-97 所示。

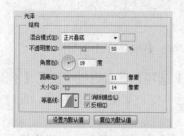

图 12-94　【图层样式】对话框

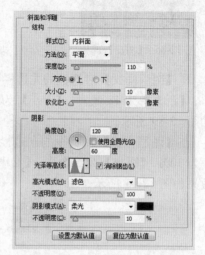

图 12-95　添加光泽后的效果

图 12-96　【图层样式】对话框

9 在【图层样式】对话框的左边栏中选择【等高线】选项，在右边栏中设置【范围】为 100%，其他参数如图 12-98 所示，单击【确定】按钮，得到如图 12-99 所示的效果。

图 12-97　添加斜面和浮雕后的效果　　图 12-98　【图层样式】对话框　　图 12-99　添加等高线后的效果

10 按 Ctrl + O 键从配套光盘的素材库中打开一个图案文件，如图 12-100 所示，再使用移动工具将图案拖动到画面中，如图 12-101 所示，在【图层】面板中自动生成图层 1。

图 12-100　打开的图案

图 12-101　复制图案后的效果

11 按 Ctrl+J 键复制图层 1 为图层 1 拷贝，如图 12-102 所示，再在【图层】面板中图层

1 的前面单击眼睛图标，隐藏图层 1，然后将图层 1 拷贝拖动到文字图层的下面并设置其【填充】为 15%，如图 12-103 所示，可以得到如图 12-104 所示的效果。

图 12-102 【图层】面板

图 12-103 【图层】面板

图 12-104 改变图层顺序与不透明度后的效果

12 在【图层】面板中单击图层 1 前面的方框，显示该图层的内容并以它为当前图层，再按 Ctrl 键并使用鼠标单击文字图层的缩览图，如图 12-105 所示，将文字载入选区，如图 12-106 所示。

图 12-105 【图层】面板

图 12-106 将文字载入选区

13 在【图层】面板中单击【添加图层蒙版】按钮，如图 12-107 所示，由选区建立图层蒙版，得到如图 12-108 所示的效果。

图 12-107 【图层】面板

图 12-108 由选区建立蒙版后的效果

14 在【图层】面板中设置图层 1 的【混合模式】为线性加深，如图 12-109 所示，可以得到如图 12-110 所示的效果。

图 12-109 【图层】面板

图 12-110 最终效果图

12.5　组合文字效果

在制作组合文字效果时，先打开一张背景图片，再用自定形状工具与打开等命令在画面中添加一些装饰对象，然后用文字工具输入文字并添加图层样式效果。实例效果如图 12-111 所示。

图 12-111　实例效果图

上机实战　制作组合文字效果

1　按 Ctrl + O 键从配套光盘的素材库打开一个图像文件，如图 12-112 所示。

2　在【图层】面板中单击【创建新图层】按钮，新建图层 1，如图 12-113 所示。

3　在工具箱中设置前景色为白色，背景色为黑色，再选择 自定形状工具，在选项栏中选择像素，接着在【形状】弹出式面板中选择所需的形状，如图 12-114 所示，然后在画面绘制出所选的形状，如图 12-115 所示。

　　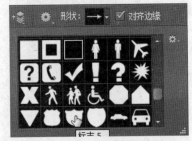

图 12-112　打开的图像　　　图 12-113　【图层】面板　　　图 12-114　选择形状

4　按 Ctrl 键在【图层】面板中单击"图层 1"的缩览图，如图 12-116 所示，将图层 1 载入选区，得到如图 12-117 所示的选区。

5　在菜单中执行【选择】→【修改】→【收缩】命令，弹出【收缩选区】对话框，在其中设置【收缩量】为 12 像素，如图 12-118 所示，单击【确定】按钮，以将选区缩小，然后按 Delete 键将选区内容删除，得到如图 12-119 所示的效果，再按 Ctrl + D 键取消选择。

6　按 Ctrl + J 键复制图层 1 为图层 1 拷贝，如图 12-120 所示，再激活"图层 1"图层，单击 （锁定透明像素）按钮，将图层 1 的透明像素锁定，然后按 Ctrl + Delete 键填充背景色（即黑色），结果如图 12-121 所示。

图 12-115　绘制形状

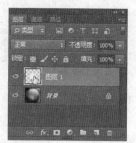

图 12-116　【图层】面板

图 12-117　载入的选区

图 12-118　【收缩选区】对话框

图 12-119　缩小选区后删除选区内容

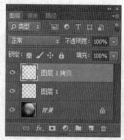

图 12-120　复制图层

7 按 Ctrl＋T 键执行【自由变换】命令，按 Shift 键将图层 1 中的内容缩小，缩小后的效果如图 12-122 所示，再在变换框中双击确认变换。

8 在【图层】面板中双击"图层 1 拷贝"图层 ，弹出【图层样式】对话框，在其左边栏中选择【渐变叠加】选项，在右边栏中选择所需的渐变，如图 12-123 所示，其他不变，此时的画面效果如图 12-124 所示。

图 12-121　锁定图层 1 的
透明像素

图 12-122　自由变换调整

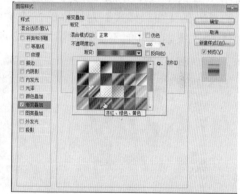

图 12-123　【图层样式】对话框

9 在【图层样式】对话框的左边栏中选择【描边】选项，再在右边栏中设置【大小】为 2 像素，【颜色】为 "＃401005"，其他不变，如图 12-125 所示，设置好后单击【确定】按钮，得到如图 12-126 所示的效果。

10 从配套光盘的素材库打开一个图像文件，使用移动工具将其拖动到画面中，如图 12-127 所示。

11 在工具箱中选择横排文字工具，在选项栏中设置参数为 文鼎CS中末 110点 ，然后在画面的适当位置单击并输入文字"尊"，如图 12-128 所示，输入好后单击 按钮，确认文字输入，然后在"尊"字的右边输入一个文字"贵"，如图 12-129 所示。

图 12-124 添加渐变叠加后的效果

图 12-125 【图层样式】对话框

图 12-126 描边后的效果

图 12-127 打开图像并复制到画面中

图 12-128 输入文字

图 12-129 输入文字

12 在菜单中执行【图层】→【图层样式】→【渐变叠加】命令，弹出【图层样式】对话框，在其中选择所需的渐变，如图 12-130 所示，此时的画面效果如图 12-131 所示。

13 在【图层样式】对话框的左边栏中选择【斜面和浮雕】选项，在右边栏中设置【大小】为 3 像素，其他不变，如图 12-132 所示，此时的画面效果如图 12-133 所示。

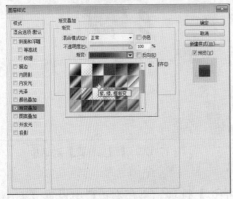

图 12-130 【图层样式】对话框

图 12-131 添加渐变叠加后的效果

14 在【图层样式】对话框的左边栏中选择【描边】选项，在右边栏中设置【大小】为 1 像素，【颜色】为白色，其他不变，如图 12-134 所示，此时的画面效果如图 12-135 所示。

15 在【图层样式】对话框的左边栏中选择【投影】选项，在右边栏中设置【混合模式】为正常，【颜色】为"#371a07"，【不透明度】为 100%，【距离】为 4 像素，【扩展】为 100%，【大小】为 4 像素，其他不变，如图 12-136 所示，设置好后单击【确定】按钮，得到如图 12-137 所示的效果。

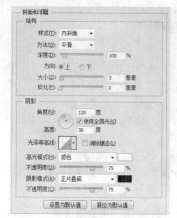

图 12-132 【图层样式】对话框

图 12-133 添加斜面和浮雕效果

图 12-134 【图层样式】对话框

图 12-135 添加描边效果

图 12-136 【图层样式】对话框

图 12-137 添加投影效果

16 在【图层】面板中右击"贵"文字图层，弹出快捷菜单，在其中选择【拷贝图层样式】命令，如图 12-138 所示，然后右击"尊"文字图层，弹出快捷菜单，在其中选择【粘贴图层样式】命令，如图 12-139 所示，得到如图 12-140 所示的效果。

图 12-138 选择【拷贝图层样式】命令

图 12-139 选择【粘贴图层样式】命令

图 12-140 粘贴图层样式后的效果

17 从配套光盘的素材库打开一个图像文件，如图 12-141 所示。

18 使用移动工具将其拖动到画面中并自动生成图层 3，然后在【图层】面板中将其拖动到图层 1 的下面，如图 12-142 所示，可以得到如图 12-143 所示的效果。

图 12-141　打开的图像

图 12-142　【图层】面板

图 12-143　拖动并复制后的效果

19 在【图层】面板中单击图层 1，以它为当前图层，再在工具箱中选择 魔棒工具，在自定形状内单击选择该区域，如图 12-144 所示。

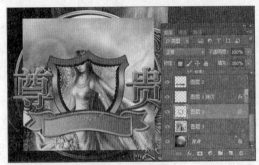

图 12-144　选择区域

图 12-145　选择图层

20 在【图层】面板中单击图层 3，以它为当前图层，如图 12-145 所示，按 Shift + F6 键弹出【羽化选区】对话框，在其中设置【羽化半径】为 10 像素，如图 12-146 所示，单击【确定】按钮，将选区进行羽化，羽化后的选区如图 12-147 所示。

图 12-146　【羽化选区】对话框

图 12-147　羽化后的选区

21 在【图层】面板中单击【添加图层蒙版】按钮，由选区建立蒙版，结果如图 12-148 所示。

22 在【图层】面板中选择最顶层，在工具箱中选择横排文字工具，在选项栏中设置参数为 ，然后在画面中单击并输入所需的文字，如图 12-149 所示。

23 在选项栏中单击 按钮，弹出【变形文字】对话框，在其中的【样式】列表中选择扇形，再设置【弯曲】为 15%，如图 12-150 所示，单击【确定】按钮，然后使用移动工具将其排放到适当位置，结果如图 12-151 所示。

图 12-148　由选区建立蒙版

图 12-149　输入文字

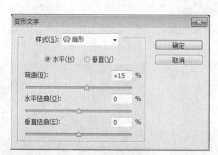

图 12-150　【变形文字】对话框

图 12-151　变形后的效果

24 在菜单中执行【图层】→【图层样式】→【颜色叠加】命令，弹出【图层样式】对话框，在其中设置【颜色】为"#611c0c"，其他不变，如图 12-152 所示，此时的画面效果如图 12-153 所示。

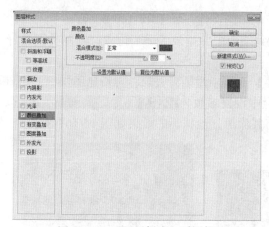

图 12-152　【图层样式】对话框

图 12-153　改变颜色后的效果

25 在【图层样式】对话框的左边栏中选择【斜面和浮雕】选项，在右边栏中设置【大小】为 3 像素，其他不变，如图 12-154 所示，此时的画面效果如图 12-155 所示。

26 在【图层样式】对话框的左边栏中选择【描边】选项，在右边栏中设置【大小】为 1 像素，【颜色】为黑色，其他不变，如图 12-156 所示，此时的画面效果如图 12-157 所示。

27 在【图层样式】对话框的左边栏中选择【投影】选项，在右边栏中设置【距离】为 3 像素，【大小】为 3 像素，其他不变，如图 12-158 所示，设置好后单击【确定】按钮，得到如图 12-159 所示的效果。

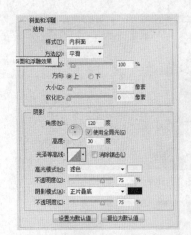
图 12-154 【图层样式】对话框

图 12-155 添加斜面和浮雕效果

图 12-156 【图层样式】对话框

图 12-157 添加描边效果

图 12-158 【图层样式】对话框

图 12-159 添加投影效果

28 按 Ctrl+O 键从配套光盘的素材库打开一个图像文件，如图 12-160 所示。

29 使用移动工具依次分别将这些人物拖动到画面中并排放到适当位置，复制并调整好后的效果如图 12-161 所示。

30 按 X 键切换前景色与背景色，在【图层】面板中激活背景层，再新建图层 8，如图 12-162 所示，在工具箱中选择画笔工具，在选项栏中设置参数为 ，然后在画面中圆形按钮外的区域进行涂抹，以将其涂黑，涂抹后的效果如图 12-163 所示。

图 12-160 打开的图像

图 12-161 拖动并复制后的效果

31 在工具箱中选择 橡皮擦工具，在选项栏中设置参数为 ，然后在涂黑过多的地方进行涂抹，以将其擦除，擦除后的效果如图 12-164 所示。这样，作品就制作完成了。

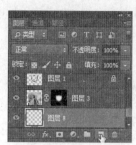

图 12-162 【图层】面板

图 12-163 将四周涂黑

图 12-164 最终效果图

12.6 游戏界面——加勒比海盗

在制作游戏界面——加勒比海盗时，先打开所需的素材并进行组合与处理，再用横排文字工具输入文字，并用图层样式命令为文字添加效果。实例效果如图 12-165 所示。

图 12-165 实例效果图

上机实战 制作游戏界面——加勒比海盗

1 按 Ctrl+O 键从配套光盘的素材库中打开一张背景图片与一个图案文件，如图 12-166、图 12-167 所示。

2 在工具箱中选择移动工具，先激活图案文件，再将其中的图案拖动到背景图片中并排放到适当位置，如图 12-168 所示，在【图层】面板中自动生成图层 1。

图 12-166 打开的图片

图 12-167 打开的图案

图 12-168 拖动并复制后的效果

3 在菜单中执行【图层】→【图层样式】→【描边】命令，弹出【图层样式】对话框，在其中设置【颜色】为黑色，其他不变，如图 12-169 所示，单击【确定】按钮，得到如图 12-170 所示的效果。

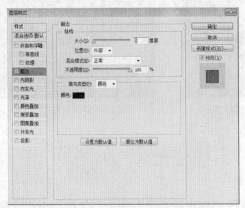

图 12-169 【图层样式】对话框

图 12-170 添加描边效果

4 在工具箱中选择 椭圆选框工具，在画面中的适当位置绘制一个椭圆选框，如图 12-171 所示。在菜单中执行【选择】→【存储选区】命令，弹出【存储选区】对话框，在其中设置【名称】为 001，其他不变，如图 12-172 所示，单击【确定】按钮，将选区存储起来，再按 Ctrl + D 键取消选择。

图 12-171 绘制椭圆选框

图 12-172 【存储选区】对话框

5 从配套光盘的素材库中打开一个纹理图片，如图 12-173 所示，接着使用移动工具将其拖动到画面中并排放到适当位置，如图 12-174 所示，在【图层】面板中自动生成图层 2。

图 12-173 打开的纹理图片

图 12-174 拖动并复制纹理图片

6　在菜单中执行【选择】→【载入选区】命令，弹出【载入选区】对话框，在其中设置【通道】为 001，其他不变，如图 12-175 所示，单击【确定】按钮，即可将存储的选区重新载入到画面中，如图 12-176 所示。

图 12-175　【载入选区】对话框

图 12-176　载入的选区

7　在【图层】面板中单击【添加图层蒙版】按钮，由选区建立图层蒙版，如图 12-177 所示，将选区外的内容隐藏，得到如图 12-178 所示的效果。

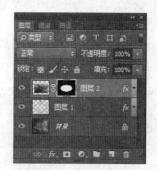

图 12-177　【图层】面板

图 12-178　由选区建立蒙版

8　在菜单中执行【图层】→【图层样式】→【描边】命令，弹出【图层样式】对话框，在其中设置【大小】为 6 像素，【颜色】为黑色，其他不变，如图 12-179 所示，设置好后的画面效果如图 12-180 所示。

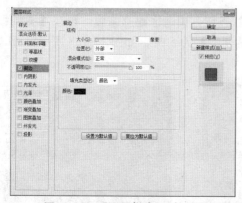

图 12-179　【图层样式】对话框

图 12-180　添加描边的效果

9　在【图层样式】对话框的左边栏中单击【斜面和浮雕】选项，在右边栏中设置【大小】为 3 像素，其他参数如图 12-181 所示，设置好后的画面效果如图 12-182 所示。

10　在【图层样式】对话框的左边栏中单击【内阴影】选项，在右边栏中设置【不透明

度】为 100%，【距离】为 0 像素，【阻塞】为 6%，【大小】为 17 像素，颜色为"#822e20"，其他不变，如图 12-183 所示，单击【确定】按钮，得到如图 12-184 所示的效果。

图 12-181 【图层样式】对话框   图 12-182 添加斜面和浮雕效果   图 12-183 【图层样式】对话框

11 在【图层】面板中拖动背景层到【创建新图层】按钮上，当按钮呈凹下状态时松开左键复制一个副本，再将其拖动到最上面，如图 12-185 所示。

12 按 Ctrl 键的同时使用鼠标在【图层】面板中单击图层 2 的蒙版缩览图，如图 12-186 所示，以将蒙版载入选区，得到如图 12-187 所示的效果。

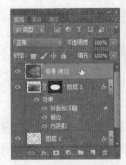

图 12-184 添加内阴影效果   图 12-185 【图层】面板   图 12-186 将蒙版载入选区

13 在【图层】面板中单击【添加图层蒙版】按钮，由选区建立蒙版，再在【图层】面板中设置背景拷贝的【混合模式】为叠加，【不透明度】为 50%，如图 12-188 所示，可以得到如图 12-189 所示的效果。

图 12-187 载入的选区   图 12-188 【图层】面板   图 12-189 改变混合模式后的效果

14 按 Ctrl + O 键从配套光盘的素材库中打开两个有标签的文件，如图 12-190、图 12-191

所示。然后使用移动工具将其依次拖动到画面中并排放到适当位置，结果如图 12-192 所示。

图 12-190　打开的标签

图 12-191　打开的标签

15 在工具箱中选择横排文字工具，在选项栏中设置参数为 ，再在画面中的适当位置单击并输入文字"加勒比海盗"，如图 12-193 所示，在选项栏中单击【提交】按钮确认文字输入。

16 在【图层】面板中设置文字图层的【填充】为 0%，如图 12-194 所示，接着在菜单中执行【图层】→【图层样式】→【描边】命令，弹出【图层样式】对话框，在其中设置【大小】为 2 像素，【颜色】为黑色，其他不变，如图 12-195 所示，设置好后的画面效果如图 12-196 所示。

图 12-192　拖动并复制后的效果

图 12-193　输入文字

图 12-194　【图层】面板

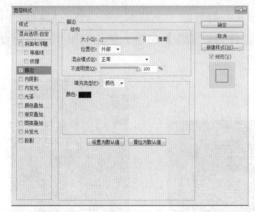

图 12-195　【图层样式】对话框

图 12-196　添加描边效果

17 在【图层样式】对话框的左边栏中单击【斜面和浮雕】选项，在右边栏中设置【方法】为雕刻清晰，【深度】为 271%，【大小】为 6 像素，其他参数如图 12-197 所示，设置好后的画面效果如图 12-198 所示。

18 在【图层样式】对话框的左边栏中单击【外发光】选项，在右边栏中设置【混合模式】为线性加深，【不透明度】为 50%，【大小】为 6 像素，其他参数如图 12-199 所示，设置好后的画面效果如图 12-200 所示。

图 12-197 【图层样式】对话框　　图 12-198 添加斜面和浮雕效果　　图 12-199 【图层样式】对话框

19 在【图层样式】对话框的左边栏中单击【投影】选项，再在右边栏中设置【距离】为 3 像素，【大小】为 3 像素，其他不变，如图 12-201 所示，设置好后单击【确定】按钮，得到如图 12-202 所示的效果。

图 12-200 添加外发光效果　　图 12-201 【图层样式】对话框　　图 12-202 添加投影效果

20 在【图层】面板中激活图层 2，再按 Ctrl + J 键复制一个副本，然后将它拖到最上面，如图 12-203 所示。在菜单中执行【图层】→【创建剪贴蒙版】命令，创建剪贴组，得到如图 12-204 所示的效果，其【图层】面板如图 12-205 所示。

图 12-203 【图层】面板　　图 12-204 创建剪贴蒙版后的效果　　图 12-205 【图层】面板

21 使用矩形选框工具沿着画面绘制一个矩形选框，再按 Shift + F6 键弹出【羽化选区】对话框，在其中设置【羽化半径】为 80 像素，如图 12-206 所示，单击【确定】按钮，得到如图 12-207 所示的选区。

图 12-206　【羽化选区】对话框　　　　　　　　图 12-207　羽化选区

22 在【图层】面板中单击【创建新图层】按钮，新建图层 5，如图 12-208 所示，按 Shift＋ Ctrl＋I 键反选选区，然后设置前景色为黑色，按 Alt＋Delete 键填充两次黑色，按 Ctrl＋D 键取消选择，得到如图 12-209 所示的效果。

23 在【图层】面板中双击文字图层，弹出【图层样式】对话框，在其中选择【斜面和浮雕】选项，在右边栏中将阴影高光的【不透明度】修改为 62%，如图 12-210 所示，其他不变，单击【确定】按钮，得到如图 12-211 所示的效果。

图 12-208　创建新图层　　　　图 12-209　填充选区　　　　图 12-210　【图层样式】对话框

24 在【图层】面板中双击上方的标签，弹出【图层样式】对话框，在其中选择【投影】选项，其他参数为默认值，如图 12-212 所示，单击【确定】按钮，得到如图 12-213 所示的效果。

　　　　　　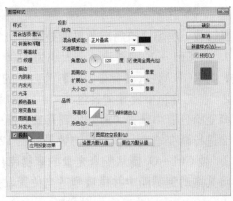

图 12-211　添加斜面和浮雕效果　　　　　　图 12-212　【图层样式】对话框

25 在【图层】面板中双击下方的标签，弹出【图层样式】对话框，在其中选择【投影】选项，其他参数为默认值，单击【确定】按钮，为标签添加阴影，可以得到如图 12-214 所示的效果。作品就制作完成了。

图 12-213　添加投影效果

图 12-214　最终效果图

12.7　房屋建筑后期效果图处理

在制作房屋建筑后期效果图处理图时，先新建一个所需大小的文件并用渐变工具与一张图片来制作背景，然后用多个素材进行排放组合，并结合 Photoshop 功能对一些素材进行处理。实例效果如图 12-215 所示。

图 12-215　实例效果图

上机实战　房屋建筑后期效果图处理

1　按 Ctrl + N 键新建一个大小为 1100×680 像素，【分辨率】为 150 像素/英寸，【颜色模式】为 RGB 颜色，【背景内容】为白色的文件。

2　在工具箱中设置前景色为 "# 868eb5"，背景色为白色，再选择■渐变工具，在选项栏的渐变拾色器中选择 "前景色到背景色渐变"，如图 12-216 所示，然后在画面中拖动鼠标，为画面进行渐变填充，填充后的效果如图 12-217 所示。

3　按 Ctrl + O 键从配套光盘的素材库打开一个天空图像，再在工具箱中选择移动工具，然后将其拖动到画面中并排放到适当位置，如图 12-218 所示，在【图层】面板中自动生成图层 1。

图 12-216 渐变拾色器

图 12-217 渐变填充

图 12-218 打开图像并复制到画面中

4 从配套光盘的素材库打开一个草地图像，使用移动工具将其拖动到画面中并排放到适当位置，如图 12-219 所示。

5 从配套光盘的素材库打开一个绘制好的建筑物，用移动工具将其拖动到画面中并排放到适当位置，如图 12-220 所示，自动生成图层 3。

6 从配套光盘的素材库打开一个石板图像，使用移动工具将其拖动到画面中并排放到适当位置，自动生成图层 4。在【图层】面板中拖动图层 4 到图层 3 的下面，如图 12-221 所示，画面效果如图 12-222 所示。

图 12-219 打开图像并复制到画面中

图 12-220 打开图像并复制到画面中

图 12-221 【图层】面板

7 从配套光盘的素材库打开一个建筑群图像，如图 12-223 所示，使用移动工具将其拖动到画面中并排放到适当位置，自动生成图层 5。在【图层】面板中设置图层 5 的【不透明度】为 80%，如图 12-224 所示，可以得到如图 12-225 所示的效果。

图 12-222 打开图像并复制到画面中

图 12-223 打开的图像

图 12-224 【图层】面板

8 从配套光盘的素材库打开几个有树的文件，如图 12-226、图 12-227、图 12-228 所示，使用移动工具依次将其拖动到画面中并排放到适当位置，如图 12-229 所示。

9 从配套光盘的素材库打开一个有花丛的文件，如图 12-230 所示，使用移动工具将其拖动到画面中，自动生成图层 9，接着在【图层】面板中将其拖动到主题建筑物所在图层的上层，如图 12-231 所示，然后将其拖动到适当位置，如图 12-232 所示。

图 12-225　复制图像并调整位置

图 12-226　打开的图像

图 12-227　打开的图像

图 12-228　打开的图像

图 12-229　复制图像并摆放位置

图 12-230　打开的图像

10 从配套光盘的素材库打开一个有花草和树的文件，如图 12-233 所示，使用移动工具将其拖动到画面中，然后将它们分别拖动到适当位置，排放好后的效果如图 12-234 所示。

图 12-231　【图层】面板

图 12-232　复制图像并摆放位置

图 12-233　打开的文件

11 从配套光盘的素材库打开一个有人物的文件，如图 12-235 所示，使用移动工具将其拖动到画面中，然后将其拖动到适当位置，排放好后的效果如图 12-236 所示。

图 12-234　复制图像并摆放位置

图 12-235　打开的文件

图 12-236　复制图像并摆放位置

12 从配套光盘的素材库打开一个有水纹的文件，如图 12-237 所示，使用移动工具将其拖动到画面中，然后将其所在图层拖动到图层 1 的上层并设置其【混合模式】为柔光，如图 12-238 所示，排放好后的效果如图 12-239 所示。

图 12-237　打开的文件

13 在【图层】面板中选择主题建筑物所在的图层，按 Ctrl + J 键复制一个图层，如图 12-240 所示，然后将其拖动到草坪所在图层的下层，如图 12-241 所示。

图 12-238　【图层】面板

图 12-239　添加湖面后的效果

图 12-240　【图层】面板

14 在菜单中执行【编辑】→【变换】→【垂直翻转】命令，将副本图层中的内容进行垂直翻转，然后将其向下移动到适当位置，得到如图 12-242 所示的效果。

15 在菜单中执行【滤镜】→【扭曲】→【波纹】命令，弹出【波纹】对话框，其中设置【数量】为 100%，【大小】为中，如图 12-243 所示，单击【确定】按钮，得到如图 12-244 所示的效果。

图 12-241　【图层】面板

图 12-242　翻转并调整位置后的效果

图 12-243　【波纹】对话框

16 在【图层】面板中设置【不透明度】为 40%，如图 12-245 所示，可以得到如图 12-246 所示的效果。

图 12-244　添加波纹后的效果

图 12-245　【图层】面板

图 12-246　最终效果图

12.8 按钮

在制作按钮时，先新建一个所需大小的文件并用椭圆工具绘制一个圆形来确定按钮的大小，然后用图层样式与渐变工具将圆形处理为立体按钮效果。实例效果如图 12-247 所示。

图 12-247 实例效果图

![上机实战图标] **上机实战　制作按钮**

1　按 Ctrl+N 键新建一个大小为 620×320 像素，【分辨率】为 150 像素／英寸，【颜色模式】为 RGB 颜色，【背景内容】为白色的文件。

2　显示【图层】面板，在其中单击【创建新图层】按钮，新建图层 1 ，如图 12-248 所示，在工具箱中设置前景色为"#0874bc"，选择 ◎ 椭圆工具，在选项栏中选择像素，再按 Shift 键在画面中绘制一个圆，如图 12-249 所示。

3　在菜单中执行【图层】→【图层样式】→【斜面和浮雕】命令，弹出【图层样式】对话框，在其中进行所需的参数设置，如图 12-250 所示，画面效果如图 12-251 所示。

图 12-248 创建新图层

图 12-249 绘制圆形

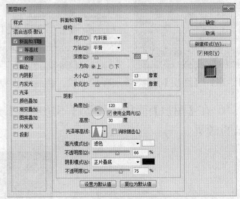

图 12-250 【图层样式】对话框

4　在【图层样式】对话框的左边栏中单击【描边】选项，再在右边栏中设置【大小】为 2 像素，【颜色】为 "# 111d4d"，其他不变，如图 12-252 所示，单击【确定】按钮，得到如图 12-253 所示的效果。

5　在【图层】面板中单击【创建新图层】按钮，新建图层 2 ，如图 12-254 所示。

6　在工具箱中选择椭圆选框工具，按 Shift 键在绘制的按钮上拖出一个圆选区，如图 12-255 所示。

图 12-251　添加斜面和浮雕效果　　　图 12-252　【图层样式】对话框　　　图 12-253　添加描边效果

7　设置前景色为 "# 0874bc"，背景色为白色，在工具箱中选择渐变工具，在选项栏的渐变拾色器中选择前景色到背景色渐变，再在选项栏中选择【径向渐变】按钮，如图 12-256 所示，然后在选区内拖动，为选区进行渐变填充，填充后的效果如图 12-257 所示，按 Ctrl + D 键取消选择，得到如图 12-258 所示的效果。

图 12-254　创建新图层　　图 12-255　绘制圆选区　　图 12-256　渐变拾色器　　图 12-257　填充渐变颜色

8　按 Ctrl 键用鼠标在【图层】面板中单击图层 1，以选择图层 1 与图层 2，如图 12-259 所示，再在工具箱中选择 移动工具，然后在选项栏中单击 与 按钮，使选择的内容水平与垂直对齐，结果如图 12-260 所示。

图 12-258　取消选择后的效果　　　图 12-259　【图层】面板　　　图 12-260　对齐后的效果

9　在【图层】面板中单击图层 2，以它为当前图层，在菜单中执行【图层】→【图层样式】→【内发光】命令，弹出【图层样式】对话框，在其中设置【混合模式】为正常，【不透明度】为 100%，【颜色】为 "# 112260"，【大小】为 16 像素，【范围】为 56%，其他为默认值，如图 12-261 所示，设置好后的画面效果如图 12-262 所示。

10　在【图层样式】对话框的左边栏中单击【内阴影】选项，在右边栏中设置【混合模式】为正常，【颜色】为 "# 0f1c4f"，【距离】为 38 像素，【阻塞】

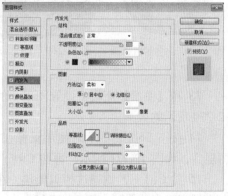

图 12-261　【图层样式】对话框

为 7％，【大小】为 81 像素，其他为默认值，如图 12-263 所示，此时的画面效果如图 12-264 所示。

图 12-262　添加内发光效果　　　图 12-263　【图层样式】对话框　　　图 12-264　添加内阴影效果

11 在【图层样式】对话框的左边栏中单击【描边】选项，在右边栏中设置【颜色】为 "# 0b1132"，【大小】为 2 像素，其他为默认值，如图 12-265 所示，设置好后单击【确定】按钮，得到如图 12-266 所示的效果。

图 12-265　【图层样式】对话框　　　图 12-266　添加描边效果　　　图 12-267　【图层】面板

12 设置前景色为白色，在【图层】面板中新建图层 3，如图 12-267 所示，然后使用椭圆工具在画面的适当位置绘制一个白色圆，如图 12-268 所示。

图 12-268　绘制白色圆　　图 12-269　【图层】面板　　图 12-270　改变不透明　　图 12-271　【图层】面板
　　　　　　　　　　　　　　　　　　　　　　　度后的效果

13 在【图层】面板中设置图层 3 的【不透明度】为 20％，如图 12-269 所示，得到如图 12-270 所示的效果。

14 按下 Shift 键的同时使用鼠标在【图层】面板中单击图层 1、3，以同时选择图层 1 至图层 3，如图 12-271 所示，再按 Ctrl＋E 键将选择的图层合并，结果如图 12-272 所示。

15 按 Ctrl＋J 键通过拷贝新建一个图层副本，如图 12-273 所示，使用移动工具将其向右拖动到适当位置，如图 12-274 所示。

图 12-272 【图层】面板　　　图 12-273 【图层】面板　　　图 12-274 复制一个副本并调整位置

16 按 Ctrl + U 键执行【色相／饱和度】命令，弹出【色相／饱和度】对话框，在其中先勾选【着色】复选框，再设置【色相】为 91，【饱和度】为 50，其他为默认值，如图 12-275 所示，单击【确定】按钮，得到如图 12-276 所示的效果。

图 12-275 【色相／饱和度】对话框　　　　　图 12-276 改变颜色后的效果

12.9 水岸银都——网站设计

在制作水岸银都——网站设计时，先用钢笔工具与一张图片来制作背景，再打开并复制一些按钮，然后用横排文字工具在画面中输入所需的文字进行说明与宣传。实例效果如图 12-277 所示。

图 12-277 实例效果图

![上机实战] **制作水岸银都网站**

1 按 Ctrl+N 键新建一个大小为 720×520 像素，【分辨率】为 150 像素/英寸，【颜色模式】为 RGB 颜色，【背景内容】为白色的文件。

2 显示【路径】面板，在其中单击 ![] （创建新路径）按钮，新建路径 1，如图 12-278 所示，接着在工具箱中选择 ![] 钢笔工具，在选项栏中选择 ![] 路径，然后在画面中勾画出所需的路径，如图 12-279 所示。

3 在【路径】面板新建路径 2，使用钢笔工具在画面中绘制出如图 12-280 所示的路径，其【路径】面板如图 12-281 所示。

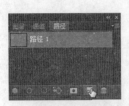
图 12-278 【路径】面板

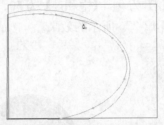
图 12-279 用钢笔工具绘制路径

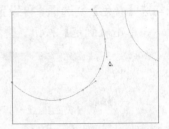
图 12-280 用钢笔工具绘制路径

4 按住 Ctrl 键的同时使用鼠标左键在【路径】面板中单击路径 1 的缩览图，如图 12-282 所示，使路径 1 载入选区，如图 12-283 所示。

图 12-281 【路径】面板

图 12-282 【路径】面板

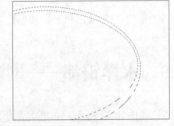
图 12-283 将路径载入选区

5 设置前景色为"R8、G116、B188"，背景色为白色，显示【图层】面板，在其中单击 ![] （创建新图层）按钮，新建图层 1，如图 12-284 所示在工具箱中选择渐变工具，在选项栏的渐变拾色器中选择前景到背景渐变和 ![] （径向渐变）按钮，如图 12-285 所示，然后在画面中拖动，为选区进行渐变填充，填充后的效果如图 12-286 所示。

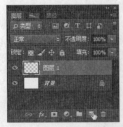
图 12-284 【图层】面板

图 12-285 渐变拾色器

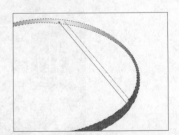
图 12-286 填充渐变颜色后的效果

6 按 Ctrl + D 键取消选择，在【图层】面板中新建图层 2，如图 12-287 所示，在工具箱中设置前景色为黑色并选择 ![] 画笔工具，在选项栏中设置【画笔】为 ![]，然后显示【路径】面板，在其中激活路径 2，再单击底部的 ![] （用画笔描边路径）按钮，如图 12-288 所

示，使用画笔给路径描边，描边后的效果如图 12-289 所示。

图 12-287 【图层】面板

图 12-288 【路径】面板

图 12-289　用画笔描边后的效果

7　在【路径】面板的灰色区域单击，隐藏路径显示，如图 12-290 所示，再设置前景色为"R5、G135、B221"，在【图层】面板中激活背景层，按 Alt + Delete 键填充前景色，其【图层】面板如图 12-291 所示，得到如图 12-292 所示的效果。

图 12-290 【路径】面板

图 12-291 【图层】面板

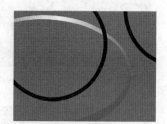

图 12-292　为背景填充颜色后的效果

8　按 Ctrl + O 键从配套光盘的素材库中打开一张花园图片，如图 12-293 所示，将它复制到画面中并排放到适当位置，其【图层】面板如图 12-294 所示。

9　在【图层】面板中自动生成了图层 3，设置它的【不透明度】为 20%，如图 12-295 所示，可以得到如图 12-296 所示的效果。

图 12-293　打开的图片

图 12-294 【图层】面板

图 12-295 【图层】面板

10　按 Ctrl + J 键复制图层 3 为图层 3 拷贝，再将其【不透明度】修改为 100%，如图 12-297 所示，然后将其移动到适当位置，如图 12-298 所示。

11　在工具箱中选择 多边形套索工具，在画面中框选出所需的范围，如图 12-299、图 12-300 所示。

12　在【图层】面板中单击【添加图层蒙版】按钮，由选区建立图层蒙版，如图 12-301 所示，得到如图 12-302 所示的效果。

图 12-296　改变图层顺序与不透明度

图 12-297　【图层】面板

图 12-298　改变不透明度与调整位置

图 12-299　用多边形套索工具勾选内容

图 12-300　勾画好的选区

图 12-301　【图层】面板

图 12-302　由选区建立图层蒙版

13 在【图层】面板中激活图层 3，再按 Ctrl + J 键复制图层 3 为图层 3 拷贝 2，同样将其【不透明度】修改为 100%，然后在画面中将副本的内容拖动到右上角的适当位置，如图 12-303 所示。

图 12-303　复制一个副本并调整位置

图 12-304　由选区建立蒙版后的效果

14 使用多边形套索工具在画面中勾选出所需的范围，再在【图层】面板中单击【添加图层蒙版】按钮，由选区建立图层蒙版，结果如图 12-304 所示。

15 在【图层】面板中双击图层 1，弹出【图层样式】对话框，在其左边栏中选择【内阴影】选项，再在右边栏中设置【不透明度】为 15%，【距离】为 10 像素，【大小】为 10 像素，其他不变，如图 12-305 所示，设置好后的画面效果如图 12-306 所示。

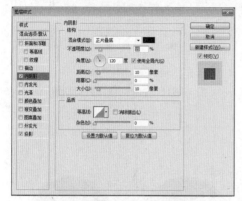

图 12-305 【图层样式】对话框

图 12-306 添加内阴影后的效果

16 在【图层样式】对话框的左边栏中选择【投影】选项，在右边栏中设置【混合模式】为正常，【颜色】为白色，【不透明度】为 40%，【距离】为 5 像素，【大小】为 10 像素，其他不变，如图 12-307 所示，设置好后单击【确定】按钮，得到如图 12-308 所示的画面效果。

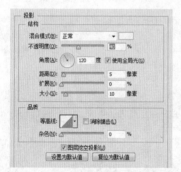

图 12-307 【图层样式】对话框

图 12-308 添加投影效果

17 在【图层】面板中双击图层 2，弹出【图层样式】对话框，在其左边栏中选择【颜色叠加】选项，再在右边栏中设置【颜色】为白色，其他不变，如图 12-309 所示，设置好后的画面效果如图 12-310 所示。

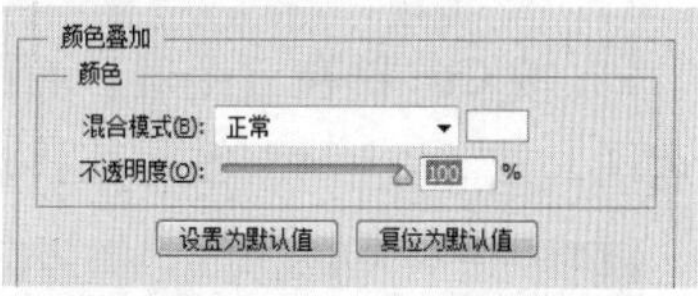

图 12-309 【图层样式】对话框

18 在【图层样式】对话框的左边栏中选择【内发光】选项，再在右边栏中设置【混合模式】为正常，【颜色】为 "R83、G176、B255"，【不透明度】为 67%，【大小】为 10 像素，其他不变，如图 12-311 所示，设置好后单击【确定】按钮，得到如图 12-312 所示的画面效果。

19 按 Ctrl+O 键从配套光盘的素材库中打开一个包括按钮的图像文件，如图 12-313 所示。

20 使用移动工具将蓝色按钮拖动到画面中，如图 12-314 所示，按 Ctrl + T 键执行【自由变换】命令，再在选项栏的 W: 35.00% ∞ H: 35 中输入 35%，以将按钮缩小，如图 12-315 所示，然后单击 ✓ 按钮确认变换。

图 12-310　改变颜色

图 12-311　【图层样式】对话框

图 12-312　添加内发光效果

图 12-313　打开的按钮

图 12-314　拖动并复制按钮

图 12-315　自由变换调整大小

21 按 Ctrl 键在【图层】面板中单击复制的按钮所在图层，如图 12-316 所示，将按钮载入选区。按 Alt + Ctrl 键将其移动到适当位置，以复制一个副本，如图 12-317 所示。

图 12-316　载入选区

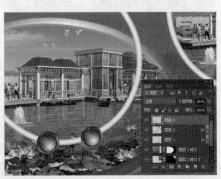

图 12-317　复制选区内容

22 按 Alt+Ctrl 键复制多个副本并排放到适当位置,复制并移动后的效果如图 12-318 所示。

23 使用同样的方法将绿色按钮复制到画面中,按 Ctrl + T 键执行【自由变换】命令,再在选项栏的 W: 15.00% ∞ H: 15 中输入 15%,将绿色按钮缩小,结果如图 12-319 所示,然后单击 ✓ 按钮确认变换。

图 12-318 复制多个按钮

图 12-319 复制并缩小按钮

24 使用复制蓝色按钮同样的方法复制一个绿色按钮并移动到适当位置,结果如图 12-320 所示。

25 设置前景色为白色,使用横排文字工具在画面中依次输入所需的文字,其字体与字体大小视需而定,输入好文字后的效果如图 12-321 所示。

26 在【图层】面板中激活"银都社区"文字图层,在菜单中执行【图层】→【图层样式】→【投影】命令,弹出如图 12-322 所示的【图层样式】对话框,在其中直接单击【确定】按钮,得到如图 12-323 所示的效果。

图 12-320 复制并移动按钮

图 12-321 输入文字

27 在【图层】面板中右击"银都社区"文字图层,弹出快捷菜单,在其中选择【拷贝图层样式】命令,如图 12-324 所示,再在"银都物业"文字图层上右击,并在弹出的快捷菜单中选择【粘贴图层样式】命令,如图 12-325 所示,将"银都社区"文字图层中投影效果复制到"银都物业"文字图层中。然后依次在其他文字图层上右击,在弹出的快捷菜单中选择【粘贴图层样式】命令,将投影效果复制到其他文字图层中,复制好后的效果如图 12-326 所示。

28 在【图层】面板中双击"银都"文字图层,在弹出的【图层样式】对话框中选择【描边】选项,设置其【颜色】为"R255、G156、B0",其他不变,如图 12-327 所示,单击【确定】按钮,得到如图 12-328 所示的效果。

图 12-322 【图层样式】对话框

图 12-323 添加投影后的效果

图 12-324 选择【拷贝图层
样式】命令

图 12-325 选择【粘贴图
层样式】命令

图 12-326 复制图层样式后的效果

图 12-327 【图层样式】对话框

29 使用同样的方法将描边效果复制给"水岸"文字，复制好描边效果后的画面效果如图 12-329 所示。

图 12-328 添加描边效果

图 12-329 复制描边效果

30 在【图层】面板中新建图层 6，如图 12-330 所示，在工具箱中设置前景色为白色并选择椭圆工具，在选项栏中选择 ▢ 像素 ▾（像素）按钮，然后在画面中"水岸"文字与"银都"文字之间绘制一个白色圆，如图 12-331 所示。

31 将"银都"文字的描边效果复制给白色圆，复制好后的效果如图 12-332 所示。作品就制作完成了。

图 12-330 【图层】面板

图 12-331 绘制白色圆

图 12-332 最终效果图

12.10 绘制手提袋平面图

在绘制手提袋平面图时,先用参考线规划出手提袋平面图的结构图,再用矩形工具与拖动并复制功能绘制出背景图,然后将主题物复制到画面中,最后用横排文字工具为画面添加宣传语。实例效果如图 12-333 所示。

图 12-333 实例效果图

上机实战 绘制手提袋平面图

(1) 绘制手提袋平面图正面

1 按 Ctrl + N 键新建一个大小为 700×460 像素,【分辨率】为 300 像素/英寸,【颜色模式】为 RGB 颜色,【背景内容】为白色的文件。

2 按 Ctrl + R 键从标尺栏中拖出两条参考线,确认要绘制的矩形的左上顶点,如图 12-334 所示。然后在标尺栏的交叉点上按下左键向参考点上拖动,将参考线交叉点改为标尺原点,如图 12-335 所示。

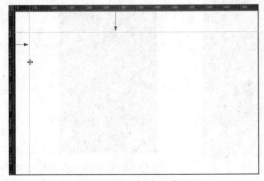

图 12-334 创建参考线

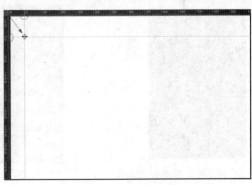

图 12-335 改变参考线原点

3 分别从标尺栏中拖动多条参考线到所需的位置,如图 12-336 所示。

4 在【图层】面板中单击【创建新图层】按钮,新建图层 1,如图 12-337 所示,在工具箱中设置前景色为"R69、G0、B108",背景色为白色,接着选择 矩形工具,在选项栏中选择 ■ 像素 (像素) 按钮,然后在画面中从标尺原点处拖出一个矩形,如图 12-338 所示。

图 12-336　创建参考线

图 12-337　创建新图层

5　按 Ctrl + O 键从配套光盘的素材库中打开一个标志文件，再按 Ctrl 键将其拖动到画面的适当位置，如图 12-339 所示。

图 12-338　绘制矩形

图 12-339　打开标志并复制标志

6　在工具箱中选择 套索工具，在画面中框选出所需的部分，如图 12-340 所示，接着按 Ctrl + J 键由选区建立一个新图层，在【图层】面板中单击 （锁定透明像素）按钮，如图 12-341 所示，再按 Ctrl 键将其向左拖动到适当位置，然后按 Ctrl + Delete 键填充白色，得到如图 12-342 所示的效果。

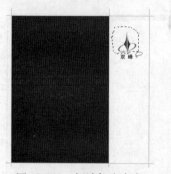

图 12-340　框选标志内容

图 12-341　【图层】面板

图 12-342　改变颜色后的效果

7　按 Alt + Shift 键将白色标志图形向右拖动到适当位置，以复制一个副本，结果如图 12-343 所示。使用同样的方法再复制多个副本，结果如图 12-344 所示。

8　按住 Shift 键的同时在【图层】面板中单击图层 3，以同时选择图层 3 与图层 3 的副本，如图 12-345 所示，然后按 Ctrl + E 键将所选的图层合并，结果如图 12-346 所示。

9　按 Alt + Shift 键将白色标志图形依次向下拖动到适当位置，以复制多个副本，复制好后的结果如图 12-347 所示。

图 12-343 拖动并复制对象

图 12-344 拖动并复制对象

图 12-345 【图层】面板

10 按 Shift 键在【图层】面板中单击图层 3 拷贝 5，以选择图层 3 拷贝 5 与它的副本，如图 12-348 所示，然后按 Ctrl + E 键将所选的图层合并，结果如图 12-349 所示。

图 12-346 【图层】面板

图 12-347 拖动并复制后的效果

图 12-348 【图层】面板

11 在【图层】面板中设置该图层的【不透明度】为 10%，如图 12-350 所示，可以得到如图 12-351 所示的效果。

图 12-349 【图层】面板

图 12-350 【图层】面板

图 12-351 改变不透明度后的效果

12 显示【路径】面板，在其中单击【创建新路径】按钮，新建路径 1，如图 12-352 所示。接着在工具箱中选择 🖊钢笔工具，在选项栏中选择 🖊· 路径 （路径）按钮，然后在画面中勾画出所需的路径，如图 12-353 所示。

13 按住 Ctrl 键的同时在【路径】面板中单击路径 1 的缩览图，如图 12-354 所示，使路径 1 载入选区，如图 12-355 所示。

图 12-352 创建新路径

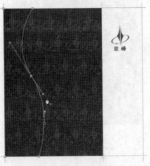

图 12-353 用钢笔工具勾画路径

图 12-354 【路径】面板

14 在【图层】面板中单击【创建新图层】按钮，新建图层 3，如图 12-356 所示，并按 Ctrl + Delete 键填充白色，再按 Ctrl + D 键取消选择，得到如图 12-357 所示的效果。

图 12-355 将路径载入选区

图 12-356 创建新图层

图 12-357 填充白色后取消选择

15 在【图层】面板中拖动图层 3 副本 11 到 ■ 按钮上，当按钮呈凹下状态时松开左键，即可复制图层 3 拷贝 11 为图层 3 拷贝 12，然后将其拖到最上面，单击 ■（锁定透明像素）按钮，如图 12-358 所示，再按 Alt + Delete 键填充前景色，得到如图 12-359 所示的效果。

16 按 Ctrl 键在【图层】面板中单击图层 3 的缩览图，如图 12-360 所示，使图层 3 载入选区，如图 12-361 所示。

图 12-358 【图层】面板

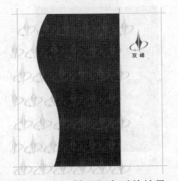

图 12-359 填充颜色后的效果

图 12-360 【图层】面板

17 在【图层】面板中单击【添加图层蒙版】按钮，由选区建立图层蒙版，如图 12-362 所示，可以将不需要的部分隐藏，得到如图 12-363 所示的效果。

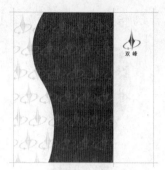

图 12-361　载入选区　　　　图 12-362　【图层】面板　　　图 12-363　由选区建立蒙版后的效果

18 按 Ctrl + O 键从配套光盘的素材库中打开一张人物图片，使用移动工具将其拖动到画面中，再排放到适当位置，如图 12-364 所示，在【图层】面板中自动生成图层 4。

19 在【图层】面板中将图层 4 拖到图层 3 的下面，如图 12-365 所示，可以得到如图 12-366 所示的效果。

图 12-364　打开人物图片并复制到画面中　　　图 12-365　【图层】面板　　　图 12-366　改变顺序后的效果

20 在【图层】面板中将图层 2（标志所在图层）拖到最上面，如图 12-367 所示，然后使用移动工具将其向左拖动到适当位置，移动后的结果如图 12-368 所示。

21 在工具箱中选择 直排文字工具，在选项栏中设置参数为 ，再在画面中单击并输入所需的文字，如图 12-369 所示。在工具箱中选择 横排文字工具，并在选项栏中设置参数为 ，然后在画面中单击并输入所需的文字，如图 12-370 所示。

图 12-367　【图层】面板　　　　图 12-368　调整标志位置　　　　图 12-369　输入文字

22 在工具箱中选择钢笔工具，在画面中绘制一条路径，如图 12-371 所示。在工具箱中选择横排文字工具，并在选项栏中设置参数为 ，

然后移动指针到路径上（如图 12-372 所示）单击并输入所需的文字，如图 12-373 所示。

图 12-370　输入文字

图 12-371　绘制路径

图 12-372　在路径上单击

23 在【图层】面板中单击【创建新图层】按钮，新建图层 5，如图 12-374 所示，在工具箱中选择矩形选框工具，在画面中框选住文字"流行时尚"，如图 12-375 所示。

图 12-373　输入文字

图 12-374　【图层】面板

图 12-375　框选文字

24 在菜单中执行【编辑】→【描边】命令，弹出【描边】对话框，在其中设置【宽度】为 2 像素，【颜色】为"R69、G0、B108"，【位置】为居中，其他不变，如图 12-376 所示，单击【确定】按钮，按 Ctrl + D 键取消选择，得到如图 12-377 所示的效果。

25 按 Ctrl + O 键从配套光盘的素材库中打开一个手提袋图片，使用移动工具将其拖动到画面中，再将其排放到适当位置，如图 12-378 所示。

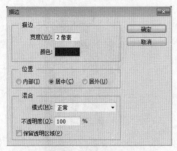

图 12-376　【描边】对话框

图 12-377　描边后的效果

图 12-378　打开图片并复制到画面中

26 在【图层】面板中新建图层 7，如图 12-379 所示，在工具箱中设置前景色为白色，再选择自定形状工具，在选项栏中设置所需的参数，如图 12-380 所示，然后在画面中绘制出两个白色圆环，如图 12-381 所示。

图 12-379 【图层】面板

图 12-380 选择形状

27 在菜单中执行【图层】→【图层样式】→【斜面和浮雕】命令，弹出【图层样式】对话框，在其中设置【深度】为 260%，【大小】为 3 像素，其他不变，如图 12-382 所示，单击【确定】按钮，得到如图 12-383 所示的效果。

图 12-381 绘制圆环

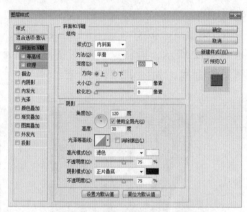

图 12-382 【图层样式】对话框

图 12-383 添加斜面和浮雕效果

（2）制作手提袋平面图另一个面（即侧面）

28 在【图层】面板中新建图层 8，如图 12-384 所示，在工具箱中设置前景色为"R69、G0、B1078"，再选择矩形工具，然后在正面的靠右边绘制一个矩形，如图 12-385 所示。

29 按 Alt 键将背景中的标志图形向右拖动，以复制一个副本，然后在【图层】面板中将其拖到最上面，如图 12-386 所示，再在画面上进行排放，排放好后的效果如图 12-387 所示。

图 12-384 【图层】面板

图 12-385 绘制矩形

图 12-386 【图层】面板

30 按 Ctrl 键在【图层】面板中单击图层 8 的缩览图，如图 12-388 所示，使图层 8 载入选区，如图 12-389 所示。

图 12-387　复制并调整位置

图 12-388　【图层】面板

图 12-389　载入的选区

31 在【图层】面板中单击【添加图层蒙版】按钮，由选区建立蒙版，如图 12-390 所示，可以得到如图 12-391 所示的效果。

32 在【图层】面板中激活图层 3，按 Ctrl 键在【图层】面板中单击图层 3 拷贝 12，以同时选择这两个图层，如图 12-392 所示，再将这两个图层拖动到【创建新图层】按钮上呈凹下状态时同时得到这两个图层的副本，如图 12-393 所示。

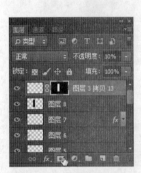

图 12-390　【图层】面板

图 12-391　由选区建立蒙版后的效果

图 12-392　【图层】面板

33 将复制的副本拖到最上面，如图 12-394 所示，再在画面中将它们拖动到适当位置，如图 12-395 所示。

图 12-393　【图层】面板

图 12-394　【图层】面板

34 按 Ctrl 键在【图层】面板中单击要选择的图层，如图 12-396 所示，使用前面的方法复制这些图层，然后将它们拖到最上面，如图 12-397 所示。

35 在画面中将它们拖动到适当位置，调整好位置后的效果如图 12-398 所示。

图 12-395　复制并调整位置

图 12-396　【图层】面板

图 12-397　【图层】面板

36 在工具箱中选择移动工具，并在选项栏 中选择【自动选择】选项，在画面中拖出一个虚框框住所有绘制的内容，如图 12-399 所示，同时【图层】面板中也自动选择了这些内容所在的图层，如图 12-400 所示。

图 12-398　将副本调整到适当位置

图 12-399　框选所有对象

37 按 Alt 键将选择的内容向右拖动到另两个参考线所构成的矩形内，以复制一个副本，复制好后的效果如图 12-401 所示。

图 12-400　【图层】面板

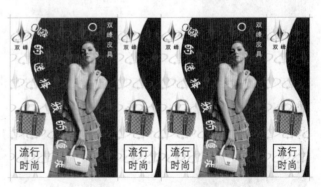

图 12-401　最终效果图

12.11　手提袋立体包装效果图

在绘制手提袋立体包装效果图时，先打开一个立体模型，再用矩形选框工具在画面中依次框选出正面、侧面与顶面到立体模型中并进行适当调整，然后再复制并用图层蒙版与渐变工具制作一个倒影。实例效果如图 12-402 所示。

图 12-402　实例效果图

上机实战　制作手提袋立体包装效果图

1　按 Ctrl+O 键从配套光盘的素材库中打开一个模型文件，如图 12-403 所示。

2　打开上例制作好的手提袋平面图，在【图层】面板中选择除背景层外的所有图层，如图 12-404 所示，按 Ctrl＋E 键将背景层外的所有图层合并，如图 12-405 所示。

图 12-403　打开的模型文件

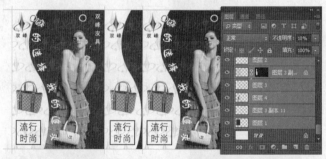

图 12-404　打开手提袋平面图

3　在工具箱中选择矩形选框工具，在画面中框选出所需的内容，如图 12-406 所示，按 Ctrl＋C 键进行复制。

图 12-405　【图层】面板

图 12-406　框选出所需的内容

4 在程序窗口中激活模型文件，再按 Ctrl + V 键进行粘贴，然后将复制的内容移动到模型的正面上，如果大小不合适，可以按 Ctrl + T 键对其大小进行调整，调整后的效果如图 12-407 所示。

5 激活手提袋平面图文件，使用矩形选框工具在画面中框选出所需的侧面内容，如图 12-408 所示，按 Ctrl + C 键进行复制。

图 12-407 复制并调整后的效果

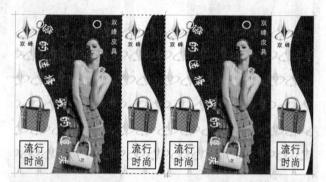

图 12-408 框选所选的内容

6 激活模型文件，按 Ctrl + V 键进行粘贴，然后将复制的内容移动到模型的侧面上，如图 12-409 所示，按 Ctrl + T 键执行【自由变换】命令，再按 Ctrl 键拖动右边对角控制点到模型相应的顶点上，调整后的效果如图 12-410 所示。

7 设置前景色为"R200、G200、B200"，在【图层】面板中单击【创建新图层】按钮，新建图层 4，将其拖到图层 2 的下面，如图 12-411 所示，在工具箱中选择 ▧ 多边形套索工具，在模型的顶部绘制出一个多边形选框，再按 Alt + Delete 键填充前景色，得到如图 12-412 所示的效果。

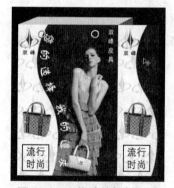

图 12-409 拖动并复制侧面

图 12-410 调整好的侧面

图 12-411 【图层】面板

8 设置前景色为"R122、G122、B122"，使用多边形套索工具在模型的顶部左边绘制出一个三角形选框，然后按 Alt + Delete 键填充前景色，得到如图 12-413 所示的效果。

9 设置前景色为黑色，在【图层】面板中单击【创建新图层】按钮，新建图层 5，如图 12-414 所示，使用椭圆选框工具在正面表示手提袋穿孔的地方绘制两个圆选框，然后按 Alt + Delete 键填充前景色，得到如图 12-415 所示的效果，按 Ctrl + D 键取消选择。

10 在【图层】面板中先激活图层 2，按 Ctrl + J 键复制图层 2 拷贝，如图 12-416 所示，接着在菜单中执行【编辑】→【变换】→【垂直翻转】命令，以将正面副本进行垂直翻转，结果如图 12-417 所示，再按 Ctrl 键将副本向下拖动到适当位置，排放好后的效果如图 12-418 所示。

图 12-412 勾选出多边形选框并填充颜色

图 12-413 勾选出三角形选框并填充颜色

图 12-414 【图层】面板

图 12-415 绘制圆选框并填充颜色

图 12-416 【图层】面板

图 12-417 翻转后的效果

11 在【图层】面板中单击【添加图层蒙版】按钮，给图层 2 拷贝添加图层蒙版，如图 12-419 所示。在工具箱中选择渐变工具，在选项栏的渐变拾色器中选择"黑色、白色渐变"，如图 12-420 所示，再在画面中进行拖动，为蒙版进行渐变填充，修改蒙版后的效果如图 12-421 所示。

图 12-418 移动后的效果

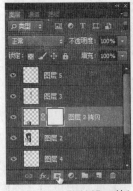

图 12-419 【图层】面板

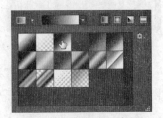

图 12-420 渐变拾色器

12 在【图层】面板中设置图层 2 拷贝的【不透明度】为 30%，如图 12-422 所示，可以得到如图 12-423 所示的效果。

13 在【图层】面板中复制图层 3 为图层 3 拷贝，如图 12-424 所示，在菜单中执行【编辑】→【变换】→【垂直翻转】命令，将副本内容进行垂直翻转，结果如图 12-425 所示。

图 12-421　改变蒙版后的效果　　图 12-422　【图层】面板　　图 12-423　改变不透明度后的效果

14 使用移动工具将翻转后的侧面向下拖动到适当位置，如图 12-426 所示，再按 Ctrl + T 键执行【自由变换】命令，然后按 Ctrl 键拖动对角控制点到侧面的右下顶点处，如图 12-427 所示，调整好后在变换框中双击确认变换。

图 12-424　【图层】面板　　　图 12-425　垂直翻转后的效果　　图 12-426　移动位置后的效果

15 使用与前面同样的方法将翻转后的侧面进行调整，以制作出倒影效果，【图层】面板如图 12-428 所示，画面效果如图 12-429 所示。

图 12-427　变换调整形状　　　图 12-428　【图层】面板　　图 12-429　改变不透明度后的效果

16 按 Shift 键在【图层】面板中选择除背景层外的所有图层，如图 12-430 所示，再按 Ctrl + G 键将所有选择的图层编成一组，结果如图 12-431 所示。

17 在【图层】面板中拖动组 1 到【创建新图层】按钮上，当按钮呈凹下状态时松开左键，以复制一个组副本，如图 12-432 所示，然后使用移动工具将其向右拖动到适当位置，再按 Ctrl + T 键执行【自由变换】命令，按 Shift 键将其等比缩小，调整后的效果如图 12-433 所示，在变换框中双击确认变换，得到如图 12-434 所示的效果。

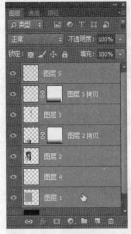

图 12-430 【图层】面板

图 12-431 【图层】面板

图 12-432 【图层】面板

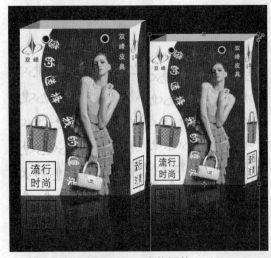

图 12-433 变换调整

图 12-434 最终效果图

12.12 酒类的包装设计

在绘制酒类的包装设计时，先用矩形工具、自定形状工具与复制并拖动功能制作出包装的背景图，再在画面中添加一些装饰对象，然后使用横排文字工具输入商品名称及相关文字说明。实例效果如图 12-435 所示、图 12-436 所示。

图 12-435 包装平面图

图 12-436 包装立体图

上机实战 酒类的包装设计

（1）制作包装平面图的正面

1 按 Ctrl + N 键新建一个大小为 1240×1070 像素，【分辨率】为 300 像素/英寸，【颜色模式】为 RGB 颜色，【背景内容】为白色的文件。

2 在工具箱中设置前景色为"R203、G35、B4"，接着选择矩形工具，在选项栏中选择像素。显示【图层】面板，在其中单击【创建新图层】按钮，新建图层 1， 然后在画面的适当位置绘制一个矩形，表示包装的正面范围，如图 12-437 所示。

3 设置前景色为"R253、G197、B15"，在【图层】面板中新建图层 2，然后在红色矩形内绘制一个黄色的矩形，如图 12-438 所示。

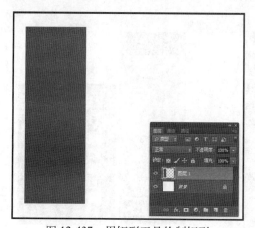

图 12-437 用矩形工具绘制矩形

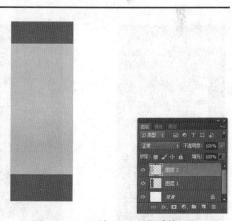

图 12-438 用矩形工具绘制矩形

4 在工具箱中选择 自定形状工具，在选项栏的【形状】弹出式面板中选择所需的形状，如图 12-439 所示，在【图层】面板中新建图层 3，然后在黄色矩形的上方绘制一个黄色的小星形，如图 12-440 所示。

5 在工具箱中选择移动工具，按 Alt + Shift 键并使用鼠标将小星形向右拖动到适当位置，以水平向右复制一个副本，结果如图 12-441 所示。

图 12-439　选择星形形状

　　6　使用同样的方法复制多个小星形，复制好后的结果如图 12-442 所示。如果星形之间的间距不相等，可以将这些小星形全部选择，再在选项栏中单击■按钮，使它们之间的间距相等。

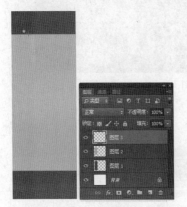

图 12-440　用自定形状工具
　　　　　　绘制星形

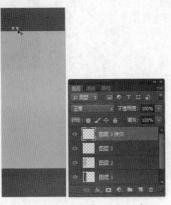

图 12-441　复制一个副本

图 12-442　复制多个副本

　　7　按 Shift 键在【图层】面板中单击图层 3，以同时选择图层 3 及其副本，如图 12-443 所示，再按 Ctrl + E 键将所选图层合并为一个图层，如图 12-444 所示。

　　8　按 Alt + Shift 键将小星形组水平向下拖动到适当位置，以复制一个副本，结果如图 12-445 所示。

图 12-443　【图层】面板

图 12-444　【图层】面板

图 12-445　拖动并复制对象

　　9　按 Alt 键将星形向上拖动到适当位置，复制一组副本，接着在【图层】面板中单击■（锁定透明像素）按钮，再设置前景色为"R153、G72、B29"，然后按 Alt + Delete 键将其填充前景色，结果如图 12-446 所示。使用同样的方法复制多组小星形，结果如图 12-447 所示。

　　10　按 Shift 键在【图层】面板中选择同颜色的小星形所在的图层，如图 12-448 所示，再按 Ctrl + E 键将选择的图层合并为一个图层，如图 12-449 所示。

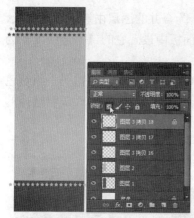

图 12-446　复制并改变颜色

图 12-447　拖动并复制对象

图 12-448　【图层】面板

11 按 Alt 键将合并的星形组向下拖动到适当位置，以复制一组星形，如图 12-450 所示。然后使用同样的方法复制多组星形，结果如图 12-451 所示。

图 12-449　【图层】面板

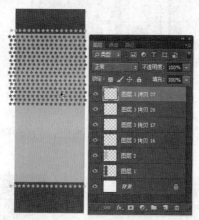

图 12-450　拖动并复制对象

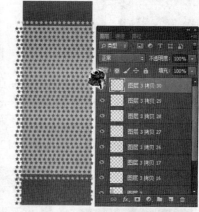

图 12-451　拖动并复制对象

12 按 Shift 键在【图层】面板中选择同一颜色的星形所在图层，如图 12-452 所示，再按 Ctrl + E 键合并所选图层为一个图层，结果如图 12-453 所示。

13 按 Ctrl 键的同时使用鼠标在【图层】面板中单击图层 2 的缩览图，使图层 2 载入选区，如图 12-454 所示。

图 12-452　【图层】面板

图 12-453　【图层】面板

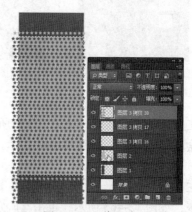

图 12-454　载入选区

14 在【图层】面板的底部单击【添加图层蒙】版按钮，为合并的图层由选区建立蒙版，将不需要的部分隐藏，结果如图 12-455 所示。在【图层】面板中设置它的【不透明度】为 45%，如图 12-456 所示。

15 在【图层】面板中激活黄色小星形所在的图层，按 Ctrl 键使用鼠标单击另一组黄色小星形所在的图层，以同时选择这两个图层，如图 12-457 所示，然后按 Ctrl + E 键将选择的图层合并为一个图层，结果如图 12-458 所示。

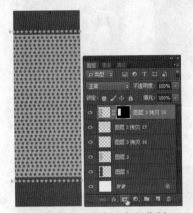
图 12-455　由选区建立蒙版

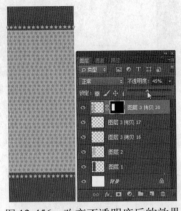
图 12-456　改变不透明度后的效果

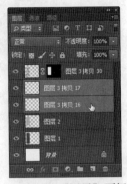
图 12-457　【图层】面板

16 按 Ctrl 键的同时使用鼠标在【图层】面板中单击图层 1 的缩览图，使图层 1（即红色矩形）载入选区，如图 12-459 所示。

17 在【图层】面板的底部单击【添加图层蒙版】按钮，为合并的图层由选区建立蒙版，将不需要的部分隐藏，结果如图 12-460 所示。

图 12-458　【图层】面板

图 12-459　载入选区

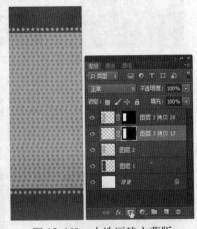
图 12-460　由选区建立蒙版

18 设置前景色为"R77、G3、B2"，在【图层】面板中新建图层 3 并将其拖动到最上面，在自定形状工具的选项栏中选择所需的形状，如图 12-461 所示，然后在黄色矩形的中间位置绘制出该形状，如图 12-462 所示。

19 在菜单中执行【图层】→【图层样式】→【描边】命令，弹出【图层样式】对话框，在其中设置【大小】为 6 像素，【填充类型】为渐变，在其下的渐变拾色器中选择所需的渐变，如图 12-463 所示，单击【确定】按钮，得到如图 12-464 左所示的效果。

图 12-461　选择形状

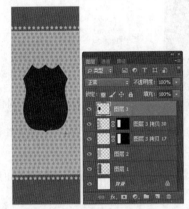

图 12-462　绘制好的形状

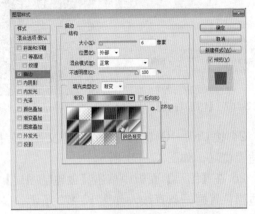

图 12-463　【图层样式】对话框

　　20 在工具箱中选择横排文字工具，在选项栏中设置参数为 ，再在绘制的图形上单击并输入所需的文字，如图 12-465 所示，输入好文字后单击【提交】按钮确认文字输入。

　　21 使用横排文字工具在画面的适当位置依次输入文字，输入好文字后的效果如图 12-466 所示。

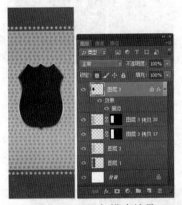

图 12-464　添加描边效果

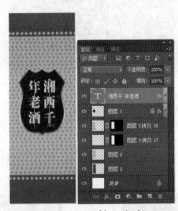

图 12-465　输入文字

图 12-466　输入文字

　　22 在【图层】面板中激活"湘西千年老酒文字"图层，在菜单中执行【图层】→【图层样式】→【斜面和浮雕】命令，弹出【图层样式】对话框，在其中设置【样式】为枕状浮雕，【深度】为 291%，【大小】为 6 像素，其他为默认值，如图 12-467 所示，单击【确定】按钮，得到如图 12-468 所示的效果。

　　23 在【图层】面板中激活"浓香佳酿"文字图层，在菜单中执行【图层】→【图层样式】→【描边】命令，弹出【图层样式】对话框，在其中设置【颜色】为白色，其他为默认值，如图 12-469 所示，单击【确定】按钮，得到如图 12-470 所示的效果。

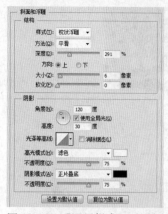

图 12-467 【图层样式】对话框

图 12-468 添加斜面和浮雕效果

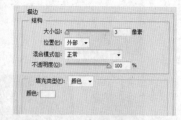

图 12-469 【图层样式】对话框

24 按 Ctrl + O 键打开一个标志文件，使用移动工具将其拖动到画面中，然后将其排放到适当位置，如图 12-471 所示。

25 在【图层】面板中单击【创建新图层】按钮，新建图层 5，使用矩形工具在画面底部的适当位置画一条直线，如图 12-472 所示。

图 12-470 添加描边效果

图 12-471 打开并复制标志

图 12-472 用矩形工具绘制直线

26 在"馈赠 佳品"文字的下面新建图层 6，再绘制一个红色矩形来衬托文字，如图 12-473 所示。

27 设置前景色为白色，再按 Alt + Delete 键将"馈赠 佳品"文字填充为白色，如图 12-474 所示。

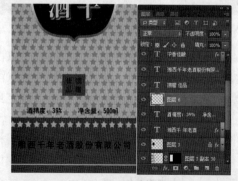

图 12-473 绘制矩形

图 12-474 改变文字颜色

（2）制作包装的侧面

28 按 Ctrl 键在【图层】面板中选择除背景层外的所有图层，如图 12-475 所示，按 Ctrl +
G 键将它们组成一组，如图 12-476 所示。

29 在【图层】面板中拖动组 1 到【创建新图层】按钮上，当按钮呈凹下状态时松开左
键，以复制一个副本组，然后使用移动工具将其向右拖动到适当位置，如图 12-477 所示。

图 12-475 【图层】面板

图 12-476 【图层】面板

图 12-477 复制图层组并调整位置

30 在【图层】面板中将组 1 拷贝中不需要的内容隐藏，如图 12-478 所示。

31 在【图层】面板中新建图层 7，接着使用矩形工具在画面的适当位置绘制一个白色
的矩形，如图 12-479 所示。然后在【图层】面板中设置【不透明度】为 50%，如图 12-480
所示。

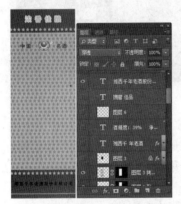
图 12-478 隐藏不需要的内容

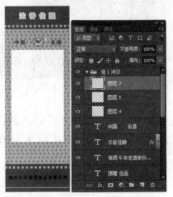
图 12-479 绘制矩形

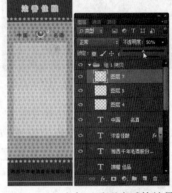
图 12-480 改变不透明度后的效果

32 使用横排文字工具在白色矩形上拖出一个段落文本框，在其中输入所需的文字（如
配方、卫生许可证、产品生产商等），如图 12-481 所示。

33 按 Ctrl + O 键打开一个条码文件，将其复制到画面的适当位置，如图 12-482 所示。

（3）制作包装顶面

34 在【图层】面板中复制组 1 为组 1 拷贝 2，再将其向右拖动到适当位置，如图 12-483
所示。

35 在【图层】面板中将组 1 拷贝 2 中不需要的内容隐藏，再单击相应的图层，以它为
当前图层，如图 12-484 所示。

图 12-481　输入
　　　文字

图 12-482　打开并
　　　复制条形码

图 12-483　复制并调整位置

36 按 Ctrl + Alt + Shift + E 键将所有可见图层合并为一个新图层，如图 12-485 所示。

37 按 Shift 键沿边缘在画面的中间位置绘制出一个正方形选框，如图 12-486 所示。按 Ctrl + J 键复制由选区建立一个图层，如图 12-487 所示。

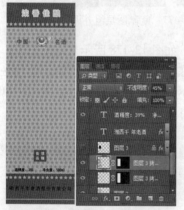

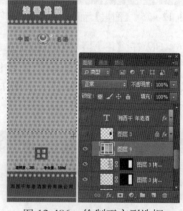

图 12-484　隐藏不需要的内容

图 12-485　盖印图层

图 12-486　绘制正方形选框

38 在【图层】面板中隐藏组 1 拷贝 2 中的一些图层，如图 12-488 所示。

39 设置前景色为 "R203、G35、B4"，使用矩形选框工具在画面中绘制一个正方形选框，然后按 Alt + Delete 键将其填充为红色，如图 12-489 所示，再按 Ctrl + D 键取消选择。

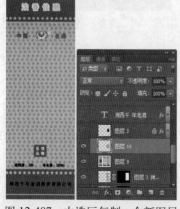

图 12-487　由选区复制一个新图层

图 12-488　隐藏不需要的内容

图 12-489　绘制正方形选框

40 在【图层】面板中选择要调整的两个图层，按 Ctrl + T 键执行【自由变换】命令，对选择的内容进行调整，调整后的效果如图 12-490 所示。

41 使用移动工具将其他文字分别移动到红色矩形内，根据需要改变文字的颜色，移动与调整后的效果如图 12-491 左所示。

42 包装的正面、侧面与顶面就制作完成了，如图 12-492 所示。

图 12-490　变换调整

图 12-491　移动并调整后的效果

43 可以将其制作成立体效果以查看包装盒的效果。先将正面、侧面与顶面分别合并为一个图层，再按 Ctrl + T 键对其进行透视调整，调整好后用【曲线】命令对侧面与顶面进行明暗调整，制作好的立体包装效果如图 12-493 所示。

图 12-492　包装的平面图

图 12-493　包装的立体图

12.13　婚纱摄影设计

在进行婚纱摄影设计时，先准备婚纱艺术照并复制到画面中排放好，然后用一些艺术字与图形来装饰画面。实例效果如图 12-494 所示。

图 12-494 实例效果图

上机实战 婚纱摄影设计

1 按 Ctrl + O 键从配套光盘的素材库打开一个图像文件，如图 12-495 所示。

2 从配套光盘的素材库打开一个图像文件，如图 12-496 所示，使用移动工具将打开的图片拖动到前面打开的图像文件中，如图 12-497 所示。

3 在【图层】面板中单击【添加图层蒙版】按钮，给图层 1 添加图层蒙版，如图 12-498 所示，在工具箱中选择画笔工具，在选项栏中设置参数为 ，然后在

图 12-495 打开的图像

画面中不需要的部分上进行涂抹，以将其隐藏，涂抹后的效果如图 12-499 所示。

图 12-496 打开的图像

图 12-497 拖动并复制内容

图 12-498 【图层】面板

图 12-499 用蒙版与画笔将不需要的内容隐藏

在涂抹大范围时可以将画笔主直径设置为较大的画笔，在涂抹小范围时可以将画笔的主直径改小。

4 从配套光盘的素材库打开一个图像文件，如图 12-500 所示，使用移动工具将打开的图像拖动到正在编辑的文件中并排放到适当位置，如图 12-501 所示。

图 12-500 打开的图像

5 从配套光盘的素材库打开一个有黄色亮点的图像文件，使用移动工具将打开的图像拖动到正在编辑的文件中并排放到适当位置，如图 12-502 所示。

图 12-501 拖动并复制对象

图 12-502 打开并复制对象

6 在【图层】面板中单击【添加图层蒙版】按钮，给图层 3 添加图层蒙版，在工具箱中选择画笔工具，在选项栏中设置【画笔】为 ，然后在画面中人物的头部与手部等区域进行涂抹，以将一些黄色亮点隐藏，涂抹后的效果如图 12-503 所示。

7 从配套光盘的素材库中打开一个图像文件，使用移动工具将打开的图像拖动到正在编辑的文件中并排放到适当位置，如图 12-504 所示。

图 12-503 用蒙版与画笔修改画面

图 12-504 打开并复制对象

8 在【图层】面板中单击【添加图层蒙版】按钮，给图层 4 添加图层蒙版，如图 12-505 所示。在工具箱中选择画笔工具，在选项栏中设置画笔为 ，然后在画面中人物的背景区域中进行涂抹，以将一些背景隐藏，涂抹后的效果如图 12-506 所示。

9 从配套光盘的素材库打开一个图像文件，如图 12-507 所示，使用移动工具将打开的图像拖动到正在编辑的文件中并排放到适当位置，如图 12-508 所示。

图 12-505 【图层】面板

图 12-506 用蒙版与画笔修改画面

图 12-507 打开的图像

10 从配套光盘的素材库打开一个有文字的图像文件，使用移动工具将打开的图像拖动到正在编辑的文件中并排放到适当位置，如图 12-509 所示。

图 12-508 拖动并复制对象

图 12-509 打开并复制对象

11 设置前景色为黑色，在工具箱中选择 矩形工具，在选项栏中选择 像素，然后在画面的右上角适当位置绘制一个黑色矩形，如图 12-510 所示。

12 在工具箱中选择 套索工具，在画面中框选所需的文字，如图 12-511 所示，在【图层】面板中激活图层 6，即文字所在的图层，如图 12-512 所示，然后按 Ctrl + J 键复制图层6 为图层 8，效果如图 12-513 所示。

图 12-510 绘制矩形

图 12-511 框选所需的文字

图 12-512 【图层】
面板

13 在【图层】面板中将图层 8 拖动到最上层，如图 12-514 所示，然后将文字移动到适当位置，效果如图 12-515 所示。

14 按 Ctrl + T 键对文字进行变换调整，如图 12-516 所示，调整好后在变换框中双击确认变换，得到如图 12-517 所示的效果。

图 12-513 【图层】面板

图 12-514 【图层】面板

图 12-515 调整文字位置

图 12-516 调整文字大小

图 12-517 最终效果图

12.14 杂志封面设计

在进行杂志封面设计时，先用渐变工具与矩形工具绘制出背景，再打开并复制一些图形与人物到画面中进行排放与组合，然后用椭圆工具绘制一个圆形与艺术字文字来修饰画面。实例效果如图 12-518 所示。

图 12-518 实例效果图

上机实战 杂志封面设计

1 按 Ctrl + N 键新建一个大小为 420×540 像素，【分辨率】为 150 像素/英寸，【颜色模式】为 RGB 颜色，【背景内容】为白色的文件。

2 在工具箱中设置前景色为"R5、G172、B229"背景色为白色，再选择渐变工具，在选项栏的渐变拾色器中选择前景色到背景色渐变，如图 12-519 所示，然后在画面中拖动鼠标，为画面进行渐变填充，填充后的效果如图 12-520 所示。

3 在工具箱中设置前景色为黑色，接着选择 ▆ 矩形工具，在选项栏中选择 ▆ · 像素 （像素）按钮。显示【图层】面板，在其中单击【创建新图层】按钮，新建图层 1，如图 12-521 所示， 然后在画面的底部绘制一个黑色矩形，如图 12-522 所示。

图 12-519 渐变拾色器

图 12-520 填充渐变颜色

图 12-521 创建新图层

4 按 Ctrl + O 键从配套光盘的素材库打开一张人物图像，如图 12-523 所示，在工具箱中选择 ▆ 移动工具，然后将其拖动到画面中并排放到适当位置，如图 12-524 所示，在【图层】面板中自动生成图层 2。

图 12-522 绘制矩形

图 12-523 打开的图像

图 12-524 拖动并复制图像

5 在【图层】面板中将图层 2 拖动到图层 1 的下方，如图 12-525 所示，在菜单中执行【图像】→【调整】→【去色】命令，将人物图像去色，得到如图 12-526 所示的效果。

6 在菜单中执行【图像】→【调整】→【色阶】命令，弹出【色阶】对话框，在其中设置输入色阶，如图 12-527 所示，单击【确定】按钮，得到如图 12-528 所示的效果。

7 从配套光盘的素材库打开一张风景图像，如图 12-529 所示。

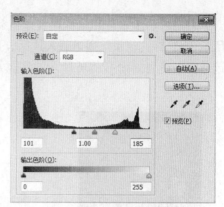

图 12-525 【图层】面板　　　图 12-526 去色后的效果　　　图 12-527 【色阶】对话框

8 显示【通道】面板，在其中选择对比强烈的通道，再将其拖动到【创建新通道】按钮，当按钮呈凹下状态时松开左键，以复制一个副本，如图 12-530 所示。

图 12-528 色阶调整后的效果　　　图 12-529 打开的图像　　　图 12-530 【通道】面板

9 按 Ctrl + L 键弹出【色阶】对话框，在其中设置输入色阶，如图 12-531 所示，单击【确定】按钮，得到如图 12-532 所示的效果。

10 在工具箱中设置前景色为黑色，选择画笔工具并在选项栏中设置所需的画笔，将需要的范围涂黑，再设置前景色为白色，将不要的范围涂白，涂过后的画面效果如图 12-533 所示。

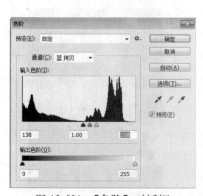

图 12-531 【色阶】对话框　　　图 12-532 色阶调整后的效果　　　图 12-533 用黑色画笔修改画面

11 按 Ctrl 键使用鼠标在【通道】面板中单击"蓝 拷贝"通道的缩览图，如图 12-534 所示，将"蓝 拷贝"通道载入选区，得到如图 12-535 所示的选区。按 Ctrl + Shift + I 键反选选区，得到如图 12-536 所示的选区。

图 12-534 【通道】面板

图 12-535 载入选区

图 12-536 反选选区

12 在【通道】面板中激活 RGB 复合通道，如图 12-537 所示，显示 RGB 复合图像，如图 12-538 所示，按 Ctrl + C 键进行拷贝，接着激活画面，再按 Ctrl + V 键进行粘贴，将拷贝的内容粘贴到画面，在【图层】面板中自动生成图层 3，得到如图 12-539 所示的效果。

图 12-537 激活 RGB 复合通道

图 12-538 载入的选区

图 12-539 复制后的效果

13 在【图层】面板中将图层 3 拖动到图层 2 的下面，如图 12-540 所示，将复制的内容排放到适当位置，排放好后的效果如图 12-541 所示。

14 按 Ctrl + Shift + U 键将复制的图像去色，去色后的效果如图 12-542 所示。

图 12-540 【图层】面板

图 12-541 改变顺序后的效果

图 12-542 去色后的效果

15 按 Ctrl + L 键执行【色阶】命令，弹出【色阶】对话框，在其中设置【输入色阶】为"57、1.72、168"，如图 12-543 所示，其他不变，单击【确定】按钮，得到如图 12-544 所示的效果。

16 在【图层】面板中单击【添加图层蒙版】按钮，为图层 3 添加图层蒙版，如图 12-545 所示，在工具箱中设置前景色为黑色，再选择画笔工具，在选项栏中设置参数为 ，然后在画面中反白的地方进行涂抹，以将其隐藏，涂抹后的效果如图 12-546 所示。

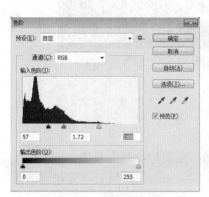

图 12-543　【色阶】对话

图 12-544　色阶调整后的
效果

图 12-545　【图层】面板

17 在【图层】面板中单击【创建新图层】按钮，新建图层 4，将其排放到最上面，如图 12-547 所示。接着在工具箱中设置前景色为白色，再选择 椭圆工具，在选项栏中选择 像素，然后在画面中的适当位置绘制一个圆，如图 12-548 所示。

18 使用椭圆工具在画面中依次绘制多个不同大小的白色圆，绘制好的效果如图 12-549 所示。

图 12-546　用画笔工具将不需要的
内容隐藏

图 12-547　【图层】面板

图 12-548　绘制白色圆

19 从配套光盘的素材库打开一个变形特效文字，再使用移动工具将其拖动到画面中并排放到适当位置，如图 12-550 所示。

图 12-549 绘制多个白色圆

图 12-550 最终效果图

12.15 网站设计——度假村

在进行度假村网站设计时，先用渐变工具、钢笔工具与一张图片绘制出背景，再用横排文字工具在画面中输入主题文字与导航文字，然后将度假村的标志与一些风景点复制到画面中并进行组合排放。实例效果如图 12-551 所示。

图 12-551 实例效果图

上机实战 网站设计——度假村

1 按 Ctrl + N 键新建一个大小为 750×550 像素，【分辨率】为 72 像素/英寸，【颜色模式】为 RGB 颜色，【背景内容】为白色的文件。

2 设置前景色为"R18、G130、B234"，背景色为"R223、G239、B253"，在工具箱中选择 █ 渐变工具，在选项栏中选择前景色到背景色渐变，其他为默认值，如图 12-552 所示，然后在画面中拖动鼠标，为画面进行渐变填充，填充后的效果如图 12-553 所示。

3 显示【路径】面板，在其中单击 (创建新路径) 按钮，新建路径 1，如图 12-554 所示，在工具箱中选择 钢笔工具，在选项栏中选择 路径，然后在画面中绘制出一个路径，如图 12-555 所示。

图 12-552 渐变拾色器

图 12-553 填充渐变颜色

图 12-554 【路径】面板

4 按 Ctrl 键用鼠标在【路径】面板中单击路径 1 的缩览图，使路径 1 载入选区，如图 12-556 所示。

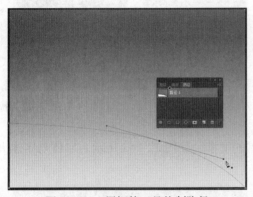

图 12-555 用钢笔工具绘制路径

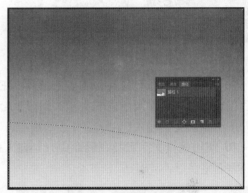

图 12-556 将路径载入选区

5 设置前景色为"R0、G129、B0"，显示【图层】面板，在其中单击 (创建新图层) 按钮，新建图层 1，然后按 Alt + Delete 键填充前景色，得到如图 12-557 所示的效果。

6 按 Ctrl + O 键从配套光盘的素材库打开一张度假村风景图片，接着使用移动工具将其拖动到画面中并排放到适当位置，如图 12-558 所示。

图 12-557 填充颜色

图 12-558 打开并复制对象

7 在【图层】面板中单击 ▣ （添加图层蒙版）按钮，为图层 2 添加图层蒙版，如图 12-559 所示，在工具箱中设置前景色为黑色，在工具箱中选择 ✐ 画笔工具，在选项栏中设置参数为 ✐ ✐ 模式：正常 不透明度：50% ，然后在画面中的天空背景处进行涂抹，以将其隐藏，隐藏后的效果如图 12-560 所示。

8 在工具箱中设置前景色为 "R88、G172、B251"，选择 ▣ 圆角矩形工具，在选项栏中选择 ▣ 像素 像素，再在画面中的适当位置绘制一个圆角矩形，如图 12-561 所示。

图 12-559 【图层】面板

图 12-560 用画笔工具将不需要的内容隐藏

图 12-561 绘制圆角矩形

9 在工具箱中选择 T 横排文字工具，在选项栏中设置参数为 T 文鼎CS中黑 T 12点 ，然后在画面的顶部输入所需的文字，如图 12-562 所示，输入好文字后在选项栏中单击 ✔ （提交）按钮确认文字输入。

10 使用横排文字工具在画面中分别输入所需的文字，如图 12-563 所示，字体与字体大小视需而定。

图 12-562 输入文字

图 12-563 输入文字

11 从配套光盘的素材库打开一张图片，使用移动工具将其拖动到画面中并排放到适当位置，如图 12-564 所示。

12 从配套光盘的素材库打开一张标志图片，使用移动工具将其拖动到画面中并排放到适当位置，如图 12-565 所示。

13 从配套光盘的素材库打开一张图片（该度假村的另一个风景点），使用移动工具将其拖动到画面中并排放到适当位置，如图 12-566 所示。

图 12-564 打开并复制图片

图 12-565 打开并复制标志

14 从配套光盘的素材库打开两张图片（该度假村的另外两个风景点），使用移动工具分别将其拖动到画面中并排放到适当位置，如图 12-567 所示。

图 12-566 打开并复制风景点

图 12-567 打开并复制风景点

15 在工具箱中选择矩形选框工具，在画面中框选输入的导航文字，在【图层】面板中激活背景层，如图 12-568 所示，再按 Ctrl + J 键由选区拷贝一个新图层，如图 12-569 所示。

图 12-568 用矩形选框工具框选文字

图 12-569 【图层】面板

16 在菜单中执行【图层】→【图层样式】→【内发光】命令，弹出【图层样式】对话框，在其中设置【混合模式】为正片叠底，内发光颜色为"R130、G154、B177"，【不透明度】为 60%，【大小】为 4 像素，其他不变，如图 12-570 所示，单击【确定】按钮，得到如图 12-571 所示的画面效果。

17 使用横排文字工具在画面中相应的地方单击并输入所需的文字，输入好文字后使用前面的方法从其他文件中复制一个打电话的按钮到画面中并排放到电话号码前，如图 12-572 所示。

18 在【图层】面板中双击"南庄"文字图层，弹出【图层样式】对话框，在其左边栏中选择【外发光】选项，在右边栏中设置【扩展】为 10%，【大小】为 7 像素，其他不变，如图 12-573 所示，此时的画面效果如图 12-574 所示。

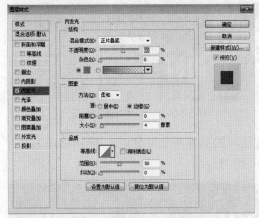

图 12-570 【图层样式】对话框

图 12-571 添加内发光效果

图 12-572 输入文字

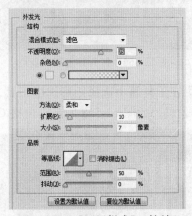

图 12-573 【图层样式】对话框

19 在【图层样式】对话框的左边栏中选择【描边】选项，在右边栏中设置【大小】为 1 像素，【颜色】为 "R26、G135、B235"，其他不变，如图 12-575 所示，设置好后单击【确定】按钮，得到如图 12-576 所示的效果。

图 12-574 添加外发光效果

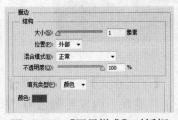

图 12-575 【图层样式】对话框

图 12-576 添加描边效果

20 在【图层】面板中右击 "南庄" 文字图层，在弹出的快捷菜单中执行【拷贝图层样式】命令，如图 12-577 所示，再在 "度假村" 文字图层上右击，然后在弹出的快捷菜单中执行【粘贴图层样式】命令，如图 12-578 所示，得到如图 12-579 所示的效果。

21 在【图层】面板中双击有 3 个人物所在的图层，弹出【图层样式】对话框，在其左边栏中选择【内发光】选项，再在右边栏中设置【混合模式】为正片叠底，【不透明度】为 60%，【颜色】为 "R130、G154、B177"，【大小】为 4 像素，其他不变，如图 12-580 所示，设置好后单击【确定】按钮，得到如图 12-581 所示的效果。

图 12-577　执行【拷贝图层　图 12-578　执行【粘贴图层　图 12-579 复制图层样式后的效果
样式】命令　　　　　　样式】命令

22 在【图层】面板中双击标志所在的图层，弹出【图层样式】对话框，在其左边栏中选择【外发光】选项，在右边栏中设置【混合模式】为正常，【不透明度】为100%，【颜色】为白色，【扩展】为5%，【大小】为 15 像素，其他不变，如图 12-582 所示，设置好后单击【确定】按钮，得到如图 12-583 所示的效果。

图 12-580　【图层样式】对话框　　图 12-581　添加内发光效果　　图 12-582　【图层样式】对话框

23 在【图层】面板中激活"2015"文字图层，再设置其【填充】为 0%，如图 12-584 所示，然后在菜单中执行【图层】→【图层样式】→【描边】命令，弹出【图层样式】对话框，在其中设置【大小】为 1 像素，【颜色】为"R0、G129、B0"，其他不变，如图 12-585 所示。

图 12-583　添加外发光效果　　图 12-584　【图层】面板　　图 12-585　【图层样式】对话框

24 在【图层样式】对话框的左边栏中选择【内发光】选项，再在右边栏中设置【大小】

为 4 像素，其他不变，如图 12-586 所示，设置好后单击【确定】按钮，得到如图 12-587 所示的效果。

图 12-586 【图层样式】对话框

图 12-587 最终效果图

12.16 本章小结

本章通过 15 个典型实例的制作，巩固与总结了全书所学的知识，在每个实例中都使用了各种不同的工具与命令，以达到熟练掌握 Photoshop 程序的目的。

12.17 习题

上机实训

制作如图 12-588 所示的吉祥如意卷帘，其流程图如图 12-589 所示。

图 12-588 实例效果图

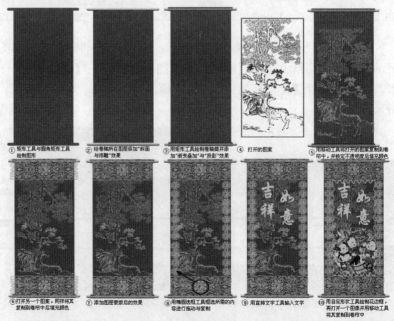

图 12-589 制作流程图

习题答案

第1章

一、填空题

1. 点阵图像　　许多点　　像素　　对象　　形状
2. 向量图形　　被称为矢量的数学对象　　几何特性
3. 分辨率　　任意尺寸　　任意分辨率

二、简答题

1. 像素大小为位图图像的高度和宽度的像素数量。图像在屏幕上的显示尺寸由图像的像素尺寸和显示器的大小与设置决定。

分辨率是指在单位长度内所含有的点（像素）的多少，其单位为像素/英寸或是像素/厘米，例如分辨率为200dpi的图像表示该图像每英寸含有200个点或像素。了解分辨率对于处理数字图像是非常重要的。

2. 位图图像（也称为点阵图像）是由许多点组成的，其中每一个点称为像素，而每个像素都有一个明确的颜色。在处理位图图像时，用户所编辑的是像素，而不是对象或形状。

矢量图形(也称为向量图形)，它是由被称为矢量的数学对象定义的线条和曲线组成的。矢量根据图像的几何特性描绘图像。

第2章

一、简答题

1. 有画笔、模式、不透明度、流量、喷枪工具等属性。
2. 有样式、区域、容差、不透明度、画笔、模式等属性。

二、选择题

1. D
2. B
3. A
4. A

第3章

一、填空题

1. 9　　矩形　　多边形　　椭圆
2. 移动工具　　【拷贝】　　【合并拷贝】　　【剪切】　　【粘贴】
3. 矩形选框工具　　椭圆选框工具　　单行选框工具　　单列选框工具

二、选择题

1. A

2. ABC

3. B

4. A

第 4 章

一、填空题

1. 背景层　　背景层　　背景层

2. 投影　　内阴影　　内发光　　外发光　　斜面和浮雕　　光泽
图案叠加　　描边

二、选择题

1. A

2. B

3. D

4. D

第 5 章

一、填空题

1. 【取样】　　【图案】

2. 选择　　移动

二、选择题

1. A

2. A

3. A

4. D

第 6 章

一、填空题

1. 直线　　曲线　　自由的线条　　路径　　形状

2. 添加锚点工具　　删除锚点工具　　转换点工具　　路径选择工具　　直接选择工具

3. 矩形　　正方形　　椭圆　　圆　　圆角矩形　　多边形

二、选择题

1. A

2. D

3. A

4. C

第 7 章

一、填空题

1. 横排文字工具　　直排文字工具　　横排文字蒙版工具

2. 定界框   格式化   定界框   重新排列   定界框   定界框
3. 点文字   段落文字
4. 字体   字体大小   字间距   行距   缩放
5. 工作路径   工作路径   工作路径

二、选择题
1. A
2. A

第 8 章

一、填空题
1. 56   尺寸   像素数目   像素信息
2. 预混油墨   四色（CMYK）油墨

二、选择题
1. A
2. A
3. D
4. A

第 9 章

一、填空题
1. 多页面文档   放映幻灯片演示文稿
2. 宽度   高度   长宽比

二、选择题
1. A
2. B
3. B
4. A

第 10 章

一、填空题
1. 暗调   中间调   高光   色调范围   色彩平衡
2. 增加   减少

二、选择题
1. A
2. B
3. D
4. A
5. A